ヤン・オングストローム
J・J・ワイデン 著

軍事理論の教科書

戦争のダイナミクスを学ぶ

北川敬三 監訳

Contemporary Military Theory: The Dynamics of War

Jan Angstrom and J.J. Widen

keiso shobo

CONTEMPORARY MILITARY THEORY:

The Dynamics of War 1st edition

by Jan Angstrom and J. J. Widen

Authorised translation from the English Language editon
published by Routledge,
a member of the Taylor & Francis Group

Japanese translation published by arrangement with Taylor & Francis Group
through The English Agency (Japan) Ltd.

監訳者はしがき

本書は，Jan Angstrom and J. J. Widen, *Contemporary Military Theory: The Dynamics of War*（Routledge, 2014）の全訳である。

本書は，スウェーデン国防大学の研究者２人が，古今東西の専門書をもとに作成した軍事理論の教科書である。ナポレオン戦争からアフガニスタン戦争まで豊富な事例を扱うばかりでなく，学際的に軍事理論を包括的に論じている。そもそも，教科書としてだけではなく，読み物としても使えるだろう。さらに教科書としての配慮として，各章末には復習のための論点が付されている（なお原書では章末に英語の文献表もついているが，本訳書では日本の読者の便宜を考慮し，削除した）。

原書のもととなる本は，2004年にスウェーデンにて出版され，同国では軍学校のみならず，広く一般の大学で使用されていた。さらに教育研究の成果を反映して改善し，英訳され，2014年に出版されたのが本書の原著である。すでに世界各国の軍の学校のみならず，一般の大学でも使用されている。

本書は，10章構成である。各章，単独で読んでもよいようになっている。戦争，戦略，統合作戦，陸海空戦など，バランスよく執筆されている。これまで，日本に存在する軍事・安全保障関連の教科書においては，戦争のレベル（戦略・作戦・戦術の３つのレベル）が明確化されていなかった。本書は，この点を補いながら，軍事力の使用について学術的に論述されている。つまり，軍事理論をどのように学習，教育，研究するか明快に説明されており，自学自習にも最適である。日本語に翻訳されている海外の軍事・安全保障の教科書の中で，作戦術（operational art）を包含し，一章分（第４章）を割いているものとしては，本書が日本初となる。軍事理論における作戦術の重要性は，本書の他の章（第５章から第９章）においても言及されていることからも明確である。さらに原書は，もともと，英語のネーティブが書いたものでないため，英文も読みやすい。

戦略論についての翻訳書籍は多い。しかしながら，軍事理論そのものを扱った専門書はなく，本書が画期的なのは本邦初の軍事理論書であるという点である。したがって，本書がこれからの日本における基準的なテキストになりうる。これだけの内容を網羅しているのは，英語に限れば世界でも本書の原書しかない。

原書と監訳者である北川との出会いは，在英国防衛駐在官であった2015年にさかのぼる。ロンドンの日本大使館での仕事に煮詰まったら，大使館から歩いて10分のピカデリー・サーカスの本屋に行くのが最高の気分転換であった（もちろん仕事が終わってから）。イギリスの本屋は，どこも軍事書が充実している。そこで目に飛び込んできたのが，本書である。すごい本だ，ぜひ日本に紹介したいと思った。2016年の帰国後，海上自衛隊の将来のリーダーを育成する幹部学校で戦略研究室長を拝命した。そして2018年初夏，第66期指揮幕僚課程の戦略論の講義で，本書を紹介した。特に作戦術に関心を持った第66期生の村上摩利与に，勉強会を兼ねて訳してみないか，と持ちかけた。

村上は，すぐに同期10人を集めて，「翻訳十勇士」を結成してくれた。早速，毎週のように，放課後に勉強会が始まった。その勉強会の成果が，本書である。柏倉（第1章），小萩沢（第2章），松江（第3章），村上（第4章），長谷川（第5章），小松（第6章），西谷（第7章），水沼（第8章），藤本（空自）（第9章），野並（第10章）とともに，討論し，私が添削する形で勉強会を進めた。専門用語をわかりやすく，日本語としても読みやすくするよう，心がけたつもりである。

2019年1月のドイツ・ベルリンでの研究会で，監訳者は幸運にも本書の著者の同僚と知り合う機会を得た。そのつてで，著者につながった。趣旨を説明し，著者が翻訳を快諾してくれたのは，言うまでもない。

最後になったが，本書を担当いただいたのは，拙書『軍事組織の知的イノベーション――ドクトリンと作戦術の創造力』で編集を担当してくださった勁草書房編集部の上原正信氏である。上原氏には，厳しい出版情勢の中，学術書である本書の翻訳出版という貴重な機会を与えていただき，出版に至るまで献身的かつ根気強くアドバイスをいただき，心から感謝申し上げる。本訳書における間違いは，すべて監訳者である私に責任がある。

2020年12月
監訳者　北川 敬三

目　　次

前書きと謝辞

戦争は，歴史を通じて無数の人々の想像をかきたててきた。老若男女問わず，人類のほぼすべてが戦争に関わりを持ってきた。戦争は歴史の針路を変え，帝国さえも破壊した。政治秩序の形を変え，多くの国家の経済を壊滅させた。また何百万人の人々が殺され，傷つけられ，トラウマを負わされてきた。戦争は，社会，経済，文学，芸術と科学の分野にしばしば根底から変化をもたらしてきた。戦争は破壊と創造，悲しみと高揚感，さらには恐怖と平和への希求，それぞれの間に緊張をもたらした。ゆえに人類にとって戦争は，特別かつたしかに最も重要なものとなった。核時代の到来以来，戦争は地球全体に廃棄物をまき散らし，人類が地球に居住不可能となる危険性を与えてきた。

平和な時代であっても，戦争はほとんどの社会に将来の戦争の影を投げかけている。ストックホルム国際平和研究所（SPRI）は，2012 年に世界は推定 1 万 7530 億米ドルの軍事費が使われたと発表した。この金額は，世界の国内総生産（GDP）の 2.5 パーセントに相当する。これだけのお金があれば，戦争よりも多くの人命を奪う疾患であるマラリアを世界中から撲滅させることができる。戦争と戦争の脅威は，世界の資源配分に影響を及ぼすだけでなく，日々の生活でもきわめて身近なものである。フィクション，映画，ニュースだけではなく，軍事と直接関係のないようなマーケティング，子育てやスポーツでも，もともとは軍事用語である戦略や戦術という言葉が使われている。

戦争の重要性に鑑みると，そこには人類が得た豊かな知識が存在することは驚くに値しない。しかしながら，人類は驚くほど戦争を理解していない。具体的には，戦争と戦闘の理論に対する理解が不足している。軍事理論は，非現実的な知識ではない。なぜならば，軍事理論は実践的なガイダンスであり，時に戦争における勝利をもたらすからである。人類は戦争について，最も明示的な力の使用のみに注目し，全体像を理解することを避けていたのではないだろうか。

そのため本書は，主に教育を目的として戦争を取り巻く複雑性に注目する。読者が戦争理論について問題提起し，自ら批判できる能力を身につけることを企図している。本書の信念は，戦争と戦闘について批判的に考える能力を身につけることこそが，将来的に戦争についてさらに理解を深めると信じる点にある。戦争は，もっと理解されなければならない。また戦争は，意思決定能力の向上や力の使用を理解することに資する。敗者であれ勝者であれ，戦争にともなう膨大なコストは，政治エリートの意思決定能力や軍隊の重要性を向上させる。本書は，力の使用であれ，力の効用の制限であれ，また軍事能力の構築であっても，こういった決定を改善する前提として，戦争からの教訓を反映させることが可能であると確信している。

本書を完成させるために費やしたこれまでの時間と執筆中に得た建設的な批判は，われわれ著者たちの執筆を後押しした。本書の第 1 版は 2004 年に出版された。著者の知る限り，主にスウェーデンとノルウェーの多くの一般大学及び軍事大学の高等教育で使用されてきた。そのため，幸運にも本書には過去 10 年間，数多くの学生たちからフィードバックを受けてきた。本書は大幅に改正されアップデートされた英語版である。最初の版を出版してから，著者は研究者・教育者として，コンゴ，アフガニスタン，イラク，リビア，シリアを含む世界中の戦争の研究を進めるかたわら，本書の質を向上させるため学生たちと膨大な時間の討論を重ねた。したがって，まず著者は本書の執筆と内容の向上に対する学生たちの役割の大きさについて謝意を表したい。学生たちの慎重かつ熱意ある取り組みは，本書内の矛盾を指摘してくれた。さらに学生たちは，どのように本書を執筆すべきか方向性を示すとともに著者がどのような軍事理論を選択し，レビューし評価すべきかを助けてくれた。このようなプロセスなしには，本書は高い評価を得ることはなかっただろう。

さらには，多くの同僚や友人たちから受けた有意義かつ豊かで充実した議論に感謝したい。本書の執筆にあたり協力いただいた方々を紹介する紙幅はないが，とくに世界最高峰の戦争学の研究機関であるキングスカレッジ・ロンドン，世界最高峰の平和学の研究機関であるウプサラ大学，さらにはストックホルムのスウェーデン国防大学の関係者の皆さんには感謝をしたい。繰り返すが，協力いただいた方々からの著者のアイデアに対する挑戦なしには，本書は洗練されなかったし，彼らからの励ましなしには，このような強力な本は生まれなかった。とくに，編集や英訳にあたりお世話になった方々には感謝したい。ウプサラ大学のクリストファー・ヘイグ氏には，本書の表現をダブルチェックするとともに，巻末の索引を編集いただいた。スウェーデン国防大学のガイ・スキングズレイ氏とチャールズ・スロッキ氏には，第 6 章と第 7 章の英訳を手伝っていただいた。

最後に，著者は出版いただいたラウトレッジ社のきわめて忍耐強く，プロフェッショナルで知識豊富なアンドリュー・ハンフリーズ氏，ハナ・ファーギュソン氏，アナベル・ハリス氏の3人の編集者の方々の有意義なコメントに感謝したい。同時に，スウェイル・アンド・ウィリス社のジュリー・ウィリス氏，ミシェル・ハバート氏によるプロフェッショナルかつ慎重な本書の製作にも感謝したい。

本書に関わるすべての責任は筆者にある。

2014年6月3日，ストックホルムにて
ヤン・オングストローム
J. J. ワイデン

第1章

軍事理論——イントロダクション

●1　はじめに

本書は単なる戦争に関する本ではない。戦争に関する考え方を示す本である。戦争に関する考え方について，人類の初期の歴史の中で，後世のために永続的かつわかりやすい形で書きまとめられたことはほとんどなかった。このため，軍事の理論化が西洋以外において，どの程度生じていたかを知ることは困難である。そのため，本書は戦争に関する考え方が，西洋において本格的に文書として正式に記されるようになった17世紀後半から18世紀にかけての啓蒙時代以降を中心に書かれている。一般的に軍事思想は，長い間，もっぱら士官の訓練のために存在してきた。冷戦期になって，ようやく西洋諸国のいくつかの民間の大学で戦略の教育が始まった。しかし戦略は，冷戦終焉の間際まで軍の高等教育機関においてでさえほとんど教育がなされていなかった。ほぼ固定化された戦略環境と超大国の相互確証破壊は，通常戦力の使用に関して，創造的な理論化を促進しなかった。その代わりに，冷戦時代に戦争は，マニュアルと幕僚の手続きに従って行われるものと考えられ始めたのであった（Kelly & Brennan 2009）。

議論の余地はあるものの，冷戦の終了は，戦争に関する新たな理論に関心を引き寄せた。この関心は，戦争の勃発と冷戦の終結直後における武力紛争の増加によってさらに拡大した（たとえば，Themnér & Wallensteen 2011）。さらに，戦争は以前とは異なり，「新しい戦争」として語られたり，軍事における革命（RMA）として語られたりした（たとえば，Kaldor 2006）。したがって，戦略と軍事理論に関する研究は急速に発達した。それらは本書以前の多くの文献において，優秀で権威のある学者たちによって豊富に紹介されている。しかし，分析的で問題を提起するようなアプローチを備えるとともに，すべての軍事理論の分野を包括して教育的な観点からまとめられた入門書を見つけることは難しい。既存の文献は，（a）軍事に特化した記述，（b）思想の歴史に関する記述，（c）分野の連携が考慮されていない記述，（d）戦争の術《アート》に関する記述，の4つに一般的に分類することができる。

既存の文献の第1の分類に当たる「軍事に特化した記述」は非常に広範である。くわえて，軍事理論に関する特定の付随的な分野にのみ，多様かつ詳細な分析を提供する傾向がある（たとえば，Till 2013; Beckett 2001; Stone 2011）。問題は，これらの記述がしばしば質の高いものであるにもかかわらず，軍事理論の特定の部分のみを提供していることにある。これは，たとえば，シーパワー，戦略，ゲリラ戦などの特定の付随的な分野を扱う文献にみられる。一方で，これらの記述内容が，しばしば入門レベルを越えることは珍しくない。そのため，本書により主にそれぞれに付随的な分野が統合されていくことで，現状の知見を深化させることに大きく貢献できる。

第2の「思想の歴史に関する記述」では，軍事理論の発展とそれが確立された知的な背景を学ぶことが可能である。思想の観点から見た歴史は，理論の概要を部分的に解説している。さらには，軍事理論を同時に解説することで，しばしば本書は独自の貢献を行っている（たとえば，van Creveld 2000; Heuser 2010; Gat 2001）。このような記述の問題点は，それらがしばしば論術的かつ分析的なものではなく，説明に終始する傾向にあることである。さらに，記述された理論は，概念的に発展することはほとんどない。これらの記述のレベルは，入門者ではなく，軍事理論にすでに精通している者に対して行うほうがより適当である場合が多い。

第3の「分野の連携が考慮されていない記述」は，思想よりも思想家に焦点が当たり，「思想の歴史に関する記述」と密接に関連している。しかし，この分類は，より明確に伝記的であり，個人的な視点を有する（たとえば，Paret 1986; Baylis & Garnett 1991; Hauser 2002）。個別の理論家に対するこの文献の焦点は，それぞれの理論家の著書に対する深い理解と，しばしば知的な発展の分析に通じる。このことは，特定の思想家の軍事理論をどのように理解するか，なぜ特定の方法で彼らの思想は体系化されたのか，ということを理解する上で本書は重要な貢献を行っている。入門的な内容としては，これらの文献の問題点は，軍事理論のかなり断片的な説明や，しばしば専門的な内容を提供しがちになることである。したがって，初学者にとって適していないものになる。本分類の本はこれまで個々の理論家自身を中心的に扱った結果，実際の理論を包括的かつ概念的に分析できていない。

最後に，第4の「戦争の術《アート》に関する記述」は，軍事理論と戦争の関係について問題を提起し，分析することを特徴としている。これらの記述内容（たとえば，Lider 1983; Jones 1987; Baylis et al. 2010; Kassimeris & Buckley 2010; Gray 2007; Jordan et al. 2008）は，軍事理論がドクトリン，訓練及び戦争にどのように影響を与えたかを分析することを促進し，軍事理論の研究に大きく貢献している。しかしながら，理論に対する議論が深まらない場合において，第4の分類には問題が存在する。軍事理論は，戦闘やドクトリンの発展を実質的な出発点としている。しかしながら，軍事理論が戦闘に与える影響をいかに確立するかが問題なのである。なぜなら，それが戦争の遂行に影響を与えたアクターまたは思想かどうかを判断することは非常に困難であるからである（Goldstein & Keohane 1993 を参照）。

本書を執筆する観点からすると，軍事理論に関するこれまでの既存の入門書は，軍事理論を最適に説明するには，あまりにも細かな内容の記述が多い。さらに，あまりにも専門的すぎ，もしくはあまりにも実務指向である。もちろん既存の文献は，軍事理論における詳細な内容を扱うには適している。むしろ軍事理論の全分野に関し，理論の前後関係，戦闘の実際的な表現や理論に全面的に焦点を当てた読みやすい入門的な内容が必要である。本書のアプローチは，理論，より正確に言えば社会科学理論に基づいて，軍事理論を体系的に論述することである。軍事理論を発展させ体系化することによって，本書は既存の関連文献を補完し発展させるものとなる。本書は，主として教科書としての役割を果たすことを目的としている。このため，オリジナリティは限定的である。たとえば，本書は，戦争の本質に関するクラウゼヴィッツ（Clausewitz）の概念などの解釈が革新的なものである，と論ずることは行わない。むしろ本書は，入門書として教育学的アプローチ，構造，分析枠組み及び当該分析においてオリジナリティを有する。

したがって本書は，読者に古典と現代の軍事理論に関する最高水準の入門書となることを目的としている。これらの理論を発展させ，分析し，同時に軍事理論の規範的な目的と説明的な目的の両方に課題を提起する。あわせて軍事理論における最も重要な理論は何か，を説明する。本書は，軍事理論とは，戦争と戦闘の知識に対する唯一のアプローチではなく，多くの分野に適用可能なものであることを明らかにしている。さらに本書は，対照的な視点からつねに理論を批判的に観察し，学習効果を高めている。このアプローチは，ある問題を引き起こすかもしれない。その問題とは，実際の理論とそれを構築した概念に

カール・フォン・クラウゼヴィッツ
[Karl wilhelm Wach 画]

焦点を当てた入門書との距離である。なぜならば，入門書は本質的に理論そのものや理論家が導出したものに関する歴史的背景という要素を欠いている。このことで，本書の議論がより抽象的な論述と感じられるかもしれない。しかしながら，このアプローチは，政治理論の中ですでに実証された教育学上の利点を有しており，軍事理論の学習にとっても有益だろう。

軍事理論を解説する前に，これからの議論の要点となるべき２つの要素について明確に定義したい。それは，正確に定義された概念と軍事理論との関係性と，大国・小国の価値観の差異である。概念は科学において重要な要素であるとともに，軍事理論の中でも重要な要素である。厳密に公式化された概念では，現実のいくつかの要素が除外され，境界線が引かれることになる。この特徴は，分析手法や現実社会を分析するためのツールをもたらしてくれる。このようなツールは，知識を体系的に理解するために必須のものである。正確かつ明確に定義された概念だけが知識を有効な形で一般化し，個々の知識を効果的につなげることができる。

概念には，ほかの利点もある。たとえば，私たちが以前から直感的に気づいていたことや認識していなかったことを明らかにすることが可能となる。たとえば，プロシアの将軍・軍事理論家カール・フォン・クラウゼヴィッツ（Carl von Clausewitz, 1780-1831）が，戦争，誤解，悪天候，技術的問題などの不規則な要素を把握するために「摩擦」という概念を策定した。しかしながら，不規則な要素それ自体は，新しい現象ではなかった。クラウゼヴィッツの概念は，これらの問題を明らかにするとともに可視化することで，戦争の中に存在する変化を類別することに寄与した（Clausewitz 1993: 138-40; Cimbala 2001 を参照）。このように，概念は私たちを取り巻く世界をどのように認識し，分類するかということに大きく影響を与える。概念は，個々の考え方を効果的につなげ，単純化する傾向がある。また，批判の可能性を提供し，新しくより良い知識を追求するための最強のツールのひとつになっている（Lakatos & Musgrave 1970）。

概念は，客観的な現実を必ずしも反映するものではなく，現実の一部分を認識する方法を形作るのに役立つ。したがって，概念は研究の最終結果のみならず，研究の前提条件でもある（Vasquez 1993: 14-40）。本書では，とくに後者について，軍事理論と概念の関係を結合し論述する。

西洋世界の多くの主要な軍事理論家は，世界の大国に所在し，その国に関係している。さらに，経験的な研究の大部分において，その内容の少なくともひとつの側面は大国に焦点を当てている。これは，どれだけ大国における先入観が軍事理論に入り込み，小国の経験の一般化を無効にするのかという疑問を投げかけている。大国の研究から生み出された研究成果と理論的議論は，ほかの国家や地域にはほんの一部しか当てはまらないことは明らかである。この顕著な例が，核戦略である。なぜなら，核兵器を保有しているのは数カ国にすぎないからである。その結果が依拠する事例では，大国の戦争の遂行や軍隊の広範な使用に対するこれらの国々の先入観が含まれる可能性がある。小国がどのように行動するか補足的な分析がなければ，どのような一般化がなされるかが明らかになるとは言えない。しかし，軍事理論が大国とその関心事の影響を受けていると仮定することは，これらの理論が小国に対する妥当性に欠けるということと同義ではない。これらの理論は，補完または改善されなければならないかもしれない。しかしながら，大国による軍事理論の不備に関する小国による研究を持つことはできない。このような研究では，慎重かつ広範な研究が要求されるため，必然的に本書の論述の範囲外にあたる。したがって，本書において論述される理論は，多くの点で，軍事理論のさまざまな分野における既存の理論を反映したものである。特定の国家のレンズを通じて，これらの理論を選択または解釈しようとするものではない。

● 2　軍事理論の定義

この種の教科書は，「軍事理論とは何か」，という疑問に答えることから始めることが適当である。この質問には，軍事問題に関するすべての考え方や理論が，軍事理論であるかどうかを見極めることで最もよく回答できよう。以下において，(a) 軍事思想，(b) 軍事ドクトリン，(c) 軍事史，(d) 軍事活動に関するほかの研究分野，と区別することによって，軍事理論の概念を正確に定義していく。

第１に，一般的な軍事思想と軍事理論を区別する必要がある。おそらく，それらの関係は，最も端的に表現すると，すべての理論が思想を構成する。その一方で，すべての思想が理論となるわけではない。そのため，理論は思想を構成する一部であると言える。しかし，境界は曖昧であるため，さらに理論を明確にする必要がある。理論は思想よりも体系的である。そのため理論は，異なる思想のつながりを表現する複雑な思考パターンである。それを理解するには，政治理論との比較が有益である。政治理論は，政治がどのようなものであり，どのように社会を統治し，人間社会をどのように組織すべきかを扱っている。これは，正義，権力，平等，自由などの概念の解釈を政治理論における重要な分野とするものである（たとえば，Goodin & Klingemann 1996）。これはまた，軍事問題に関するすべての考え方や意見が軍事理論で構成されるとは限らないのと同様に，すべての政治的意見が政治理論を構成するわけではないことを意味している。政治理論と軍事理論の両方は，さまざまな普遍的な妥当性に基づき，経験論的世界の根拠を体系的に整理する試みである。それゆえ，理論には一般化を図る性質があり，すべての考え方がそうである必要はない。

理論という言葉は，文字通り「熟考」を意味するギリシャ語の *theoria* に由来している。その言語的意味から，われわれは理論の主要な特徴を推論できる。それらは抽象的であり，われわれが「触れる」ことはできない。これにはほとんど議論の余地がないが，前述した理論の概念は一様ではない。これは，異なる学問分野や専門分野では異なる解釈が可能である，ということである。概念の区別と公式化により，より高い目的を持つ理論はいくつかの事象の間に因果関係を表すことができる（Parsons & Shils 1951 を参照）。このようにして，理論には，まだ完全には証明されていないステートメントと，多数の実験や見解を通じて，有効であることが証明されたステートメントの両方が含まれる。

当然ながら，まだ証明されていない，もしくは改善の余地のある理論よりも，経験的な結果によって検証された理論に依拠する傾向が強くなる（Popper 2002; Williams & May 1996 を参照）。重要な理論の価値とは，それがどのように公式化され，論理的に一貫し体系的かつ経験的なデータとして対応できるのか，ということにある。しかし，理論が体系的な経験とどのくらい一致しているかを判断することは，非常に困難である。これは，単純に，大量のデータが存在しないということ，またはそのデータが利用可能な場合でも，解釈することが困難であるからである。もちろん，理論の価値は，その主張が実用的なものであるかどうかにも依拠する。理論を適用する際には，理論がどのような状況で適用できるかどうか。さらには，理論がさまざまな現象を説明できるかどうかを立証することが重要である。したがって，科学的なプロセスの大部分は，理論の範囲を特定するさまざまな試みとなる。どのくらいの数のどのような観察が理論で説明できるのだろうか。理論の説明力とは何だろうか。すなわち，問題となっている観察への説明はどれくらい詳細なのか。理論のコンセプトに関する最小限の解釈であっても，思想のコンセプトは広く，ドクトリン，意見，あいまいな考え方のように，一般化することができない種類の主張を含む可能性がある。そのため本書の目的は，軍事思想ではなく，軍事理論に可能な限り焦点を当てることである。

第２に，軍事理論と軍事ドクトリンを区別する必要がある。理論とドクトリンの両者が重複することもあるが，それらを区別することが重要である（Hoiback 2013 を参照）。２つ以上の事象をつなげるために，現実を体系化した抽象的な考え方として理論を基本的に理解したとしても，ドクトリンの概念と比較すると大きな違いが出てくる。なぜならば軍事ドクトリンは，軍事資源をどのように，何のために，なぜ利用すべきかについて，おのおのの軍事組織が制度化した知識だからである（Posen 1984: 13-14）。したがって，ドクトリンは理論よりも時間と空間の点で具体的である。ドクトリンは，特定の状況において何をどのように実行するべきかについての，アクターの意思決定と認識されている。一方で，理論はより一般的であり，規範的な目的を有する必要はない。シーパワーの著名な研究者のひとりであるジェフリー・ティルは，その違いとして理論を「料理の術《アート》」，ドクトリンを「本日のメニュー」として説明している（Till, 2013: 51）。両者とも重要であると同時に，両者は異なるのである。疑う余地なく，本書は軍事ドクトリンではなく軍事理論に焦点を当てるのは当然のことである。

第３に，軍事理論と軍事史は切り離すべきである。軍事理論はいくらか単純化されたものであり，軍事史とは異なり，具体的なものではなく抽象的である。さらに，軍事理論は，時代を超越したものである。軍事史においては，研究者たちは特定の研究対象を意味のあるものと見なす傾向にある。一方の軍事理論では，彼らは研究対象を比較が可能な現象の領域にあるものとしてみなしている。しかしながら，このことは，軍事史家が決して理論化をしないといったことや，軍事理論家が類のないことを決して調査しないといったことではない（Gaddis 2002: 62-70; Carr 1964）。それどころか，同じ研究対象，たとえば戦争について研究する社会科学者と歴史家は，異なる研究分野における研究者よりも共通点があることが一般的である。しかしながら，社会科学者と歴史家のアプローチの違いは，一般化が有効かつ関連性があるとみなされる範囲における結論にある。その研究から結論を一般化することと論理的結論を導くことは研究の目的がユニークであるため両立しない（Elman & Elman 2001; Kaufman 2001）。定義上，軍事理論は一般化を行うという目的があり，戦争と戦闘の単なる記述よりも「その先」があるものである（Eccles 1965: 26-8）。本書は，軍事史を論述の対象とはしない。

第4に，本書では軍事理論と軍事分野に関するすべての研究を区別することが可能とする。後者のほうは，ジュリアン・ライダー（Lider 1980: 1-18, 377-407）やマーチン・ファン・クレフェルト（van Creveld 2000: 15; 以下も参照，Betts 1997; Mahnken 2003; Freedman 1985）の研究のように，軍事理論とその発展をその主要な課題に従って記述するというようになされうる。軍事理論の中核となる問題は，戦争の本質と構造とは何か，戦争における勝利がいかに達成されるか，の2点である。このようにして軍事理論は，研究対象が武力紛争として広義に定義され，部分的に重複しているとしても，たとえば，国際法，人類学，国際関係論，政治学，安全保障研究，平和研究，社会学などから切り離すことができる（Buzan & Hansen 2009を参照）。一例として，もし本書が「戦争はいかに回避できるか」という問題を議論する場合，参考文献の量は増えすぎて管理できない状態になるだろう。これは，もちろん，18世紀のアベ・サンピエール（Abbé St Pierre）やイマヌエル・カント（Immanuel Kant）のような思想家が，軍事理論に専念し，平和に対する計画を発表したことを忘れてはならず，したがって，本書ではこれらの文献も議論の対象としなければならない（Hemleben 1943）。このことは，戦争の原因に関する研究は軍事理論の領域ではないが，戦争における因果関係は軍事理論の対象である，ということを意味している。本書は戦争の性質や戦争の勝ち方に焦点を当てている。作戦計画と準備，軍事指揮，戦争の概念，ドクトリンの発展なども含まれなければならない。これらの要素は，戦争の勝利のための変数や原則とみなすことができる。これらから言えることは，狭義の軍事理論でさえ，多種多様な領域と関連する小分野に至るということである。

第2章における「戦争とは何か」をめぐる議論に進む前に次のことを強調しておきたい。「ほかの手段による政治の継続」としてのクラウゼヴィッツの戦争の理解は，軍事理論が政治の研究，より具体的に言うと，軍隊の使用やその脅威に関する研究と密接に関係していることを示唆している（Clausewitz 1993: 731-7）。しかしながら，軍事理論は軍事作戦の分析を扱うことができることと同様に軍事作戦は，戦争の避けることのできない要素として重要である。さらに，どのように戦争に勝利するのか，という問題に対して，作戦術（オペレーショナル・アート），指揮官の能力，技術や資源の使用方法などの内部の変化する要素を考慮せずに，満足のいく答えを得ることは困難なことが多い。明らかな結論は，軍事理論は学際的ということである。軍事理論の２つ目の重要な問題である戦争の勝ち方は，やや曖昧である。この曖昧さは，とくに，この分野において多くの文献を生み出してきた。たとえば，戦争での戦術の勝利が戦争での勝利につながることは決して確実とは言えない。したがって，戦略レベルで戦争が遂行される手段は，作戦レベルか戦術レベルでどのように実施され，勝利するかということと大きく異なるかもしれない。

これら中心的な命題の特徴は，軍事理論は本質的に規範的かつ説明的なものとして解釈できることを意味する。軍事理論の目的のひとつは，組織が戦争に勝利するためにはどのように戦いを遂行すべきかを示す指針を明確にすることである。ここで，軍事理論は政治理論と同様に，規範を強調する。政治理論ではたとえば，正義や民主主義などの特定の解釈を最大限にするために，社会をどのように組織すべきかについての議論が必要である。軍事理論のもうひとつの目的は，戦争の力学及び結果を説明することである。これは，戦争を成功させるための知的な手段ではなく，戦争での勝利と敗北を説明できる変数を特定することに関連している。これらの２つのアプローチの間の緊張は，軍事理論の発展において決定的な原動力となる。

これら２つの問題に基づいて主題を定義することの問題点は，ほかの学術分野もそれらを研究することにある。「戦争でどのように最適に勝利するか」という問題は，軍事理論特有のものではなく，その議論の結果が自動的に軍事理論ということにはならない。戦争の結果を説明しようとするが，見解を一般化する気概がない歴史家は，軍事の理論化に関与しているとは言えない。また，この問題に専念する歴史家や政治学者が，実際には軍事理論家であることを認識していないと明らかにすることも難しい。したがって，いかなる分析的見地またはその主題の理解に関しても，ある程度問題が存在する（Schmidt 1994 を参照）。独創性は科学の中で最も重要な原動力のひとつであることは注目に値する。個人の研究者は，既存の知識の境界線に継続的に疑問を投げかけることが奨励されているので，主題の境界は固定されたものではなく，むしろ浸透性のあるインタフェースとみなされている。しかしながら，定義とは少なくとも，ひとつの分野における重点がどこに置かれているかを示すため，それでもなお価値あるものとなる。

さらに，軍事理論の明確な定義を難しくするのは，軍事理論がさまざまに異なって制度化されているということである。イギリスだけを見ても，軍事組織の教育機関のみで戦争の遂行に関する研究をしてはいない。一般大学においては戦争研究，国際関係論，戦略研究，安全保障研究の学術的な研究が行われている。さらなる混乱を与えるかもしれないが，たとえば，安全保障の研究は，それぞれの大学で異なる解釈をする傾向がある。したがって，一部の現代の研究と学術的構造の特有の性質により，安全保障に関する研究と教育の方法は，異なる分野や付随的な分野との関連に影響を受ける。これによって，研究分野間の境界は非常に浸透性があるという状況が作り出された。本書における解釈では，軍事理論は戦略研究よりも広範であるが，安全保障研究，戦争研究，平和と紛争の研究よりも狭義である（Betts 1997）。本書でも「戦略研究（strategic studies）」という用語を使用したかったが，戦略研究は時々戦略だけのために使われることがある一方で，軍事に関するすべての研究を指す場合も時々あるので，明確化のため，この言葉の使用は避ける。したがって，「軍事理論（military theory）」という用語が本書における考察に適している。

結論として，軍事理論は，戦争の遂行ではなく，戦争と戦闘に対する重要かつ系統的な考察であることが示唆される。軍事理論家は戦争中の行動で一般化できるパターンの発見を試み，個々の事例自体を調べることはしない。軍事理論は，いくつかの理論で構成されており，ひとつの個別理論ではない。軍事理論は戦争の成功だけでなく，主に戦争の本質と性質に関係している。したがって，その理論は規範的で説明的である。しかしながら，厳密に言えば，叙述的なものであるかどうかは疑わしい。軍事理論は，戦争における政治的，戦略的，作戦的，戦術的なプロセスを理解する必要がある限り学際的なものだが，戦争に関するすべてではなく主に戦争の軍事的側面を扱っている。軍事理論は，政治理論が政治学の付随的な分野であるように，広く研究されている戦争研究の中の付随的な分野とみなすことができる。これにより，軍事理論は，安全保障研究や平和と紛争の研究のような武力紛争の原因，力学及び解決を扱うほかの分野にも関連する。以下において，戦争とは何か，そして戦争にいかに勝利するかという軍事理論における2つの中核的かつ軍事理論を特徴的なものにする問題に集中していこう。

● 3　軍事理論の中心テーマ

上記で議論したように，軍事理論は，さらに重要視される価値のある多数の問題領域とテーマで構成されている。本書の目的にとって，これらの 4 つの領域は特別な関心事であり，それらの理解は軍事理論への理解を高める。このような理由から，それら 4 つのテーマは本書を通底する中心的なテーマである。

第 1 のテーマは「戦争のレベルの概念」である。戦争と戦闘を分析するためには，レベルによる分類はしばしば明確化の手段として用いられる。しかしながら，具体的にどれくらいのレベルに分類するかは，理論的に，あるいはドクトリンの観点から変化する。そして場合によっては 2 つ，さらには 5 つまでのレベルに応じて分類される。分析手段としての戦争のレベルは，戦争の本質に大きく依存している。軍事理論家の間では，戦争の概念の解釈だけでなく，戦争のレベルの分類それ自体が異なる。たとえば，戦略レベルと戦術レベルの違いには，かなり長い歴史がある一方で，作戦レベルの追加は近年のことであり，通常は 19 世紀初めのナポレオン戦争に関連している（たとえば，Naveh 1997; Olsen & van Creveld 2011）。戦争のレベルの利点は，軍事における理論的な議論の説得力を高めることである。たとえば，戦術レベルでの勝利は必ずしも戦略レベルでの勝利を意味するものではない。さらに，戦争の性質の分析は，戦術的及び戦略的レベルで異なる結果をもたらす可能性がある。戦争と戦闘は複雑な現象であり，知的に理解できるように分類されなければならない。しかし，ほかの軍事理論と同様に，戦争のレベルにも実用的な特徴がある。戦争のレベルを意思決定または指揮のためのレベルと解釈することはたしかに可能である。このように，戦争のレベルは戦争を分析する方法というだけでなく，戦争を遂行するためのツールでもある。

軍事理論の第 2 の中心テーマは，「軍事力の行使」つまり軍隊の使用である。軍事力の行使は国家の全体的な力の行使の一部に過ぎないことと同様に，戦争と戦闘もまた国家全体の軍事力の行使の一部に過ぎない。いかに戦争に勝利するかという課題は，もちろん，いかに軍隊を最も効果的に使用するかという問いの別の形である。これは，軍事理論は軍事力の行使を扱うが，すべての軍事力の行使を扱うものではないことを意味する。たとえば，軍事独裁者の支配は，軍事理論として捉えられないが，軍隊の使用の一形態となりうる。軍事理論において，力の行使とは，間接的に相手に影響を及ぼすことから自身の利益を拡大するような方法での行動，説得力または求心力に至るあらゆるものを扱う(Nye 2004)。さらに，たとえば総攻撃のような，軍事力によって相手を壊滅することなども含まれる。これらの極端な手段の中には，抑止力も存在する。抑止力は，より潜在的な性質を持ち，相手が行いたいことを思いとどまらせようと促すことを目指している。最後に，軍事理論には強要，すなわち力による脅威や力の使用によって，相手が進んで実施したがらないことを積極的に行うよう促す能力を含む（たとえば，Schelling 1966; George & Smoke 1974; Byman & Waxman 2002; Ring 2005)。軍事力や武力戦闘，あるいはこれらの脅威は，しばしば軍事的，そして究極的には政治的な目的を達成するための手段とみなされる。軍事理論がより広い命題に関連するという一般化の野心は，軍事力の行使という広範な疑問に関係する軍事理論にとって重要である。これはまた，どのように力を組織化された軍隊に変換していくかという課題は，戦略の不可欠な部分であるゆえに，この課題は軍事理論の不可欠な部分でもあることを意味する。

軍事理論の第3の中心テーマは，「軍事問題をどのように研究すべきか，そして次に，これがどのようにして軍事理論を形成するか」である（Soeters et al. 2014; Hoglund & Oberg 2010)。これまで見てきたように，軍事理論のような分野を定義することは容易ではない。近代において，19世紀末から20世紀初頭にかけて，多くの大学で幅広く学問分野が確立された際に既存の知見と規範的な関心を反映して，学術は科学的に区分されていった（Barkawi & Brighton 2011)。軍事理論の境界は，軍艦の防水隔壁のような遮断的な境界としてみなすことはできない。そうさせるような学問内部の要因が存在する。どちらかと言えば，それらは透過的な境界面とみなされるべきであり，軍事理論（またはほかの科学的学術分野）を明確に定義しようとする試みをさらに困難にする。科学の中で最も価値のある規範のうち2つは，独創性と整理された懐疑的な見方である。これらの規範は，個々の研究者がこれまで考えられていなかった道筋を探し出すものである。その上で，まだ結合されていない研究成果を組み合わせて，知識の限界を広げ，既存の解釈とその限界に疑問を呈させるよう促す。これは，研究が進展するにつれてその領域が変化することを意味する。これはまた，方法の問題，すなわち私たちが知っていると考えていることをどうやって知るかは軍事理論とその発展の重要な部分であることを意味する。

軍事理論における第4の最後の中心テーマは，「軍事理論を理論そのものとして解釈すべきか，または実践的なものとして解釈すべきか」である。軍事理論は，説明的だろうか。それは戦闘，戦役《キャンペーン》，もしくは戦争で勝利する理由を説明できるか。それらの因果関係を確立することができるか，それとも規範的であり，戦争の遂行手段に関する指針となりうるか。本書において軍事理論は，戦闘そのものではないと位置づける。代わりに，軍事理論は，実践的な目的（実務家への支援）と理論的な目的（研究対象の知識と理解の向上に寄与）とのバランスを図る。軍事理論におけるこの二元論の多くの表現のひとつは，いわゆる戦いの原則である。これらの原則は，実務家のためのカンニングペーパーであり，戦闘計画を策定し，実施することに役立つものと解釈すべきか。あるいは戦闘，戦役，もしくは軍事力の集中，奇襲などを戦争の結果を説明する要因として，理解すべきなのか。

これらの軍事理論の２つの実践的及び理論的な目的は，対抗するものとして解釈することは可能である。このような解釈は，説明的な理論は実際の利益とは無関係に戦争と戦闘の知識を探究していると主張する。したがって，戦争をよりよく理解すること自体が目標となる。このようにして，本書は説明的な側面を軍事理論の規範的な側面と区別する。規範的な側面において，軍事理論は，戦争をどのように遂行し勝利するかという指針を作り出すことができるということになる。その結果，軍事理論の有用性を実践的とみなすか，説明的とみなすかという選択に直面しているものとして考えることは可能である。これらの２つのアプローチの間の緊張は，軍事理論の発展における大きな原動力とみなすことができ，本書を通して考える要因である。軍事理論の２つの目標は実際には区別するのが難しいかもしれない。しかしながら，軍事理論におけるさまざまな理論に疑問を投げかけることを容易にするために，本書は２つの目標を分析的に区別する。

● 4　本書の概要

本書は，軍事理論の重要な側面を網羅した10の章で構成されている。本書は，軍事理論における上述した２つの主要な目的に基づいて，構成されている。第１章は軍事理論の範囲とほかの研究分野との関係性の枠組みを形作る。第２章から第９章までの章は，軍事理論の内容の提示と見なすことができる。ここでは，軍事理論の主な質問，つまり広義において戦争とは何か，戦争に勝利する方法とは何か，に回答する多くの理論内容を提示する。第２章から第４章までは，主に戦争，勝利，戦略，作戦術などの重要な概念のさまざまな解釈について議論する概念的な分析と見なされる。第５章から第９章では，実体を持って作戦術の概念の主張を可能とするいくつかの理論をさまざまなレベルで説明する。第10章の結論では，既述の４つのテーマに立ち返り，各章における議論に基づいて問題をさらに論述し，２つの競合する戦争の力学を概説する。このように本書の概要は軍事理論の内容を反映したものである。

個々の章の議論は，軍事理論の中心テーマを貫いている。それぞれの議論は潜在的な構造論理を形成するとともに，本書の全体像の重要な根拠となる。戦争のレベルのテーマに基づき，本書の構成は第２章から進め，戦争は政治的な現象であるとの主張を展開する。第３章と第４章では，戦争の勝利，戦略，作戦術をそれぞれ扱う。作戦術は戦術レベルと戦略レベルをどのように結びつけることができるかについての概念的な基礎を形成する。したがって，第５章から第９章は，作戦術の概念について実体をもって説明する理論を議論し，それによって戦争のさまざまなレベルを扱う。軍事力の行使というテーマに基づけば，戦争は意志の戦いであるという議論（そこでは敵に自分の意志を押し付けることが重要）をもって再度第２章を考察することができる。そして，戦略を扱う第３章では，力の使用と効用に関するさまざまな理論を議論するための出発点としての戦争の勝利を定義する。第４章から第９章までは，力の有効性と手段について扱う。軍事理論の研究がどのように行われるかというテーマに基づけば，軍事理論において説明を目的とすることへの注目すべき批判的要素を本書は推論することができる。最後に，アクター間における意志の対立が戦争を起こすことを議論した第２章から第４章に基づくと，軍事理論において規範性を目的とすることへの注目すべき批判的要素を本書は推論することができる。

第２章（戦争）では，戦争の本質と性質に関する問題について議論する。また，戦争を分類しようとする試みについて詳しく述べる。この問題に関する導入は，戦争に勝利するための理論を紹介する前に，戦争とその性質について深く理解する必要があるため，非常に重要である。第３章以降で論じる多くの軍事理論において，むしろ暗黙のうちに作られた最も基本的な仮定のひとつは，戦争は合理的な政治的現象ということである。とりわけ，この仮定は第２章において問題提起される。

第３章（戦略）では，軍事理論がいかに戦争に勝利するかという問題にどのようなアプローチをしたか，についての議論を紹介する。それは戦争の勝利の概念を概説することから始める。同章では，軍事理論の考え方における戦略とその機能の基本的な考え方について論述する。ここでは，理論としての戦略は，

3つの点で特徴づけられると主張される。それは，目的と手段の系統的な分析，資源が限られた解決策，ダイナミックでしばしば逆説的な特徴をもたらす特有の論理である。したがって，戦略は，戦争にどのように勝ち，戦争の政治的な目的をどのように達成するかを表す意志を示している。

第4章（作戦術）では，作戦術に関する軍事理論の原則と考え方について論述する。本章では，主に，概念的なレベルにおける作戦術と関連概念について扱う。作戦術は戦術的勝利が戦争の戦略目標の達成をどのように導くかを表すため，本書の第5章から第9章の5つの章において，より具体的な形で作戦術の課題に対してさまざまな解決策を説明する。これらの章では，実質的な作戦術の内容を解説する。戦術的勝利を戦略目標に，最終的には政治的勝利に換える手段と，その問題解決を図るために現れるさまざまな考え方を示す。

第5章（戦いの原則）では，戦闘の原則，その固有の論理，これらの相互の関係性，そしてこれらが作られた方法を紹介する。戦いの原則は，戦争に勝利するための累積的な知識を生み出す試みと見なすことが可能である。なので戦略，作戦及び戦術を形成するための指針として，さらにはさまざまな戦争の結果を説明するものと解釈することができる。したがって，第5章は軍事理論の具体的な部分から始まるのが妥当であると考えられる。第6章（統合作戦）では，統合作戦に関する理論を紹介する。統合作戦に関する理論は，軍隊の異なる職域に固有のものではない。後者の理論は，代わりに第7章から第9章で提示する。

第7章（陸上作戦）では，陸上における軍事力の行使に関する理論が議論される。本章の目的は，地上戦とその前提の研究に関する一般的な導入を提供することである。第8章（海上作戦）の目的は，戦時と平時におけるシーパワーとその利用に関する理論を紹介することである。第9章（航空作戦）では，軍事手段としてのエアパワーの有効性について議論し，現代のエアパワー理論とその前提を紹介する。

第10章（戦争の力学――いくつかの結論）は，軍事理論の将来の妥当性と，実用的な有効性か，それとも説明のための社会科学理論かという，選択の問題について議論する。この章では，軍事理論の中心的なテーマについて言及し，前章までの議論に基づく問題を扱う。このようにして，段階的拡大（エスカレーション）または模倣（エミュレーション）という2つの支配的な戦争の力学を概説する。つまり戦争及び軍隊の使用は，暴力的な行為や反応のサイクルとして最もよく特徴づけられるのか。それともダイナミックな学習プロセスとして最もよく特徴づけられているのか。

●5　おわりに

はじめに本書は，戦争ではなく戦争に関する考え方を扱うことを強調した。本章では，本書の骨子とそれを貫くテーマについて詳述した。本書のアプローチと選択した理論は，軍事理論と認められる分野と，軍事理論を導入した初期の試みの両方から導くことが可能である。軍事理論を紹介した初期の文献を調べることで，先人たちがすでに記述した文献の焼き直しを避けることができる。たとえば，本書は戦争における軍事理論の影響を議論するわけでもなく，なぜ理論が特定の形で策定されているのか説明を試みようとするわけでもない。読者が軍事理論との最初の出会いとして本書が最適に機能するため，既存の文献のように，程度がさまざまであったり，極端に難しかったり，あまりに実用的や専門的であることを避けた。そのかわり，既存の文献の多くは，すでに知識のある読者を対象にしていた。本書とそのアプローチは，既存の文献を補完することになる。

軍事理論が何であるかを定義し，軍事の現象に関するほかの関連する考え方との境界について議論することで，本書の構成にさらなる根拠を与えることができる。軍事理論は規範的かつ説明的な目的を持っているため，これらの側面に基づいて軍事理論を問題提起的に扱うこととした。軍事理論が戦争を一般化することを試みるため，これらの理論の範囲と実証的な検証の程度について議論することは，本書の大きな要素である。軍事理論は必然的に軍事力の行使を扱うため，軍事力の使用に関する機会と限界について議論することになろう。

さて，読者は軍事理論がどのようなものかをより良く理解いただけただろう。次の第2章では，戦争についての議論を紹介する。これから本書は軍事理論に関する議論を離れ，軍事理論の中味に集中していく。しかし，軍事理論の境界は，明確であるとは言えない。また，本書が強調した2つの中核となる問題は範囲がせまいのかもしれない。しかし軍事理論はすでに述べたように，ひとつの統一された理論ではない。それどころか，軍事理論は学際的であり，研究対象への豊富な理論やアプローチから成り立っているのである。

Q 論点

1．軍事の現象に関する考え方はすべて軍事理論なのか。
2．軍事理論は，戦争や戦争の遂行の試みをどの程度説明するものか。
3．軍事理論と軍事史を分けるもの，または一体化させるものは何か。
4．軍事理論は，軍事ドクトリンにどの程度影響を及ぼしているか。
5．軍事理論はほかの分野，たとえば，戦略研究，平和・紛争研究，安全保障研究，国際関係論とどのように関連しているか。

第2章
戦　争

● 1 はじめに

2001年9月11日のワシントンDCとニューヨークに対するテロ攻撃は，世界に衝撃的かつ恐怖の経験をもたらした。テロ攻撃は，長年にわたり西洋社会にとって，大して重要ではなく，優先順位の低いものとされていた。これが，突如として差し迫った脅威となったのである。このテロ攻撃は，既存の戦争の概念を構成する学術体系，具体的には安全保障研究，軍事理論，国際法，国際関係論への挑戦でもあった。9月11日のテロ攻撃は，戦争であろうか，それとも大規模な犯罪であろうか。これは，戦争の本質に関する膨大な分野における問いの一例にすぎない。店の値引き競争はテロリストに対する戦いや内戦，電撃戦，世界大戦と同じ現象なのであろうか。戦争と平和は互いにどう関係しているのであろうか。たとえばサッカーの試合におけるフーリガンの乱闘や，組織的犯罪，暴動，また不正行為や差別，迫害といったいわゆる構造的暴力（Galtung 1985）などのすべての暴力的な行為を，戦争として理解すべきなのであろうか。

本章の目的は，戦争をどのように理解し，分類するかについて，さまざまなアプローチを紹介することである。さらに，戦争を分類するための境界線はどのような文脈によって引かれているのかを明らかにする。たとえば，われわれはアメリカで19世紀に生起した南北戦争をどのように理解すべきであろうか。南北戦争は，現代の国家間戦争とほぼ同じ手法で戦われた。すなわち，開戦前に一方の勢力から，戦時国際法を尊重し，捕虜を外国軍に所属する兵士のように扱うことが宣言された（これは国内紛争の歴史においては珍しいことである）。同時に，カンザス州とミズーリ州で激しいゲリラ戦が行われた（Brownlee 1986）。そこでは，現代でいうところの民族浄化，すなわち民族の排除と残虐行為が行われ，すべての前線で長距離離奇襲のような新たな戦術が採用された。

9.11 同時多発テロ。炎上する世界貿易センタービル
[写真：Courtesy of the Prints and Photographs Division, Library of Congress]

南北戦争では，いくつかの戦争が並行して行われたのであろうか。あるいは，南北戦争を「内戦」と呼ぶことは誤りであろうか。本章は2つに大別される。まず戦争の概念について，次に戦争及び武力紛争を分類するさまざまな方法について述べる。

戦争を理解するためのさまざまなアプローチは，戦争における勝利と敗北の単純化を防ぐため重要である。したがってそれは，分析にきわめて重要である。また，もし，ある作戦が戦争と呼ばれていれば，法的，政治的に大きな影響を及ぼさずとも，戦争の解釈は政策論議においても中心的な命題となる。過去数十年の間，ノルウェーやスウェーデンのような北欧の小さな国々のいくつかは，アフガニスタンにおける作戦を「戦争」と表現することを避けていた。またジョージ・W・ブッシュ（George W. Bush）元アメリカ大統領は，キューバのグアンタナモ米軍基地において疑わしいアルカイダ諜報員を尋問し，彼らを法的に許可された拘留期間を超えて尋問する際，あえて「戦争捕虜」という用語を使わなかった。それゆえに何らかの現象を「戦争」と名付けることは，それ自体が政治的な決断なのである（Mansfield 2008）。戦争をいかに理解するかということは，戦略の核心であると同時に戦争の遂行そのものである。また戦争を理解することは，国際社会のために戦争を止める努力に直結する。クラウゼヴィッツは，この議論の背景にある論理を適切に捉えていた（Clausewitz 1993: 100）。

> 政治家や将軍が行う最初の大規模かつ決定的な判断行為は，始めようとしている戦争を正しく認識することである。戦争の本質と異なるものを求めたり，作為しようとしないことである。

クラウゼヴィッツが発言した約150年後，全く異なる文脈において，毛沢東は同様の考えを表明した。「戦争の実際の状況，その性質，そして戦争が与える影響を理解していなければ，戦時国際法を理解することも，戦争を指揮することも，勝利を勝ち取ることもできはしない」(Mao 1966: 96)。このように戦争を理解することは，戦争を成功裏に遂行するため，もしくは戦争に介入し，殺戮を止めるために重要なのである。ハリー・G. サマーズによれば，アメリカが最終的にヴェトナム戦争に敗北した主因は，ヴェトナム戦争の本質を理解できなかったことであった (Summers 1982)。まさに始めようとしている戦争について理解することによって，戦略上，作戦上における敵に対する自分自身の強みを知ることができる。そして自分自身の強みを認識することによって，最適な戦略を構築することができるのである。

● 2　戦争という概念

戦争と平和の最も共通する点は，おそらく双方が国家間に存在しうるさまざまな状態であることである。その区別は，しばしば二者択一的と捉えられる。すなわち国家が戦争状態にあるのか，それとも平和な状態にあるのか。この解釈によれば，戦争と平和は相反するものである。平和な時には，個人，団体そして国家は，対話，法の支配，主として非武装の競争を通じて目標を実現し，紛争は平和的手段によって解決される。しかしながら，戦時においては，目的を達成しようとするアクターの手段は，力，暴力，殺戮となる（Wight 1966: 33; Kalyvas 2005: 89)。戦争と平和を理解することは，国際法と欧米諸国の政策を理解することに通じる。また戦争と平和を理解することは，戦略研究，国際関係論，平和と紛争の研究の学術的論議の大部分を占める（Coker 2010 を参照)。この学術的論議においては，平和は戦争のない状態であると解釈されている（Samaddar 2004; Hoglund & Soderberg-Kovacs 2010 を参照)。さらに，戦争は，平時の平和的な社会関係が崩壊したものと見なされる。そこでは，戦時法が「通常の」法を引き継ぎ，国家が軍隊を動員し，経済は「軍需生産」にシフトしようとする。戦争と平和を分けて考えることは，これらを明確に区別できることを前提としている。しかし，クリストファー・コーカー（Coker 1997）やホルガー・アフラーバックとヒュー・ストローン（Afflerbach & Strachan 2012）が示しているように，戦争の開始と終結を特定することは難しい場合がある。第二次世界大戦のような重大な戦争であっても，戦争の開始と終結を特定することは困難だ。たとえば，第二次世界大戦は 1945 年 5 月に終結したのか，それとも 1945 年の 8 月に終結したのだろうか。

本章においては，戦争を理解するための 3 つのアプローチについて議論する。

それらは「戦争とは何か」という問いに対する異なる３つの答えとなるものだ。第１のアプローチは，戦争の機能的意義を特定することを目指す。第２のアプローチは戦争の本質と性質を区別する。第３のアプローチでは，戦争の客観的な定義を特定することを通じて戦争を経験的現象として理解することを目指す。この３つのアプローチは密接に関係しているが，いくつかの相違点も存在する。とりわけ異なるのは，戦争とは何かという問いにどう答えるかというアプローチの出発点である。３つのアプローチは類似しており，これは，どのアプローチとも戦争の歴史に基づく同じ経験的証拠に基づいて，同じ質問に答えようと試みているためであり，類似することは自然なことであるが，「戦争とは何か」という問いに対する答えはわずかに異なっており，また抽象化のレベルによっても異なってくる。「戦争とは何か」という問いに対し，戦争がどのように理解されるべきかを論じたさまざまなアプローチを組み合わせることで，より包括的な答えを導くことができる。一方では，戦争の測定できる定義がなければ，戦争の理論を経験的に検証することは困難であろう。他方，戦争の機能的意義の前提がなければ，戦争の測定は不可能である。このように，これらのアプローチは相互に補完しあうものである。

戦争の意味とは何か？

戦争を理解する第１のアプローチは，戦争の機能的意義を明らかにしようとするものである。このアプローチは，戦争に関する現象を適切に分析する前に，戦争にまつわる出来事自体の意味を整理する必要性を強調する。たとえば，クラウゼヴィッツの論じるように（Clausewitz 1993），戦争が政治的手段であり，合理的であると議論する前に，戦争が何らかの目的を達成する手段となりうるかという点について吟味する必要がある。戦争を概念として捉えるアプローチは，戦争の作戦としての定義を策定しようとするものではない。むしろ複数の異なる文脈で戦争の意味を特定することによって，戦争を理解することに焦点を当てる。以下では，戦争に関する７つの異なる枠組みについて述べる。すなわち，手段としての戦争，武力闘争としての戦争，紛争管理としての戦争，交渉としての戦争，警察機能としての戦争，術《アート》としての戦争，自己実現としての戦争について考察する。

戦争の第１の意味，すなわち「手段」としての戦争は，戦争を政治的で合理的な現象として捉えるクラウゼヴィッツの解釈から導かれる。これは，おそらく最も影響力のある戦争の解釈である。これは，その後に現れた合理主義理論の大部分と共鳴するものであることが証明されている（たとえば，Schelling 1966; Pillar 1983; Wagner 2000; Reiter 2003; Smith & Stam 2004）。クラウゼヴィッツは，戦争は「ほかの手段による政治の継続」であると主張し，戦争は政治的目的を達成する手段であると示唆した（Clausewitz 1993: 99）。「政治的目的こそが戦争の目的であり，戦争はそれに到達する手段に過ぎない」。さらに，クラウゼヴィッツが戦争を政治的目的のために権力を行使する手段として理解していたことは，明らかである（Clausewitz 1993: 83）。「戦争は，したがって，我の意志を相手に強要する行為である」。戦争のほかの目的を強調する学者も存在するが，戦争は主として手段であるという点に関してはクラウゼヴィッツに異論のある者はいない。たとえば，デイヴィッド・キーンは，クラウゼヴィッツの主張を言い換えて，戦争はほかの手段による経済の継続であると述べた（Keen 2000）。キーンが言及したことは，戦争が経済的目的を達成する手段となりうる，ということである。このような戦争の解釈については，1990年代に加速され，アフリカの内戦に関する研究に代表されるいくつかの研究分野において共通的なものとなった（たとえば，Ballentine & Sherman 2003 や Collier et al. 2009）。戦争の経済的な動機付けは，アフリカの軍事指導者やエリートに限られたものではない。マルクス主義理論によれば，戦争は，政治と経済の両方の目的のための道具であり，このため，戦争において，政治と経済の間に意味のある違いを見出すことはできないとされる（Heuser 2002: 138-42; Doyle 1997: 315-80）。また，戦争は手段であるという本質的な理解に立った上で，戦争は名誉または名声のために遂行されていると強調する意見もある（たとえば，Lebow 2008, 2010）。

戦争の第2の意味は，激しい「暴力」や大量虐殺である。マーティン・ショウは，クラウゼヴィッツが使用する「戦い（Schlacht）」という言葉が，ドイツ語としては2つの目的をもって使用されることを指摘している（Shaw 2003）。ドイツ語で「戦い」は戦闘と虐殺の両方を意味する。ショウは，クラウゼヴィッツがこの二重の意味を念頭に置いて，この言葉を使用した可能性があることを示唆している。クラウゼヴィッツは，彼の代表作である『戦争論』のいくつかの節において，「本質的に戦争は戦闘である。戦闘は一般に戦争と呼ばれる多様な活動における唯一の有効な原則である」として，戦闘と闘争を重視している（Clausewitz 1993: 145）。ベアトリス・ホイザーは，「若い観念主義者のクラウゼヴィッツ」と「年老いた現実主義者のクラウゼヴィッツ」を分けて考えることによって，クラウゼヴィッツの見解における矛盾を読み解いた（Heuser

2002: 24-43, 186-90)。ホイザーによると，「年老いた現実主義者のクラウゼヴィッツ」は戦争に対する政治の優位を強調している。その一方，「若い観念主義者のクラウゼヴィッツ」は，戦争には独自の内部理論があると主張している。戦争の内部理論とは，敵との相互作用であり，それが戦争を論理的にも暴力的にも極端なものへと変容させる。したがって，クラウゼヴィッツが論じているように，紛争，殺戮，戦争の関係は，明確なものではないのかもしれない。軍事史家であるアザー・ガットは，クラウゼヴィッツのコレラによる早過ぎる死によって，『戦争論』の改訂を成し得なかったことが，過去2世紀にわたり戦争の解釈に関する激しい議論をもたらしたと示唆している（Gat 2001: 201-2)。

戦争の第3の意味は，戦争における根本的な敵対関係を強調し，戦争は紛争を管理する方法であるとする。戦争は，少なくとも2つのグループの「決闘」に似ている。クラウゼヴィッツは，戦争の意味を考える上で決闘の比喩を使用した。さらに深くクラウゼヴィッツの思考を追っていくと，クラウゼヴィッツは，戦争を18世紀の決闘のような社会制度であると言わんとしている。決闘は，ある程度正式な規則と規範を有する社会的儀式と解釈することができる（Vasquez 1993: 31-2, 39)。この社会的儀式は，不必要なエスカレーションを招くことなく，当事者間の揉め事を解決するのに役立つものである。この観点から，戦争は，紛争自体と同義ではなく，紛争を管理するための手段といえよう。別の言い方をすれば，戦争とは，長年にわたって形成され，これからも形成され続ける独自の善悪の基準を持って，紛争を管理する手段である（Holsti 2004)。さらに，戦争を決闘として理解することによって，戦争が社会的行為であることに気づかされる。社会的行為としての戦争は，相互依存の関係にある。すなわち両当事者とも，自らの意思を通すために戦争を遂行するのである。なかでも社会学者のゲオルク・ジンメルとルイス・コーザーが主張したように，戦争を社会的行為と解釈することは，当事者間の関係が崩壊するより，むしろ連帯の兆候でもあることを意味している（Ritzer 2008; Coser 1956)。このような観点から言えば，戦争と平和は異なるものであるが，相反するものではない。平和は無関心を意味しうるが，戦争は相互作用であるから当事者たちは無関心にはなり得ない。

戦争の第4の意味，すなわち「交渉」としての戦争は，戦争がコミュニケーションの形態のひとつであると想定している。歴史学者のジェフリー・ブレイニーによる2つのグループが互いの強さについて異なる認識を持つ時に戦争が生起するという議論や（Blainey 1988)，戦争は暴力による外交であるというトーマス・シェリングの格言からも戦争がコミュニケーションの形態のひとつであると解釈できる（Schelling 1960, 1966）。数多くの学者が支持しているように，いわゆる交渉理論は，総合的な戦争理論として出現している。そして交渉理論によって戦争の原因，力学，期間，解決を説明することができる（たとえば，Slantchev 2011；Reiter 2009）。この枠組みによれば，戦争とは，当事者が紛争において獲得しようとしている価値の再配分を集団的に決定するための手段である。戦争を通じて，何らかの目的を達成しようとする意図はつまびらかになる。そして戦争にならなければ明らかになることはなかった情報は，敵の知るところとなるのである。結局，暴力によるコミュニケーションは，それぞれの交渉ポジションと新たな紛争解決の方法を認識させる。驚くことではないが，戦争は最も優雅な言語ではなく，暴力によるコミュニケーションでたしかに欠点を持っている（Mitchell 1981：143-62）。このように，戦争は紛争を解決し，誰が何を，いつ，どのように得るのかについての集団的な意志決定を行うためのメカニズムとして機能する。戦争は暴力を通じてであろうとも，コイントスや投票と同じように何かを決めるための手段なのである。ワグナーは次のように指摘している。戦争を交渉として理解することは，戦争は政治にとって代わるものではないが，政治は戦争を通じて続いていくと主張したクラウゼヴィッツに代表される古典的軍事理論家とシェリングやブラニスラブ・スランチェフ（Branislav Slantchev）のような近代的な合理主義学者を結びつける（Wagner 2000）。クラウゼヴィッツは，「戦争は政治活動の一部にすぎない。戦争は政治と切り離されることはない」とする（Clausewitz 1993：731）。戦争を交渉として捉えることは，戦略的思考の根底となる重要な理解ともなる。

戦争の5番目の解釈として，戦争は警察行為として捉えられる。キャロライン・ホルムクビスト・ヤンスターは，決闘のメタファーを通じて戦争を理解するのではなく，戦争を理解する適切な枠組みは「警察」行為であるとする（Holmqvist-Jonsater 2014）。ホルムクビスト・ヤンスターは，西洋諸国の政策立案者や現代の社会思想は，道具としての戦争の終焉を目の当たりにしている，と主張する。戦争を正当化するものは，国益に貢献するかということではない。むしろ，国際秩序に役立つかどうかということなのである。したがって，警察が国内秩序を形成し維持するのと同じように，戦争は秩序を形成し維持するものであると言えよう。戦争を警察機能と解釈することは，戦争の遂行と理論の両方に大きな影響を与える。犯罪と戦うことは，絶え間ないプロセスである。このため，戦争を警察機能として理解することは，戦争が短期的かつ決定的ではなく，永久的になることを意味する。さらに，戦争は正常な状態の中断ではなく，正常な状態そのものであることを示唆する。

戦争を理解する第6の枠組みは，戦争を「術《アート》」として捉えるものである。戦争のように破壊的なものが，創造性の象徴であるアートとして理解されることに驚かれるかもしれない。しかし，アートと戦争は相互に関連している。戦争を表現するために使用される言語は，現代人が戦争という現象をどのように考えているかを示している。戦争の「術《アート》」とは，将軍や政治家が「振り付け」し，「役者」が「演技」する「劇場」のようなものに例えることができる。軍隊は，来たるべき戦争に備え，機動と訓練といった「リハーサル」さえ行うものだ。オペレーション（作戦）やドラマという言葉は，まさしく戦争とアートの類似性を示す言葉である。さらに戦争をアートとして解釈することは，歴史を通じて絶えず行われてきた。中国の理論家である孫子は，およそ2500年前に『兵法（*Art of War*）』を書いたとされている（Sun Tzu 1994）。15世紀イタリアのルネッサンス理論家ニッコロ・マキアヴェッリ（Niccolo Machiavelli），フランスとスイスの軍事理論家アントワーヌ・アンリ・ジョミニ（Antoine Henri Jomini），そして現代のイギリスの将軍ルパート・スミス（Smith 2005）は，戦争に関する主要な著書に「戦争の術《アート》（The Art of War）」と表題をつけている。アートが人生を映す鏡であり，戦争は歴史的に人生の大部分を占めるものであったため，アートという言語が戦争の領域に入り込んだように見える。戦争をアートとして理解することは，戦争を非合理的に分析することとなり，軍事専門家にとっては過去の戦訓の再現が難しいことを意味する。

最後となる戦争を理解する第7の枠組みは，非合理主義的起源を持っている。戦争は「自己実現」の手段であり，人間のアイデンティティの不可欠な部分であるとされる。戦争を通して，人間はアイデンティティを確認，再確認している部分がある。このため戦争における個人は合理的ではなく，感情，正義，アイデンティティに突き動かされて行動すると想定される。このアイデンティティがどのように作られているかについては，さまざまな考え方が存在する。まず，イスラエルの軍事史家マーチン・ファン・クレフェルトは，人間の本質の前提に依拠している（van Creveld 1991）。オランダの哲学者ヨハン・ホイジンガ（Johan Huizinga）に影響を受けたクレフェルトは，人間の本質は遊びにあると示唆している。クレフェルトは，戦争は賭け金が非常に高いため，すべての賭け事の中で最も面白いゲームであると断言する。これは，戦争の結果が予測できないものである限り，人類が戦争を行うことを示唆している。クレフェルトはこの論理を使って核戦争が生起しないことを説明している。一方，アイデンティティが他者との社会的交流において創出されると主張する学説がある（たとえばKeegan 1994; Lynn 2008）。この学説は，いわゆる社会構築主義により影響を受けており，個人の目標とその目標に達する方法のアイデアは文化によって作られることを示唆している（たとえばHollis & Smith 1991）。たとえば，キーガンは，ズールー族，スパルタ，コサックなどの戦士コミュニティの役割を強調している。そして，これらの社会における組織化された軍事力の使用は，政治的合理性の結果として理解することはできず，ライフスタイルに似ていることを示唆している。クレフェルトは，2008年の著書『戦争の文化（*The Culture of War*）』において，この考え方に追従し，戦争の規範は作戦を遂行する方法を正当化する中心的な役割を果たしており，それゆえに戦争の力学（dynamics of war）を理解するにあたって，これらの規範は重要であると述べている。

戦争の本質とは何か

戦争を理解するための第2のアプローチは，古典的ともいえるクラウゼヴィッツによる戦争の本質と性質への分離である。われわれが戦争を理解する上で，クラウゼヴィッツの重要性は大きい。クラウゼヴィッツの理論に注がれる知的関心は，ほかと比較し突出している（たとえば，Paret 1976; Howard 1983a; Aron 1985; Handel 1986; Strachan & Herberg-Rothe 2007; Herberg-Rothe 2007; Strachan 2007; Echevarria 2007; Herberg-Rothe et al. 2011）。要するに，クラウゼヴィッツは，戦争の本質は不変であるとする一方，戦争の性質は政治的，社会的状況によってさまざまに変化すると主張した。このように，戦争は絶え間なくさまざまな形態に変化し続けている。しかし，戦争の論理は不変である。このアプローチは，戦争における軍事行動の範疇を明らかにすることにあまり焦点を当てていないため，分析上の問題があることはもちろんである。戦争の本質を明らかにしようと試みる人の中には，戦争を合理的な現象として理解できると信じる人と，戦争は非合理だと信じる人がいる。

戦争は本質的に合理的である，と信じる人に最も引用されているのは，クラウゼヴィッツである。1832年に最初に出版された『戦争論（*On War*）』において，クラウゼヴィッツは2つの知的課題に直面していた。ひとつは，エスカレートしていく戦争とそうでない戦争がある理由を説明することである。もうひとつは，多くの異なる様相を呈する戦争の理論を構築し，一般化することである。第1の課題に対するクラウゼヴィッツの解決策は，「絶対戦争」と「現実の戦争」という概念的な組み合わせを構築することであった。このようにして，クラウゼヴィッツは，戦争のあるべき姿，すなわち論理的で純粋な「理念型」の戦争と歴史上現実に生じた戦争を区別することに成功した。絶対戦争は，「最大限界まで」継続的に暴力を押し進める戦闘員の相互作用によって特徴づけられる。戦闘員たちは，いずれも敵の行動を完全に制御することができないため，この相互作用は不幸な力学を内在している。さらに，戦争中の戦闘員たちは，敵の行動をコントロールできないことを知っている。したがって，暴力の激化がゆっくりでは意味がない。できるだけ迅速かつ無慈悲に敵を無防備にすることこそ，戦争の目的であった。絶対戦争において，暴力の使用に制限はない。絶対戦争の目的は，敵軍を撃退し，敵国を征服し，戦いを続ける意志を挫くことでなければならない（Clausewitz 1993: 83-6）。クラウゼヴィッツが，総力戦を提唱したとして非難されるのはこれゆえである。

マイケル・ハンデル（Handel 2001: 329-30）とジャン・ヴィレム・ホーニッヒ（Honig 1997: 109-21）の両者によると，クラウゼヴィッツはナポレオン戦争が絶対戦争，すなわち論理的に純粋な形態に近づいていたと信じていた。しかし，同時にクラウゼヴィッツは，ほとんどの戦争はナポレオン戦争と同程度にエスカレートしていないことに気づいていた。ほとんどの戦争は「絶対戦争」には適合しなかった。代わりに，「現実の戦争」は，速さ，期間，烈度に関し，きわめて多様であった。クラウゼヴィッツは，摩擦と政治が，現実の戦争が絶対戦争になるのを抑制する要因である，と推論した。クラウゼヴィッツは，絶対戦争の理論的構造を構築することによって，絶対戦争からの逸脱を説明した。彼はその上で，戦争がエスカレートする場合と，そうでない場合が存在する理由を明らかにした。クラウゼヴィッツの現実の戦争の中心的概念は，「摩擦」である。クラウゼヴィッツが言わんとすることは，異なる個人がひとつの同じプロジェクトに関わる時に生起する摩擦，すなわち事故，技術的な失敗，誤解，偶然の一致，気象の問題などが，理論上の戦争と実際の戦争を分かつものであるということである。クラウゼヴィッツは「摩擦は，現実の戦争と計画上の戦争との相違を左右する要因としてかなり適合する唯一の概念である」と主張した（Clausewitz 1993: 138）。一方，クラウゼヴィッツの政治に関する概念はどちらかというと曖昧であり，学者たちに研究を促すこととなった（Herberg-Rothe 2007; Herberg-Rothe, 2011）。フランスの社会学者レイモン・アロンは，クラウゼヴィッツが政治的目的と関連する２つの現実の戦争，すなわち総力戦と限定戦争の形態のバランスに注目した（Aron 1985: 61-87）。総力戦における目的は，相手に平和の条件を突きつけることができるような状況に敵を追い込むことである。一方，限定戦争の目的は，より限定的な野心に基づき，今後の交渉で成功を収めるために軍事的成果を利用することにある。

戦争の多様性を踏まえて戦争の理論を構築するという第2の課題に対するクラウゼヴィッツの解決策は，戦争には内在的な要素，つまりすべての戦争に共通する本質（*Wesen*）があるとするものであった。したがって，戦争の「性質」という言葉は，個々の戦争に対する実用的で特有な表現となった。これにより，クラウゼヴィッツは自己矛盾を避けながら戦争を一般化することを可能にした。クラウゼヴィッツによれば，戦争の本質は2つの要素で構成される。ひとつは，基本的な敵対である「決闘（duel）」であり，究極的に戦争は，暴力的，動的で変化しやすい敵対というものである。もうひとつは，「三位（triad）」であり，究極的に戦争は政治の道具であるというものである（Waldman 2013を参照）。

第1に，戦争につきものの対抗作用は，戦争の烈度と期間を多様なものとした。戦争の烈度と期間がつねに多様になりうることは，逆説的に映るかもしれないが，そうではない。クラウゼヴィッツが言わんとしたことは，単独で事象をコントロールできず，相手の行動に部分的に依存している2つのグループの間で戦争は生起するため，戦争の力学はすべての戦争ごとに異なっているということである。クラウゼヴィッツは，一方のグループが他方に自身の意思を強要しようとすると，同じような征服の意思を持つ両者の間に相互作用が生じると主張している（Clausewitz 1993: 101）。したがって，結果として戦争は「具体的事象ごとにその性質をいくらか変化させるので，本物のカメレオンさながらである」。それゆえ，多様性は戦争の本質の一部であるといえる。クラウゼヴィッツによると，少なくとも，2つのアクターの間において，「戦争は大規模な決闘にほかならない」（Clausewitz 1993: 83）。そして，いわゆる戦場の霧といわれる不確実性や不安定性は戦争の不変の特徴である。どちらの当事者も状況を完全に制御することができないため，どちらも相手の行動を正確に予測することはできない。したがって，不確実性は，戦争の本質である相互作用の結果なのである。

クラウゼヴィッツによると，戦争の本質の第2は，いわゆる「三位」である。すなわち，戦争は最終的に「ほかの手段による政治の継続」であるということである。戦争は，政治的目的を達成するための道具として理解されるべきとする。

> われわれは，戦争はほかの手段を交えた政治的交渉の継続であると主張する。ここで「ほかの手段を交えた」というのは，同時に次のことを主張するためである。つまり，政治的交渉は，戦争自体によって中断されるのではなく，また何かまったく違ったものに変わるのでもない（Clausewitz 1993: 731）。

戦争は独立して生起するのではなく，政治的文脈において生起し，その文脈によって政治は理解できるものとなる。しかしながら，政治のほかの形態と戦争を区別するものは，採用される手段と方法，すなわち軍事力と暴力である。したがって，クラウゼヴィッツによれば，われわれは戦争を政治目的の追求として理解できる。それによって，戦争は合理的で役立つものと特徴づけられる。クラウゼヴィッツは，分析モデルとして，戦争は３つの独立した力，いわゆる「三位」の間でバランスをとっていると示唆した（Clausewitz 1993: 101）。

> 全体的な現象として，戦争は，つねに三位一体的な独創性が試される傾向がある。三位一体を成すものは，憎悪や敵意を伴った本来的な暴力行為，偶然性の賭け，政策のための手段としての従属という３つの要素からなる。

おそらく露骨に言い過ぎではあるが，３つの力は，一般的に国民（感情的な力），軍人（創造力），政府（合理的な力）に関連づけられる。

孫子は，戦争の本質についてクラウゼヴィッツとは若干異なる解釈をしていた（Sun Tzu 1994）。孫子は，クラウゼヴィッツと同様に，政治の軍隊に対する優位，戦争における合理性の重要性，そして，変化が戦争の本質であることを強調する。孫子とクラウゼヴィッツを比較すると，両者の戦争計画を熟考するために割り当てる時間的長さは注目に値する。しかし違いも存在する。孫子は，クラウゼヴィッツよりもはるかに狡猾さ，奇襲そしてインテリジェンスを強調した。このように，戦争の本質についての孫子の理解は，暴力に重点を置いていないようである。むしろ，一連の決戦を追及するよりも機動をより重要視するという，広く普及している限定戦争における戦略の理論に類似している（Handel 2001；また Lewis 2010 も参照）。

合理主義的戦争の代替案を描く第一歩は，合理主義的な考えの短所を特定することである。とくに，クラウゼヴィッツの戦争に関する三位一体は，批判を受けている（Angstrom 2005）。一方では，三位一体の３つの極はすべて非物質

孫　子

的であるため，経済的，技術的条件の影響を考慮していないようであることが指摘される。他方，クラウゼヴィッツの三位一体における単純化が批判の的となっている。たとえば，クレフェルトは，内戦が国家間戦争よりもはるかに多いという事実は，クラウゼヴィッツの政府，軍隊，国民の三位一体の概念を時代遅れにすると信じている(van Creveld 1991)。キーガン（Keegan 1994）は，戦争は国家の誕生より前から存在していたため，戦争を単に政治と国家に結びつけることはできないと主張している。したがって，クラウゼヴィッツによる戦争の一般化は近代西洋社会の文脈では有効ではある。しかし，その主張がどの時代においても当てはまる訳ではない。さらに，クレフェルトは，人間を合理的なものとして捉えるクラウゼヴィッツの人間観を批判している（van Creveld 2008)。クレフェルトは，クラウゼヴィッツの戦争観への挑戦として生存を目的とする戦争を持ち出し，そこでは手段と目的を区別することは無意味であるとしている。

しかしながら，合理主義者の鎧の潜在的な欠陥を指摘するだけでは，その代替案を考えるには十分ではない。過去数十年にわたって，社会的構成主義を利用する少なくとも2つの選択肢が具体化してきている。第1に，ある学派は，戦争行為における軍隊と戦略的エリートの規範，アイデンティティ，文化の影響を強調する。クレフェルトは，戦争がエスカレートする場合とそうでない場合がある理由を説明する際に，クラウゼヴィッツには戦争が拡大する時としない時を説明する際，法や規範の変化に関する分析が欠如していたことを指摘している（van Creveld 2008)。クレフェルトは，戦争が歴史を通じてつねに法や規範の規制を受けてきたことを示唆している。したがってわれわれは，クラウゼヴィッツのように戦争を政治的及び軍事的文脈のみで解釈するだけではなく，法的及び倫理的文脈で解釈することによって，戦争の過程における多様性を理解することができる。つまり戦争が合理的にいつ行われ，どのように戦われ，いつ終わるのかということを示すようなルールや規範が存在する。たとえば，宣戦布告という行為は，何らかの暴力の形態を規制し正当化する（一方でその他の暴力を禁止する）規範（及び必要性）の結果として理解することができる。

この規範は明らかに非常に強いものであり，ヒトラーでさえ，1939年にポーランド侵略を開始する前に宣戦布告を行った（van Creveld 2008；また Hallett 1998も参照）。

アイデンティティを基軸に捉える学派は，とくに戦争とジェンダーの関係を強調する。女性と戦争の問題は，伝統的に学術的な注目を十分に受けてこなかった。しかし，いくつかの論文では急速な進歩がみられる。たとえば，男女平等は国内の平和と正の相関関係があることがわかっている（Melander 2005）。現在の戦争における女性に対する恐ろしい残虐行為に関する研究（たとえば，Stern & Eriksson Baaz 2013）の増加に伴い，歴史的研究にも目を向けられつつある。たとえば，第二次世界大戦末期のドイツ東部において，200万人にのぼる女性が何度も繰り返しレイプされ（Beevor 2007），アジアでは大日本帝国によって数十万人の女性に売春が強制された（たとえば，Hicks 1997）。最前線における女性兵士たちへの扱いは議論の的となっている一方（たとえば，van Creveld 2002），西洋の軍隊における女性兵士の数は増加している。それに伴い，戦争において女性たちが経験してきたことも認識されている（たとえば，Wise 2011）。しかし，単に経験的知識を向上させる以上に重要であると思われるのは，戦争研究にフェミニスト理論を導入することである。戦略や軍の基本訓練における男性的アイデンティティの構造に注目することは（たとえば，Elshtain 1995；Tickner 2001；Goldstein 2001；Higate 2003；Wilcox 2009；Stern & Zalewski 2009；Hudson 2012；Sjoberg 2013），合理主義者の説明する戦争の本質に対する挑戦となる。要するに，戦争の暴力的な男性的アイデンティティは，軍事組織の一連の慣習を通じて作り出され，維持されていることを示唆している。女性兵士の増加によって軍事組織の慣習が変化すれば，軍事組織において死と破壊という男性的アイデンティティを確立することは，男性兵士にとっても困難になる。問題は，軍事に転用された男性性（masculinity）なのである。

第2の学派は，戦争がポストモダン現象に変化したことを示唆している。これらの批評家は，クラウゼヴィッツが正しかったのは19世紀と20世紀のみであり，戦争の本質はここ数十年で変化したと主張する。西洋の多くの国では，戦争に投じる国家資源が少なくなり，戦争に直接的に影響を受ける人が少なくなるにつれて，戦争は「観戦スポーツ」のようなものになりつつある。戦争はメディア，すなわちバーチャル・ソーシャルメディアによって展開される。マイケル・イグナティエフは，以下のように議論をまとめている（Ignatieff 2000：191）。

> したがって，単に戦争が画面上で行われるように見えるためだけではなく，社会の賛同を得るのも仮想的な方法のみによって行われる。そのため，戦争は仮想化される。核兵器の出現によって，戦争はもはや国家生存のための闘いではなくなった。徴兵制の終わりとともに，もはや市民の戦争への参加は必要なくなった。したがって国家が戦争を遂行するのに際し，国民的な同意も必要ではなくなった。現代経済の形態では，戦争が経済システム全体を必要とすることは，もはやあり得ない。これらの条件は，戦争を観戦スポーツのようなものに変える。

この理論の支持者（たとえば，McInnes 2002; Coker 2001; Der Derian 2001; Ignatieff 2000; Hables Gray 1997; Bousquet 2008）は，ポストモダン戦争を引き起こした3つの要素を指摘している。3つの要素とは，科学技術の変化，西洋社会の軍事的巻き込まれに対する嫌悪，そして目標を達成するためのエアパワーへの高い依存である。西洋は，精密誘導を可能にした技術的進歩を通じて，軍事的効率を高めることができただけでなく，民間人への付随的損害の危険性も大幅に低減させた。メディアの注目が集まるにつれて，西洋社会は自らの損失に敏感になるだけでなく，逆説的ではあるが，相手方の損失にも敏感になっている。より少ない損失とますます小さくなる軍事組織構造もまた，軍隊が国民から遠い存在になっていることを意味している。これらのプロセスを通じて，戦争は国家や政治からますます遠いものになっている。この論理を広げると，クラウゼヴィッツの戦争の概念と相容れないように見える。また，ポストモダンの戦争論は，軍事における革命（RMA）の議論と切り離せないことも明らかである。より魅力的な，しかしおそらく無益な考えのひとつは，非致死性武器の開発だ。たしかに，戦争から死がなくなることは戦争の本質の変化を意味する。しかしながら，ポストモダン戦争の支持者たちは，社会が戦争の決定，管理，苦しみからますます切り離されることによって，戦争がより少なくなるよりも頻繁になる危険性があることを指摘している。

戦争はどのように見えるのか

戦争を定義する第3のアプローチは，戦争の操作化可能な，または計測可能な定義の重要性を強調する。このアプローチは，抽象的で固有な戦争の本質に基づいて，戦争とは何かという問いに応えようとするものではない。このアプローチは，より「実用的」なものであり，経験的事実を通じて戦争とは何かと

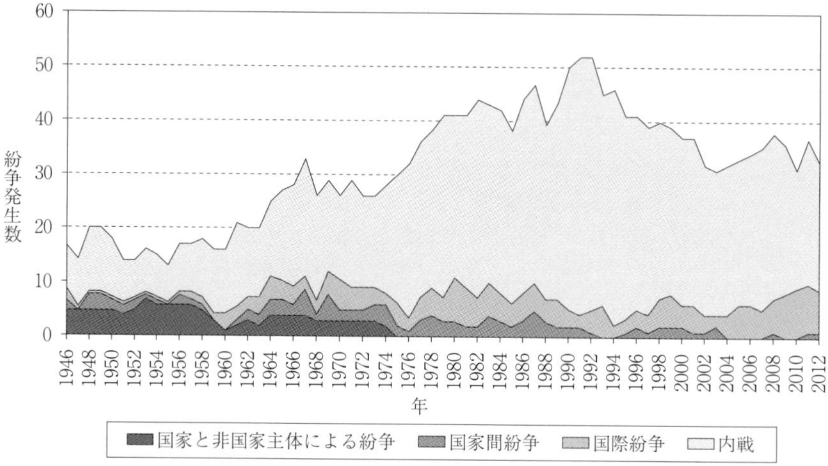

図 2.1　種類別武力紛争　1946 ～ 2012 年（Themnér & Wallensteen 2013）

いう問いに答えるものである。このアプローチの大きな利点は，戦争の経験的なパターンを区別できることである。たとえば，大規模な戦争は世界政治ではあまり頻繁に生起しない現象であり（Vasquez 2012; Themnér & Wallensteen 2011; Väyrynen 2006），暴力を「時代遅れ」と呼ぶのは時期尚早だとしても（Mueller 2004），おそらく暴力は一般的に減少している（Pinker 2011; Goldstein 2011, Gat 2013）。さらに，1945 年以来，内戦の数は，国家間戦争の数をはるかに上回っており（図 2.1 を参照），ほとんどの武力紛争はアフリカ，アジア，中東で生起している。戦争の性質（あるいは少なくとも戦争を概念化する方法）が，より複雑で異質なものに変わっているという明確なコンセンサスも出現してきている（たとえば，Strachan & Scheipers 2011; Bobbitt 2008）。それは，武力の行使に市民と軍が混在する「人間《じんかん》戦争（war amongst the people）」（Smith 2005）として表現され，正当性，傭兵，説明責任といった課題を提起している（たとえば，Shearer 1998; Avant 2005; Mandel 2002; Singer 2004）。

このアプローチにおける最も一般的な戦争の定義は，戦争が「組織化された大規模な暴力的紛争」であるということである。この定義の重要な要素のひとつは，戦争は「組織化されている」ことである。すなわち，戦争は無作為で任意の暴力行為というよりは，集団的で計画的なものである。これはもちろん，戦争がどれだけうまく計画されているかについて言おうとしているのではない。戦争が血に飢えた，無作為な，または愚かな行為ではないことを示している

(Cramer 2006を参照)。むしろ,「組織化されている」ことは,戦争における暴力が,計算,節度,統制によって特徴づけられることを示唆している。戦争において暴力が組織化されているという考え方は,クラウゼヴィッツの戦争を道具として捉える考え方と密接に関連している。組織化された戦争は,戦争が個別の暴力というよりは,集団的な暴力を包含していることをも意味する。集団的暴力は,社会的な構造とプロセスを含んでいるため,組織化をさらに強める。この定義による「大規模」とは,さまざまな形態の暴力的武力紛争を区別するために使用されることが多い。ミシガン大学における戦争の相関関係プロジェクト(www.correlatesofwar.org,2014年4月7日アクセス),ウプサラ大学のウプサラ紛争データ・プログラム(www.pcr.uu.se/research/ucdp,2014年4月7日アクセス)に代表されるいくつかの量的指向のデータ収集プロジェクトは,戦争を「戦闘によって毎年少なくとも1000人の死者が生起しているもの」と解釈している。一方,その他の「小規模な」形態の武力紛争では死傷者は少ないとしている。同様にわれわれが「紛争(conflict)」という言葉をどのように理解するかも重要である。ピーター・ウォレンスティーンは,少なくとも2つのグループが同じ希少資源を同時に獲得しようとしている社会的状況として,紛争を定義している(Wallensteen 2011)。「武力」を紛争の定義に追加すれば,当事者が紛争を解決するために武力に頼ったことを意味するだけである。

このアプローチは,2つの重要なことを示唆している。第1に,戦争に関して測定可能な概念を持つことの重要性である。実に,戦争の測定可能な定義のみが戦争の体系的な実証的研究を可能にするため,このアプローチは戦争の研究における最も重要な貢献となる。さらに,武力紛争を実証的に吟味できることはきわめて重要である。「大規模暴力」の概念操作化はもちろん恣意的になりうるが,それは,場所と時間を超えて戦争を比較できるツールとなる。第2に,このアプローチは,紛争そのものが必ずしも戦争と同じではないが,紛争は依然として戦争の前提条件であると認識させる。この区別は,戦争は紛争が存在する状況の結果であることを示すため重要である。

● 3 戦争の分類

戦争のさまざまな形態を区別することは,一般的に行われている。戦争の分類が重要である理由は,戦争を分類することによって,より正確に戦争を一般化できるためである。それはまた,戦争の政策目的にとっても重要である。異なる戦争の形態に異なる論理がある場合，有効な分類法を明らかにすることで，より適切な政策的対応が可能になる。では，戦争という現象をどのように分類すべきなのだろうか。本節では，通常戦争と非通常戦争，対称戦争と非対称戦争，内戦と国家間戦争，高烈度戦争と低烈度戦争を検討する。戦争をよりよく理解するためには，分類は相互に排他的で，中立的で，論理が徹底していて意味的に一貫性がなければならない。分類が統一されていないと，古代中国の哲学者が次のように動物の分類を決めたときのようになってしまう。皇帝に飼われる動物，放牧動物，飼いならされた動物，子豚，神話動物，野生のイヌ，ちょうど壺を壊してしまった動物，遠くから見るとハエのように見える動物，というようなものである（Rosing 1994: 93）。この分類の問題について，これ以上考慮する必要はほとんどないだろう。ひるがえって，戦争の分類は，有益な分類の基準をどれくらい満たしているのだろうか。

戦争を分類しようとする前に，組織化されたすべての暴力が同じ現象であるかどうか考える必要がある。私たちは，すでにクラウゼヴィッツが戦争の本質と性質をどのように区別しているかを見てきた。クラウゼヴィッツは，戦争とは変化しうるものであり，それゆえ分類され，一方，同時に同じ現象であると間接的に述べた。マイク・スミスは，第三世界における現代のいわゆる低強度の紛争でさえ，クラウゼヴィッツの理論はまだ有効であることを示唆している（Smith 2005: 52）。「新しい戦争，民族戦争，ゲリラ戦争，低烈度戦争，テロリズム，テロとの戦いなど，何と呼んだとしても，最終的に意味のある類型はひとつしかなく，それは戦争そのものである」同様に，チャールズ・ティリーは，あらゆる形態の集団的暴力は，それを戦争として表現しようとも，もしくはフーリガン行為として，または組織的犯罪として表現しようとも，ひとつの現象とみなされるだろうと主張している（Tilly 2003: 12-20）。たとえ戦争をひとつの現象として理解したとしても，戦争は異なる形状や形態をとり，個人の戦争経験がそれぞれに異なることを認識すべきだ。戦争を条件づけるためにこれまで導入されてきた膨大な概念こそが，戦争を分類することの難しさを示している。戦争の分類を妨げる主要な問題のひとつは，データ入手の困難性とデータの低い信頼性である。戦争の当事者たちは，戦争とそこでの作戦についての情報を操作するインセンティブを持っている。情報操作は，戦争の理解に影響を与える。さらに，戦争の性質は戦闘とともに変化しており，変わりゆくものを分類することはそもそも困難なのである（Lider 1980）。

アクターによる分類

おそらく最も一般的な戦争の分類は，国内の内戦と国家間の戦争を区別することである。国家間と国内という区別が時には「戦争」と「内戦」と表現されるという事実は，既存の文献においては，戦争と国家間戦争がほぼ同じ意味で使われ，定着していることを示している。要するに，多くの軍事理論は，国家間戦争を内戦よりも重要なものとして扱おうとする傾向にある。西洋社会の軍隊は，大規模な正規軍の間で戦うような戦争像に依然として固執している。「小規模戦争（small wars）」がようやく最近になって，西洋列強のドクトリンの階層の一部になったという事実もまた，西洋社会の軍隊が「小規模戦争」にそれほど注意を払ってこなかったことを示している（Fishel 1995）。より一般的な傾向を示すものとしては，1940 年にイギリス陸軍が新たに設立した非正規戦争の教育機関が，当時「紳士的ではない戦争の学校（the school for ungentlemanly warfare）」と呼ばれたことがある（Beckett 2001: 21）。

国家間戦争は国家の間で生起し，内戦は国内で生起する。国家は，アクターと現象という 2 つの異なる視点によって定義することができる。20 世紀始めにマックス・ヴェーバー（Max Weber）は，国家は与えられた領土において，暴力の正統な使用を独占しているアクターであると主張した。これは，国家をアクターとして理解することにもとづいた主張である。たとえば，われわれは国民のひとりとして，国家が課す税金の程度について，あるいは国家がその独占的な立法権や司法権によって権力を行使することについて不平を言うことができる。その国家による暴力の正統な独占とは，警察機関，司法機関，そして軍隊に代表される。国家を定義する別の方法は，国家を公的な法人とみなすものである。これは，国家が国民，所与の領土，統治を行う政府で構成され，政府がほかの国との対話能力を有することを強調している（Hall & Iken-berry 1989; Giddens 1985; Hobson 2000）。国家を理解するこれらの方法は，やや曖昧であると批判される。たとえば，正統性とは何であろうか。権威主義国家の政権によって正当に行使されたパワーが，人権を侵害する時，そのパワーを正統なものと呼ぶことは合理的であろうか。さらに，国家による「統治」は何を意味するのか。たとえば，政府を国家と呼ぶには，政府はどれくらいの統治能力を持つ必要があるのだろうか。一例として，どの程度犯罪が起きているかは国家の統治能力を測る尺度であると主張することができるだろう。ロンドンとカブールの違いは絶対的なものではなく，統治能力の違いによることは明らかである。

内戦には無数の定義が存在するが，いくつかの特徴を共有しているようである。おそらく最も明白なのは，紛争におけるアクターの少なくとも一方は，国家ではなく，エスニックグループ，イデオロギー派閥，または別のタイプのコミュニティのような，社会的な存在であることであろう。反乱勢力に対抗するものは，通常，政府と理解されている。ようやく最近になって，いくつかの内戦は，政府が紛争に積極的な役割を果たすことなく，異なる反政府勢力の間で行われていることが認識されている。国内紛争を定義するために一般的に使用される基準は，国内紛争が主に国境内で，または少なくとも近隣諸国の人々との間で行われるということである。最後の基準は重要である。なぜなら，この基準は，いわゆる「独立戦争」，すなわち国内紛争とは一般に理解されない1950年代から1970年代の植民地戦争と，内戦を区別することを可能にするためである（Brown 1996; Licklider 1993; Sambanis 2004を参照）。

もちろん，「国家」という概念を定義することの難しさは，国家間戦争と内戦という二分法に問題があることを示唆している。国家が何であるかがわからなければ，国内と国家間という概念で戦争を分離しようとすることは，ほとんど意味がない。さらに，国家間戦争でさえ，国家が正規軍に加えて非正規軍や準正規軍を投入する可能性があるため，両陣営を明確に特定することは難しいかもしれない。これらの困難にもかかわらず，国内と国家間という分類はきわめて一般的である。国内と国家間の争いを区別することが有益であることを示唆するいくつかの強みもある。最も重要なのは，国内と国家間という2つの戦争の力学が経験的に異なっていることを示唆する研究がいくつか存在することである。それらの文献は，2つの戦争が「戦争」という同一の概念の一部であるように見えたとしても，2つの戦争は分離されるべきであると主張している。

戦争及び武力紛争をアクターの観点から分類することには，利点と欠点の両方が共存する。たとえば，戦争自体が国家建設に関するものである場合，または国内面と対外面の両方の側面を持つ戦争である場合，問題が生起する。その理由は，私たちが見ているものが，国家間戦争と内戦という二分法の通念にあてはまるのかどうかを知ることが困難であるためである。たとえば，プルニエが「アフリカの世界大戦」と呼んだコンゴ民主共和国の戦争を理解するには，どうすればよいのだろうか（Prunier 2009）。この戦争は過去10年間継続しており，その期間の半分は3つの次元を有していた。すなわち，国家間次元（ウガンダ，ルワンダ，ブルンジ，ジンバブエ，スーダン，チャド，アンゴラ，フランスはすべて，コンゴにおける戦闘に正規兵を投入した），準国家次元（少なくとも3つの主要な反政府勢力，コンゴ民主連合〔RCD〕ゴマ，コンゴ民主運動・解放運動派〔RCD-ML〕，コンゴ解放運動〔MLC〕が存在し，一連の分派したグループは，政府軍と権力を争っている），そして国連が介入しているという点において国際的次元が存在していたのである。アクターの観点から戦争を分類することは，国家とひとつの（あるいは複数の）非国家主体との争いを理解する上でも課題を抱えている。アルカイダまたはその分派に対するアメリカのテロとの戦いに見られるように，非国家主体はアメリカに存在しないがアメリカに脅威を与えている（Kilcullen 2009; Mackinlay 2010 を参照）。

目的による分類

戦争の政治的目的を分類の基礎として用いることも，きわめて一般的である。ここで私たちは，国土防衛戦争とは対照的なものとして侵略戦争を，限定戦争と対照的なものとして総力戦を考えるかもしれない。後者の分類はおそらく最も一般的であり，それは（無条件降伏や定められた領土における民族統一のような）絶対的な目的のための戦いと（実在的な脅威の存在しない戦争のような）交渉を可能にするという目的のための戦いを区別するものである。この分類の基礎が内戦と国家間戦争という一義的な区分に依存しないことを認識することは重要である。したがって，征服戦争は内戦にも国家間戦争にも当てはまると考えることができる。しかしながら，従来の学説においては，戦争の政治的目的によって内戦の形態を分けて考えるのが一般的である。2つの類型が際立っており，それはイデオロギー紛争と民族紛争である（Kaufmann 1996a; Angstrom 2001; Sambanis 2001）。

イデオロギーによる国内紛争は，国家がどのように統治されるべきかについて相反する考えが存在することにより生起する。この種の争いの中心には，国内の権力と資源の問題についての不満がある。たとえば，（どんな種類であれ）より多くの民主主義の要求，ある階級の高まる好機，所得格差の縮小が求められるかもしれない。イデオロギー紛争においては，人々の忠誠心の所在は多様である。なぜなら，人々は比較的容易に支持を変えることが可能であり，紛争の「原因」に対する同意と支持はつねに生み出され続けなければならないからである。当事者たちは，すでに確立された支持を維持しながら，つねに新しい支援者を獲得しなければならない。これは，イデオロギー紛争における戦争の様相に影響する。たとえば，市民から支援を得たいのであれば，市民に対する残虐行為に真の価値はない。これはイデオロギー紛争において残虐行為が生起しないことを意味するものではない。スタティース・カリヴァスが解説しているように（Kalyvas 2006），選択的で意図的な懲罰を用いて市民を管理することもできるのである（Downes 2008 も参照）。

イデオロギーによる内戦は，政府をめぐって行われる。一方，民族紛争は国家，国境，市民の関係をめぐって行われる。そのため，民族紛争は国家の支配ではなく，国家の存在に疑問を投げかけている。したがって，関与する当事者の少なくとも一方の目的は，離脱または民族統一である。離脱とは，既存の国家から脱却して自分の国家を確立することである。そして民族統一とは，既存の状態から脱却して，別の既存の国家に加わることである。短期的には，民族紛争における忠義の所在が変わることはない。民族のアイデンティティが根源的なものではなく，社会的に構築されたものだとしても（Anderson 1991），民族のアイデンティティを自由に選択することはできない（政治的立場を選択できるのとは異なるのである）。その理由は，紛争がアイデンティティを強化する傾向があるからというだけではない（Kaufmann 1996b）。グループに所属し受け入れられることは，グループのほかのメンバーの承認を必要とするからという理由もある。いったんグループ間で大規模な暴力が始まると，誰もが侵入者を恐れて，グループを移動したり，グループを変えることを許されたりすることを望まなくなる。第7章で述べるように，紛争の当事者たちが人々の支援を得ることについて関心を払う必要がないことは，戦争の様相にも影響を与える。

しかし，イデオロギー紛争と民族紛争という国内紛争の2分類にも問題がある。最も重要なのは，その分類が国内紛争のすべての形態を捉えてはいないということである。たとえば，1990年代のリベリアにおける戦争は，民族的な紛争としても，またはイデオロギー的な紛争としても理解することは困難である。リベリア内戦で争われたのは，民族性ではなく，どのように国家を統治するべきか，という競合的な考えでもないようだ。それは，誰が国家を治めるべきか，ということをめぐって行われたようである。同様に，民族的またはイデオロギー的紛争の力学は，戦いが天然資源の豊富な地域で最も激しくなるケースが存在する理由を説明することはできない。さらに，アクターの目標と目的に基づいて戦争を分類することにも疑問を投げかけることができる。なぜなら，アクターは戦争における真の目標に関する情報を操作することに関心を寄せている可能性があるためである。ボブ・デ・グラファは，旧ユーゴスラビアのケースにおいて，セルビアのリーダーであったスロボダン・ミロシェヴィッチ

(Slobodan Milosevic) が1990年代の戦時中に彼の意図を隠していたことを示唆している (de Graaff 2005)。それは，西側諸国がより強力に介入するのを防ぐためであり (Gow 1997, 2003を参照)，また，戦争がセルビアの人々に受け入れられていなかったためでもある。さらに，戦争が進むにつれて戦争の政治目的が変わることを考慮すると，当事者の利益に応じて戦争を分類することもまた困難である。

烈度による分類

戦争の概念を定めるもうひとつの共通の基準は，その烈度である。1950年代には，戦争または武力紛争を戦争の烈度によるスペクトラム（分布図）に沿って分類するという考えが出現した。核戦争の脅威下にあったアメリカにおいて，武力紛争は核戦争からテロリズムに至るスペクトラムに含まれるとの見解が表明された。烈度に応じて戦争を分類することは，高烈度の暴力と低烈度の暴力によって行われる戦争を適切に一般化できるという仮定に立っている。核戦争に関係する力学とその特徴は，小規模のテロリズムとは異なると考えるのが合理的なように見える。一方で烈度による戦争の分類は，依然として「烈度」を測定することに課題を抱えている。「烈度」を測定し操作化する一般的な方法のひとつは，紛争における年間の死亡者数である。すでに述べたように，死亡者数を烈度の指標とすることは，定量的な視点に立った武力紛争の研究に用いられている。多くの研究者は，戦争をほかの形態の組織化された暴力から区別するための閾値として，「年間における戦闘に関連した死亡者数1000人」という基準を使用する。死亡者数に基づく戦争の解釈と同様に，軽微な武力紛争（毎年ひとりから25人の戦死者）と主要な武力紛争（戦闘に起因する年間25人から999人の死者）とを区別することも一般的である。

しかし，戦争の烈度の指標として死亡者数を使用することは多くの問題がある。紛争当事者には，戦闘による損失を隠したり誇張したりするインセンティブがあるため，当事者以外が死亡者数に関する正確なデータを入手することは困難である。さらに多くの武力紛争において，部外者にとって信頼できる一貫したデータの収集をさらに難しくしている要因がある。これは，現地情報に精通した紛争当事者同士は問題なく互いを識別できる一方で，部外者にとっては，紛争当事者と民間人とを区別することが難しい場合が存在するということである (Duyvesteyn 2004, 2005)。さらに，暴力は遠隔地で行われ，外部の組織は紛争に関係する人員のまとまった情報を持っていないかもしれない。さらに「戦闘に関連する」烈度かどうかを見分けることは往々にして困難である。たとえば，スーダン政府が南部の内戦において，飢餓を戦略的に利用していたという圧倒的な証拠がある（Brosché & Rothbart 2012）。これはどのように理解されるべきであろうか。それはまだ戦争といえるのか，それともジェノサイドになったのか（Prunier 2005 を参照）。飢饉が意図的な戦略である時，戦闘で倒れた人と，餓死した人を区別することは合理的であろうか。死亡者数の閾値を設定することは，ランダム性の程度を示すことにもなる。950 人が犠牲になった戦争は，1000 人が犠牲になった戦争と異なる現象ではないかもしれない。このような課題を示すいくつかの経験的なケースがたしかに存在する。たとえば，1982 年のイギリスとアルゼンチンによるフォークランド戦争は，戦闘に関連した死亡者数の閾値 1000 人をわずかに下回っているように見える（戦死者数は 910 人から 972 人の間で変動する）。その結果，フォークランド戦争は，戦争のデータベースから除外されることになる。同様に，1941 年のエクアドルとペルーの「戦争」は，エクアドルがその領土の約 40 パーセントを失ったにもかかわらず，戦争のデータベースには通常含まれていない。この紛争は戦死者は少なかったが，組織的な暴力の重要なケースと見ることができる（Holsti 1996: 154-5）。これらの弱点を踏まえて，現代のデータ収集における多くの努力は，データを細分化することに向けられている。よりきめ細かなデータは，暴力のパターンに関し，より良い回答をもたらす。この比較的最近の傾向には大きな期待が持てるものの，まだいくつかの問題が残っている（Eck 2012）。

別のアプローチは，「古典的」紛争スペクトルを想定することである。ロッド・パスカルは，武力紛争の 3 つのカテゴリーを示唆している（Paschall 1990）。高烈度紛争には，核兵器だけでなく，通常兵器を使った国家間戦争も含まれる。中烈度紛争には従来の戦力しか使用していないが，戦争は依然として国家間で戦われる。最後に，低烈度紛争は，主武装が小火器で構成され，国家以外のアクターが関与している。したがって，パスカルは，「烈度」は特定の兵器システムへのアクセスに関連していると示唆しているようである。おそらく，小火器は核兵器に比べて損害が少ないだろうし，核兵器を含む紛争はより激烈であるという仮定が暗に示されている。クレフェルトは，低烈度紛争について同様の理解を示している（van Creveld 1991: 20）。しかしクレフェルトは低烈度紛争に関して，通常，第三世界で行われていると付け加えている。明らかに，低烈度紛争という概念には，しばしば暗黙の地理的傾向が存在する。

烈度に応じて戦争を区別することに対するもうひとつの批判は，武力紛争が誰の視点から見て低烈度か高烈度かということである。戦場の個々の兵士にとっては，世界戦争に従軍するのか，それとも長引く低烈度紛争に従軍するのかということは全く問題ではないだろう。どちらの場合も，兵士の経験はおそらく等しく強烈である。さらに，民間人にとっての戦争の経験は，十中八九，烈度の点で兵士の経験とは大きく異なっている。また，社会レベルでは，戦争の経験は大きく異なる可能性がある。たとえば，ハワード・リー・ディクソンは，アメリカの視点からのみ，多くの紛争が「低烈度紛争」と呼ばれうることを示唆している（Dixon 1989: 2)。反乱に関与する当事者にとっては，戦争の経験は，往々にして非常に激烈である。

戦闘の手段による分類

烈度，アクターの本質，または戦争の目的によって戦争を分類した場合に問題が生起するとするならば，戦争の手段によって戦争を分類した場合はどうであろうか。戦争を区別するために戦闘の手段を使用する場合は，通常戦争と非通常戦争，対称戦争と非対称戦争，同様に正規戦争と非正規戦争という区分も可能である。これらに共通する基準は，戦争の行われ方によって区分されているということである。このように戦争を分類する方法には，戦闘が戦いの最中に変化してしまう可能性があるため，戦争の目的に応じた戦争の分類と同様の欠点が存在する。

おそらく，これらの分類の中で最も広く普及しているのは，通常戦争と非通常戦争という分類である。通常戦争は，大規模に組織化され，互いの政府によって競い合わされる，制服を着用した軍隊によって遂行される。そこでは戦争法が遵守され，高度な技術兵器システムが使用されると一般的に理解されている。一方，非通常戦争は，通常は正反対のものとして理解されている。すなわち，枝，石，小火器の混成で武装し，統制のとれていない寄せ集めの集団といった非国家主体によって遂行され，戦争法は認識されていないような戦争として理解されているのである（たとえば，Harkavy & Neumann 2001: 16-24)。しかし，この分類をさらによく考えるための十分な理由が存在する。第1に，「通常（convention)」という言葉はラテン語に由来し，文字通り「一緒になる」，「同意する」または「共通」を意味する。これは通常戦争を，戦争で行使される手段と方法の境界を定める一連の規範に，当事者同士が同意している戦争と理解されるべきであることを示唆している。このことは，通常戦争が，標準的な理解よりもはるかに多くの戦闘の様相を伴うことができることを意味する。

第2に，私たちにとっての「通常」の概念は，ヨーロッパ中心の世界観であることは明らかである。もし通常戦争が最もありふれた戦闘の形態であるとするならば，事実をふまえれば大規模な軍隊同士が戦闘することが戦争のありふれた形態であることは完全に誤りである。世界中で，ゲリラ戦ははるかに一般的に生起している。それゆえ，通常戦争の概念が低烈度の国内紛争に対応すべきであることを認識する時が来ているという議論が生起している。そして，戦争が異なって見えるという理由だけで，いくつかの通常戦争の形態が合理的ではないというわけではない（Duyvesteyn 2005; Reno 2011）。第3に，核戦争（おそらく人類の認識している最もコストがかかる兵器システムによる戦争）が，非通常戦争に分類される特別部隊による作戦，テロリズム，そしてゲリラ戦とひとまとめになっていることは，やや厄介な問題である。

通常戦争と非通常戦争というよりも，対称戦争と非対称戦争という二分法が，現代戦争を把握するためのより有益なアプローチであるという示唆もある。この二分法は，ダビデとゴリアテの聖書の話，すなわち強さに対して弱さ，権力に対して狡猾さ，信頼に対して革新と共鳴するものがある。冷戦終結以来，一般的に戦争が様相を変えたことは広く認識されている（たとえば，van Creveld 2000; Strachan & Scheipers 2011）。2つの対照的な変化が際立っている。大国と欧米諸国は，軍隊を変容させ，または変容させている途中である。それは，国内指向で，大規模でしばしば徴兵制に基づき，強大な火力を有する軍隊から，遠征志向の小規模で専門的な，高い機動性と精密誘導兵器を備えた軍隊への変容が進行した。この変容は，おそらく欧米諸国，そしてとくにアメリカに利をもたらし，近代史上最大の軍事覇権を築いた（Berkowitz 2003; King 2011; Farrell et al. 2013）。一方，戦争は大国間では生起していないが，主として世界における小国の活動となり，それらの国々のあいだで最も頻繁に問題となっている。これらの戦争は，市民に対する飢餓，排除，残虐行為の戦略をともない，主として小火器を備え，組織化されていないように見える民兵や武装した暴漢の小さな集まりによって戦われる（van Creveld 1991; Ellis 1999; Kaplan 2000; Angstrom & Duyvesteyn 2005; Kalyvas 2006; Weinstein 2007）。これらの対照的な変化は対称戦争と非対称戦争という概念で説明されうる。これは，強国の変革した軍隊と弱小国の中の非正規な軍隊の間で行われる暴力において最も明白である。しかし，たとえばアフガニスタンやイラクなどで明らかになっているように，これらの戦闘の結果は必ずしも明らかではないことに留意すべきである（たとえば，Angstrom & Duyvesteyn 2007）。この観点から，軍隊や学術コミュニティにおける流行語のひとつとして「非対称性」が浮上していることは驚くことではない。

非対称戦争については4つの学派があり，それぞれパワーの分布，アクターの組織的地位，戦争の手段，規範を強調するものである（Angstrom 2011）。おそらく，「非対称戦争」という用語とその現代的な使用法は，冷戦（超大国の出現により世界的にパワー分布がそれ以前よりも不平等になった）と冷戦終結後における第三世界での暴力的な紛争の急増に密接に関連している。これら2つの展開が，非対称戦争の異なる理解を部分的に生んでいる。第1に，不均等なパワー分布に照らして，パワーの分布の点で非対称的であることを理解することは理にかなっている（たとえば，Arreguin-Toft 2005; Paul 1994; Mack 1975）。第2に，最先端の装備をもつ欧米諸国の軍隊と，第三世界の無秩序な武装グループの間の武力紛争の増加に照らして，アクターの組織的地位の点から非対称的であることについて語ることは意味がある。第3に，互いに対して投射されるすべての作戦上の手段や戦術的手段（核兵器を除く）において，アクターが遂行する実際の戦いの力学に照らして，軍事力の非対称な使用について語ることは有用である（Thornton 2007）。たとえば，オシンガのように，非対称戦争が戦略の本質であると主張するならば（Osinga 2002: 275），ローレンス・フリードマンが指摘したように，非対称戦争を通常の戦略的思考や戦争から分けることは困難である（Freedman 2002: 84）。さらに，第三世界の戦いにおける分裂した価値体系と，西洋社会に見られるような自由民主主義的価値観と力の使用の関係を比較すると，規範の点から非対称性について語ることは意義がある。クリストファー・コーカーは以下のように指摘している（Coker 2002: 319）。

> しかしながら，力の使用の観点において，欧米諸国は，戦争をより人道的で「リスク回避」が少ないものにしようとしている。それとは対称的に，欧米諸国の敵は反対のことをしようとしている。つまり，戦争をより非人道的で予測不能なものにしようとしているのである。

テロリズムは戦争であろうか，それとも犯罪であろうか。テロリズムの概念は，非対称紛争の概念に非常によく似ている。つまり，テロリズムという言葉は戦争の形態を表すためにも，戦いの形態を表すためにも使用される。テロリズムの概念は政治化されている，すなわち中立的な表現ではなく，政治的な目的のために悪用されうる感情的かつ政治的な言葉になっていると考えられている。

それによるテロリズムという言葉の曖昧さは，テロリズムという概念が分析ツールとしてはその価値の大部分を喪失していることを示唆している。テロリズムに関する定義が80以上存在することからも，テロリズムをいかに理解すべきかについて見解が異なることは明白である（Thackrah 2004: 66-79）。軍事理論の観点から，テロリズムを戦略と戦術の両方として考えることが可能である。第1に，テロリズムは，政治的な目的のため，恐怖を浸透させることを目的として暴力を使用する戦術である。したがって，テロリズムは戦闘のモードなのである。この戦闘のモードは，革命戦争としばしば符合し，革命戦争に使用される。または，非対称戦争においてきわめて弱い立場にある当事者によってなされるものである。第2に，テロリズムも戦略として理解できる。このように考えれば（たとえば，Neumann & Smith 2007; Duyvesteyn 2005; Pape 2005; Merari 1993; Crenshaw 1990; Byman 2005），テロリズムはいくつかの段階に沿って行われている。市民の間に恐怖を生み出すことによって，国家に反応するよう圧力をかける。たとえば，テロリストによる自爆である。対応する国家の反応は，しばしばさまざまな形で国民への抑圧を伴う。また，さらなるテロリズムから国民を守るため，国家はさらに抑圧を続けることになる。さらに，これらの抑圧は，市民の間に新たな不満を呼び，テロリズムへのリクルートを容易にすることにつながる。戦略や戦術としてテロリズムを理解することは，テロリズムを利用しているアクターについて何も言及していないことに留意すべきである。すなわち，国家もまたテロリズムのアクターとなりうるのである。ここで，「テロリズム」と名付けるのは政治的本質であることは明白である。

最近のテロリズムの本質についての議論は，いわゆる「対テロ戦争」をも引き込んでいる。ローレンス・フリードマンが示唆しているように，この定義の明らかな問題点は「戦争は敵対する政治的団体の間で行われるのであって戦術に対して行われるものではない」ということである（Freedman 2002: 63）。この概念上の問題には，少なくとも2つの解決策が存在する。一方では，対テロ戦争の概念を宣言的意味の表現として理解することができる。対テロ戦争の概念は国家の大きな犠牲と最も重要な出来事に大きく関係するため，特定の政策が重要であることを伝えるために使用されることがある。このように「対テロ戦争」は，実際には本当の戦争ではないが，この言葉は主に戦争を支援するよう国内の意見を動員するために使用される。他方，「対テロ戦争」は戦争であるという主張が存在するかもしれないが，現在の軍事理論概念ではそのように説明することは難しい。この解釈によれば，対テロ戦争は新しい戦争の種類を表している。

歴史による分類

戦争を分類するための最終的かつ一般的に使用される根拠は，その時間的次元である。人類史上における戦争の経験が熱心に議論されている限り（たとえば，Gat 2006; Kagan 1997; Farrell 1985; Keegan 1994），年代順の分類が豊富であることは驚くにあたらない。何人かの学者は，戦争は時代を通じ進化してきたと示唆している（たとえば，Rice 1988; Holsti 1996; Hammes 2006; Kaldor 2006; Münkler 2004)。年代順に戦争を分類するにあたって直面する課題は，いくつかの戦争が同時に進行していることである。もっともわかりやすい点をあげれば，ゲリラ戦は新しい現象ではない。それゆえに，国家間戦争の論理的な発展としてゲリラ戦を理解するのは難しい。これは，明確な線形論理よりも戦争の進展に付随する異なる力学があることを示唆している。しかしながら，戦争の時間的次元を使用することによって，戦いにおける長期的傾向を理解することができる。

第1に近代の戦い，すなわち1648年のウェストフェリア条約以降の戦いは，制度化された戦争，総力戦，そして第3の戦争からなる3つの分類によって理解することができる（Holsti 1996)。制度化された戦争とは，国家が強制的なパワーを有するにつれて，徐々に国家間で出現する戦争の形態を意味する。これは，三十年戦争で明らかになったように，部分的には戦争のコストが増加した結果であった。官僚主義が高まるにつれて，国家はより効果的に徴税するようになり，課税基盤はより拡大し，それゆえ戦争をすることが可能になるのである。チャールズ・ティリーは，この共生関係を「戦争は国家を生み，国家は戦争を生む」と表現した（Tilly 1992）（van Creveld 2001; Porter 1994; Davis & Pereira 2003も参照)。制度化された戦争において，市民はぞんざいに扱われるようになった。三十年戦争では，陸軍が中欧諸国を横断し，補給物資を得るために略奪を行うとともに，市民に対する広範な残虐行為を引き起こした。国家統制下で軍隊を集中させるプロセスが進むにつれて，民間人は主に軍隊を支えるものとして理解されるようになった。ナポレオン戦争において総力戦に向けた進展が始まり，それは第二次世界大戦において頂点に達した。総力戦において関連する政治的アクターは，君主としての国家から国民国家として理解される国家へと徐々に移行した。この漸次的なシフトは，敵味方にかかわらず一般市民を戦争努力の一部にした。理論的に総力戦は，国家の全資源が戦争に費やされることを暗示した。大国同士が中央ヨーロッパで次の戦争準備をしたが，戦い方の進化は，西洋が予想していたのとは別の方向に急進的な変化を遂げた。つまり，「第3の戦争」は旧第三世界に出現し，ゲリラ戦術と意図的に標的にされた市民から成り，武力組織は，組織化されて集権化された制服を着用した人員ではなく，非正規な庶民の集団や少年兵，犯罪者によって構成されていた（Holsti 1996）。

第2に，歴史を通じて，戦いは異なる世代に分類されることが示唆されている（たとえば，Hammes 2006）。第1世代は，17世紀後半から18世紀初頭にかけて西ヨーロッパで行われた戦争を含む。それは，最前線に大量の兵士を投入するという流行りの戦術を中心としており，その機動の目的は，敵の前線に向けた一斉射撃を可能にすることであった。第2世代は，大砲のような間接的火力を使用する時代の幕開けであり，敵に対する火力の集中に焦点が置かれた。この第2世代は，ナポレオン戦争の終わりに始まり，第一次世界大戦の終わりにかけてその頂点に達した。大まかに機動戦と解釈される第3世代は，第一次世界大戦の終わりに始まった。それは，1918年初頭にドイツ軍が連合国の防衛線を破るため浸透戦術を使用したことによる。しかしドイツ軍は，戦術的な前進を作戦上の縦深に発展させることはできなかった。この当時としては斬新な方法で機動と火力を組み合わせることは，第二次世界大戦初頭におけるドイツ軍の成功への道を開いた。機動と火力を組み合わせる戦略は，1967年と1973年のアラブ諸国との戦争において，イスラエル国防軍にも採用されることとなった。第4世代の戦いは，多くの人が示唆しているように「進化した反乱の形態」に関連している。しかし，このような世代による分類は，激しい批判を受けている。エチェヴァリアは，分類の提唱者たちは自分の論議に整合するように見えるケースのみを都合よく取り上げており，理論を支持する体系的な根拠が不足していることを示唆している。また，その理論（世代による分類）は戦いの発展をとりまく複雑性を曖昧なものにし，分類は厳格性を欠くとも言われている（Echevarria 2011a: 51）。

第3に，冷戦終結後の戦争は，本質的に「新しい」ものに変わったことが示唆されている（Kaldor 2006; Münkler 2005）。この学説の中心的テーマは，古い戦争はパワー・ポリティクスに関するものであったのに対し，新しい戦争はアイデンティティ・ポリティクスに関するものであるということだ。さらに，古い戦争は，大規模で組織化され，制服を着用した軍隊によって本格的な戦争として戦われるものであった。一方で，新しい戦争は，集権的または階層的に導かれ指揮された集団ではなく，軍閥，犯罪者，民兵，反乱派の集団による市民への意図的な攻撃を特徴としている。古い戦争と新しい戦争を区別する最後の側面は，古い戦争では経済は国家に集約されていたのに対し，新しい戦争はグローバル化した世界経済によって影響される。欠点のある事実への激しい批判にさらされたにもかかわらず，限定されたケーススタディ（たとえば，Kalyvas 2001; Melander et al. 2009; Maco 2011）による過度の一般化は，「新たな戦争論文」と呼ばれ学術的かつ政策的に確実な地歩を得た。

●4　おわりに

戦争とはきわめて多面的で複雑な現象である。本章の第1節で戦争を理解するための3つの異なるアプローチを説明したことによって，戦争とは何かという問いに対してより包括的に答えた。第1のアプローチは，戦争の機能的な関連性を特定することによって，戦争とは何かを理解しようとするアプローチである。このアプローチは，より大きな社会的文脈における戦争の意味について洞察を与えることによって，戦争を理解するものである。第2のアプローチは，戦争の本質に焦点を当てることによって，抽象的形態と実際の形態の両方に関し，戦争をいかに理解するかという問いに関する示唆を含んでいる。それゆえに，戦争を理論化するために解決する必要のある問題を浮き彫りにする。この問題は，戦争を合理的な現象とみなすことができるかどうかをめぐる議論においても極端な形で表れた。測定可能な戦争の定義を求める第3のアプローチは，体系的で実証的な調査を可能にすることによって，最終的に戦争の研究に貢献するものである。

本章の第2節では，戦争と武力紛争を分類するさまざまな方法を扱ってきた。議論の中心は，アクター，戦争の仕組み，烈度，そして手段に基づいて戦争を区分することが有益かどうかということである。これらの試みの利点と欠点の両方を継続的に強調することによって，この議論は，戦争の批判的な分析と戦争にいかにアプローチすべきかを明らかにする。戦争の力学を正しく理解できないことこそ悲劇の始まりであり，戦争の理解を軽視するようなことがあってはならないのである。

本章は，軍事理論に関連したいくつかのほかの問題の，本書における出発点とも見なすことができる。戦闘と戦争を区別することで，戦いのレベルに応じて戦争をより簡単に予想し，分析することができる。クラウゼヴィッツによれば，戦争とは，敵の意志に影響を与えるものであるため，軍事力の観点から戦争を考えることは自然なことである。事実に基づけば戦争は集団同士で生起することから，多くの問題は軍事理論の規範的な側面に起因することが容易に理解できる。多くの軍事理論家は，政治的目的のために使用される合理的な手段として，戦争を理解している。したがって，軍事作戦は，政治的文脈の流れにおいて理解することが可能である。この見解を念頭に置けば，本書が戦略の章，すなわち戦争における軍事作戦と政治的目的のつながりへと続いていくことは自然なことである。

Q 論点

1．戦争は，いつ生起するのか。
2．戦争の本質は，時代を超越したものか。
3．戦争を，ほかの暴力の形態と分かつものは何か。
4．なぜ戦争を分類することは，重要なのか。
5．摩擦とは何か。なぜ摩擦は，戦争の本質を理解する上で重要な概念なのか。
6．戦争が合理的な現象か，それとも非合理的な現象か，どのようにしてわかるのか。

第3章
戦　略

●1　はじめに

第2章では，戦争に対するアプローチを解説した。本章では戦略を解説する。もし戦争が組織化されており，政治的道具としての現象といえるとすれば，戦略は，戦争の政治的目標と戦争における軍事目標との間に合理的過程として，一貫性を作り出すものとなる。戦略の最も原始的形態は，人類の文明ほど古いといわれている。一方，戦略の現代的形態は，18世紀ヨーロッパの啓蒙時代の後半に出現した。戦略と戦略的思想において，戦争と武力の行使は，政治的道具であることが前提とされる。したがって，もし戦争が論理的に非合理で感情的かつ原始的であるならば，戦略の概念は，あまり意味をなさなくなる。これは覚えておくべき重要なことだ。しかし，戦争や組織的暴力が合理的な現象として理解できると戦略で論じられるとしても，それは，誤算，不完全な情報に基づいた決定，文化的偏見の可能性，あるいは，実際には戦略的決定は政治指導者の圧力下で行われ，思考パターンの歪みさえありうることを排除するわけではない。したがって，本章の大部分はそのような歪みについて，単純化した理論から議論を進める。

この「はじめに」では，以下の一連の疑問を提起しておきたい。戦略の概念をいかに理解し，またその影響をいかに考えればいいのか。政治指導者と軍事組織の間には，どのような組織的接点があるのか。すなわち，誰が戦略を実行し，形成しているのか。そして，計画，実施，評価の戦略的過程は，どのように制度化されているのか。なぜアクターたちは，戦略を追求するのか。国家の戦略的思考は，非国家アクターたちとどこが異なるのか。武力の行使に関する考えは，いかに軍隊に制度化されているのか。どのような背景で——民間であれ軍事的であれ——戦略が実施されるか。目的はどの程度手段の設定に影響を及ぼすのか，または，国家目標を形作る利用可能な手段はなにか。期待される行動規範と合理主義的計算は，戦略とその過程形成においていかに相互作用するのか。

本章の目的は，戦略と軍事理論の役割を紹介することである。この章は4つに分けて戦略を取り扱う。第2節では戦略のさまざまな理解を，第3節では戦略の背景を，第4節では勝利の概念を，第5節では戦略の論理を扱う。第2節では，啓蒙時代以来の戦略概念の発展を分析する。第3節では，さまざまな戦略の一般的要素について詳述する。それらの要素は，戦略の所説に影響を及ぼすだけでなく，戦略的思想の理論と実践をも左右する。第4節では，忘れ去られている勝利の概念について議論する。政治目的と軍事手段の文脈において，勝利の構成を明確に理解する必要があるからである。第5節では，戦略の3つの要素と目的と手段の相互作用について詳述する。敵に対して限りある軍事手段を用いて政治目的を追求することは，戦略の本質である。そこに関与する固有の論理について分析することとする。

● 2　戦略概念の発展

戦略（strategy）という言葉は，古代ギリシャ語のストラトスとアゲイン（*stratos* and *a'gein*）に由来する。それは文字通り軍隊を導くことを意味し，古代ギリシャで将軍職はストラテゴス（*strategos*）と呼ばれていた。したがって，この概念の起源は，軍事に密接に関連し，指揮官または軍を指揮する術《アート》を意味する。しかし，ビジネス，マーケティング，スポーツ，そして政治における「戦略」の近代的使用を考えてみよう。そうすると戦略は，その意味と用途がもともとの領域を超えた言葉になっていることは明らかである。実際，戦略の意味を，すべての人の営みの領域に広げたり（Dixit & Nalebuff 2008; Chwe 2013）あるいは非暴力的な政治的行動へも広げる（Chenoweth & Stephan 2012）説もある。より一般的な意味では，通常，戦略的行動は，選択しなければならない状況で，手段と目的について合理的かつ一貫する考えを簡略化することである。軍事的文脈で「戦略」を位置づけるために，接頭語を付け「軍事戦略」とすることもある。本書では，読みやすさのため，またこの概念の起源が軍事に関連していることから「戦略」と表現する。本書で扱うのは，武力の行使としての戦略であり，結婚，製品の販売，選挙の勝利のための戦略ではないことは明らかであろう。

中世の軍事思想の中で，その間，何世紀にもわたって実践されてきたが部分的に忘れ去られた戦略の概念は，17 世紀後半から 18 世紀にかけての啓蒙時代の後半に再発見された。長い戦役《キャンペーン》の間に軍隊の創設，編成，維持訓練と戦術を区別する実践的な必要性から，そのようなことになったのである。1777 年，フランス軍人で軍事理論家のポール・ギデオン・ジョリィ・マイゼロア（Paul Gedeon Joly de Maizeroy）は，戦術の本質は機械的であり，おのずと数学に依存すると指摘した。戦術は，軍隊の構成と維持，行進，作戦行動，戦いの方法を含むが，戦略は戦争全体の取り組みで構成されるもので，直感に頼るものとされた（van Creveld 2000：94；Wedin 2007：37-8）。1799 年，プロイセンの将軍アダム・ハインリヒ・ディートリッヒ・フォン・ブロー（Adam Heinrich Dietrich von Bülow）は，同様の考え方を示し，戦術は，敵の武器の攻撃圏内における軍隊の作戦行動の術《アート》であるとした。他方，戦略は，武器の攻撃圏外での，互いの視野外における軍隊の作戦行動のアートであると主張した（Gat 2001：43-4）。1837 年，スイスの軍事理論家，アントワーヌ・アンリ・ジョミニ（Antoine Henri Jomini）は，戦略は地図上で戦争を遂行するアートであり，この戦略という用語は作戦における軍事戦域全体を含むと主張した（Jomini 1987：460）。

しかし，クラウゼヴィッツは，戦略という用語のそれまでの実践向けの使い方を捨て去り，名著『戦争論』において，戦術は，「戦闘における軍隊の使用」であり，戦略は，「戦争目的のために戦闘を用いること」であると主張した（Clausewitz 1993：146）。クラウゼヴィッツにおいて，軍事理論は，実践的というよりむしろ，抽象的で哲学的な推論によって特徴づけられる。クラウゼヴィッツは，戦争行為は，戦争の政治目的によって中身が決まるべきだと述べている。クラウゼヴィッツの戦略概念では，戦争と政治は同じ現象の異なる部分であると主張される。クラウゼヴィッツは，戦争における目的を分離した。つまり，戦争の政治目的を満たすことから戦闘における目的を分離したのである。クラウゼヴィッツが，戦術と戦略がどのように関連するかの因果論理を特定したことは賞賛に値する。しかし，その用語の意味を戦争に限定することによって，平時の武力の使用，すなわち抑止や戦争に至らない武力の行使を無視していると指摘できるかもしれない。

この短所を是正した軍人学者は，イギリスの戦略家，バジル・H. リデルハート（Basil H. Liddell Hart, 1895-1970）である。リデルハートは，1929 年に戦略とは「政治目的を達成するために軍事的手段を配分，適用する術《アート》」と定義した（Liddell Hart 1991：321）。この解釈は，戦争を含んでいるのは確かである。しかし，戦争状態を前提としておらず，時には武力の行使が抑止力として理解されることを強調している。おそらくクラウゼヴィッツは，平時における武力の行使を意図的に排除したわけではない。これを踏まえおそらくリデルハートは，「ナポレオン戦争の混乱」の文脈から，戦争理論を発展させた。戦略の潜在的な側面の理解であり，すなわち抑止力，またプロイセンの弱点を通して見えた組織の重要性や本質的な戦略としての軍事力の構築である。さらに，リデルハートは，戦争の政治的目的を達成するため，あらゆる国力を効果的に運用する「大戦略（grand strategy）」の概念を導入した（Liddell Hart 1991：322）。この観点から，大戦略は本書の導入章で明らかにした軍事理論を越えている。リデルハートの概念は，国家政策の一表現であると理解される。しかしながら，国家のすべての政策ではない。これは，戦いのレベルに関する多様な概念化における困難さを表している。

戦略に関するほかの概念を見てみよう。フランスの将軍で戦略家のアンドレ・ボーフレ（André Beaufre, 1902–75）は，戦略を「紛争結果を決定づける武力行使に関する複数の意志の相互作用を理解し身につけるための術《アート》」と定義した（Beaufre 1963：21–22）。ボーフレの定義の強みは，戦略思想を特徴づける力学と相互作用を強調していることである。戦略は目的を指向するものではなく，むしろ２つの相反する意志間の力学的ゲームである。ボーフレの定義の問題点は，出発点として対立の政治目標を取り上げるのではなく，より広い意味での「紛争」とすることである。これは一見，手段を含んでないように見え，ほかの多くの定義が戦略は手段を含むことを強調する。たとえば，パレットは，戦略とは，「軍事目的，さらに広義に，戦争の政治目的を達成するために，軍事力を行使すること」と指摘した（Paret 1986：3）。イギリスの戦略家コリン・グレイ（Gray 1999：1）は，クラウゼヴィッツ，シェリング，リデルハートを引用し，戦略を，「政治目的のため組織化された軍事力使用の脅威と，その理論と実践」と表現する。グレイは，軍事力の使用の脅威を明示的に含有するという概念の発展に大きな貢献をした。いくつかの軍事組織も同様の戦略に関する理解を示している。たとえば，アメリカ陸軍の軍事作戦ドクトリン（*FM 100–5, Operations* 1986：9）は，戦略を「国家や同盟の軍隊を用いたアートとサイエンスであり，政策目的を武力の脅威または使用によって確保すること」と表現している。

戦略の定義は過去 200 年にわたって発展してきたことは明らかである。この発展は，半ば戦争行為や一般的な技術開発の状況によって説明しうる。たとえば，武器の攻撃範囲が劇的に広がり，いかに戦略を戦術と関連すべきかの議論に影響した。したがって，戦略の概念を考える方法論へも影響が及んだ。現代の多くの学者は，軍事戦略は，①政治的手段として政治に従属する，②動的な相互関係によって特徴づけられる，そして③戦争と平和の両時期を通じた武力の行使であると意見を一致させている。その道具としての特徴ゆえに，戦略は，アクターが計画策定のため，いかに限られた資源を集中し活用するかという方法論であるとも解釈できる。したがって，戦略は，希少な資源をアクターが運用し，いかに努力を志向してその重要性を高めるかにその有効性がかかっている。軍事力に基づく脅威は，軍事力を実際に使用することと同様に戦略的に重要である。

戦略を術《アート》と科学《サイエンス》のどちらからアプローチすべきかという問題は，戦略の概念をいかに定義するかという議論と密接に関連している。戦略がアートであることを強調する者は，通常，特定の戦略の実施または戦略の行使に言及する。他方，戦略は科学的精密さや関連する方法によって研究され，評価された上で実施すべきであるとサイエンスの側面を強調する者もいる。以上の観点から，戦略の実践と戦略の研究は，区別することが可能である。この区別は，国家の活動に重要な影響をもたらす。では，戦略をアートと仮定してみよう。スウェーデンを例にとると，東はロシア，南はドイツ，そして西はイギリスまたはアメリカと大国に挟まれて身動きがとれない地政学的位置にある。このような小国は，他国の戦略を模倣することはできない。スウェーデンの戦略は，スウェーデンの特殊性から導き出されている。このように，アートとしての戦略は，還元主義的である。しかし，科学と理論の観点から戦略を理解すれば，スウェーデンは，同様な条件で生存する他国の戦略から導き出されるであろう。したがって，次節の多くの議論は，理論として戦略にアプローチすることが可能であるという仮定に基づく。したがって，戦略は，理論的，方法論的ツールとして許される限り広く妥当し作用する。戦略の基本的要素，つまり希少な資源の管理，手段と目的の選別，相互作用的性質の取り扱いは，アクターが大国，小国，ゲリラ集団，テロリストのいずれであるかにかかわらず重要である。

● 3　戦略的背景

戦争における勝利と戦略の論理についての議論を進める前に，戦略が作用する背景を詳しく説明する必要がある。明確な解答は，戦略は政治に密接に関係するということに尽きる。戦略とは，戦場の破壊や死をつかさる戦術と政治を繋ぐ役割を果たす。それは，政治がいかに軍事的な任務や目標に変化していったかを理解することである。しかし，政治自体が非常につかみどころのない概念である。このため政治は，さまざまな視点からアプローチすることができる。本節では，とりわけ政治の6つの側面として，①地理，②歴史，③イデオロギー，④経済，⑤技術，⑥政治システムが，戦略的背景において重要であり，戦略の内容と追求の両者に影響し，さらに戦略思想がどのように発展したかを提示する。当然のことながら，その他の有形無形の要素が戦略の形成，戦略の追求の仕組み，戦略的思考の概念化に関与し，非常に複雑となっている。しかし，これらの6つの要素が，われわれが戦略にアプローチし，理解する上でとくに役立つことになる。本節では，戦略の論理に関する戦略の相互作用的性質を扱い，相反する2つの政治意思の複雑さについても言及する（Murray & Grimsley 1994; Gray 1999; Byman & Waxman 2002; Stone 2011; Betts 2012 を参照）。

第1の要素である「地理」は，いろんな点で政治と戦略にとって重要な媒介である。たしかに，地理的要因が，国家が脅威にさらされているか，あるいは周辺国家の標的となっているかという範囲を決定すると指摘する者もいる（Dalby et al. 2006 を参照）[1]。この意味においては，地理は，戦略的行動の機会を決定する。さらには，軍事ドクトリンの形成にも影響を与える。そのような地理的要因の例は，場所，面積，気候，地形，人口統計，及び天然資源である。これらの要因は，軍事力の行使または脅威における物理的，物質的条件に影響する。特定の地理的関連性は，高度に編み合わされ，時間と場所によって変化するように見える。間違いなく，ある地理的要因は，技術の進歩によって関連性が低下したが，戦略における空間的考慮を完全に排除することは不可能である。

たとえば，場所や面積は，戦略的過程に影響しうる。つまり，場所は，主にほかのアクターとの地理的近親性や，戦略的な資産や資源への安定した利用権に主に関連する。国家の面積は，多くの場合，公海や世界的な貿易体制の利用権に関わると理解される。イギリスとフランスを例にとると，面積，人口，物質的富，技術的水準が類似する。しかし両国は，全く異なる軍事的経験を有している。イギリスは，何世紀にもわたって，海に囲まれ，戦争の荒廃から守ら

1　ここでは，地理が政策と戦略を直接決定するという信念，つまり「地政学」に言及しているのではないという点に注意してほしい（Dalby 2006 を参照）。地政学は，20 世紀中にマッキンダー（Mackinder），スパイクマン（Spykman）などの長い知的系統を持つが，その学説は，生存圏（*lebensraum*）というナチスの概念に関連したことにより，深刻なほど信用を失った。しかし今日，地政学は依然としてロシアや中国を中心として著名な学説が存在する（たとえば，Cohen 2008）。

れてきた。一方フランスは，ほかの欧州諸国との一連の争いで，国境を防衛し，場合によっては拡大するために多くの流血を余儀なくされてきた。1930年代，イギリスの地理的位置はリデルハートに，思考の糧を提供した。具体的には，リデルハートは，イギリス独特の「イギリス流の戦争方法」があると主張したのである。そこで批判の対象となった議論は，次のようなものであった。イギリスは，大陸への関与を回避し，代わりに周辺戦略を選択し，敵の弱点に対抗して海軍を投入する能力を最大限に発揮した，というものである。これにより，イギリスは軍事的，政治的に歴史上最も成功した，というのが彼の結論であった。この議論への批判に対する反証としてリデルハートは，1815年のナポレオン，1945年のヒトラーに対するイギリスの関与と勝利を歴史的実例として引用している（Liddell Hart 1932; Bond 1977: 65-87）。フランスは，この論理に基づき，長い国境線から，防勢的戦略を発展させた（Doughty 1994）。

国土面積もまた，戦略の重要な地理的決定要因とみなされる。マーレーとグリムスレー（Murray and Grimsley 1994: 9）は，広大な領土は，敵の攻撃をより簡単に緩和できる利点があると主張する。物理的な消耗は，兵站線の増加を伴い，敵の攻撃能力を遅延，弱体化させる。したがって，広大な領土における敵の攻撃は，容易に反撃のチャンスとなる。ロシアとイスラエルの戦略と歴史は，この主張の「論証」として示されることが多い。ソ連時代のロシアは過去において，時間稼ぎのために広大な領土を活用し，時間をかけて敵軍の攻撃を撃退した。地理的要素は，冷戦時代において核兵器による大量破壊攻撃の脅威が軍事ドクトリンを特徴づける点でも，有用なものであった。ロシアの広大な領土は，他国が享受し得ない戦略的な利益である。以上のように地理的要素は，国家の戦略ドクトリンに影響を与えている。しかし，地理を強調する逆の論理がイスラエルにある。限られた面積が戦略的縦深の欠如を生む。このためイスラエルの戦略家は，イスラエルの国土への高い犠牲を強要する消耗戦を避けるため，先制攻撃，機動，迅速さ，支配的攻撃を好む。この考え方は，1948年の第一次中東戦争から2006年の第二次レバノン戦争の間，イスラエルの政策立案者や戦争計画に影響を与えたようである。

地理的条件は，戦略の中身に合理的な説明を与えるように見えるが，説明できない点があることにも注意すべきである。地理の論理によれば，地理的縦深性の限られた国家は機動，迅速さ，火力を重視する攻勢的戦略を適用することに対し，地理学的縦深性を有する国家は戦略的防御と消耗戦を組み合わせた戦略を適用する。しかし直感的ではあるが，これは，ヨーロッパの攻撃的機動戦の主唱者が，ルクセンブルクやバルト諸国ではなく，ドイツ出身である理由を説明できない。したがって，地理を説明のための唯一の変数として適用することは，重大な問題を伴う。

代わりに地理を，技術と人口動態条件を組み合わせて適用すると，より分析的説得力を得ることが可能になる。このアプローチは，いわゆる「攻撃防御バランス」を生み出した（たとえば，Brown et al 2004）。この概念は，技術の進歩と人口動態及び地理的条件に基づいて，攻撃的か防勢的かのどちらが有利かを判断しようとするものである。攻撃が勝利により寄与する条件では，国家戦略がより攻撃的であるだけでなく，戦争は頻繁に生起し，そして短期で終わるだろうと示されている。一方，防御が有利な条件では，戦争の生起は稀となる。このため国家は，防勢的戦略と長期的補給を優先する。したがって，攻撃によって最もよく軍事的功績が得られる状況では，防御が攻撃に対して利点を持つ場合と比較し，より深刻な安全保障上のジレンマを生み，さらには予防的攻撃も必要となることが多くなる（Snyder 1984; Strachan 2003 を参照）。

第 2 の要素である「歴史的経験」は，国家の脅威認識とさらには軍事戦略をも形成しうる要素である。戦争と恐怖，飢餓と貧困，不正と抑圧の集団的かつ個人的な経験，そして軍事的勝利と敗北は，戦争の性質や潜在的な敵対者について，期待や先入観を生み出す。これらの経験は，合理的な一貫性のある根拠に基づいているかどうかにかかわらず，アクター間に多かれ少なかれ緊張を生じさせうる。戦間期のイギリスとフランスは，再び参考になる。

イギリスとフランスがドイツのヒトラーの脅威に対抗するために戦略を準備し始めた時，第一次世界大戦の経験が非常に大きな影響を与えた。西部戦線での消耗戦において，歩兵部隊を支援する敵の前線を急速に突破する積極的な戦略は悪い結果を生み，人的，物的被害をもたらしたように見える。イギリスでは，戦略爆撃機だけでなく，機械化装甲部隊もまた，将来の戦争で成功するだろうと結論づけられた。一方，フランスでは，広大な要塞とマジノ線（Maginot Line）の強化による防御戦略が攻撃を抑止すると強調された。今だから判明していることだが，第二次世界大戦に至る両国政府への歴史的経験からの教訓は誤ったものであった。第 1 に，第一次世界大戦の恐ろしい経験から，ヒトラーはヨーロッパでの政治的野心を支えるため，戦争になるリスクを冒すことはしない，とする最初の評価は間違っていた。第 2 に，1940 年の時点でフランスに対するドイツの攻撃は間近に迫っていたが，英仏両国の軍事指導部は，ドイツ軍がオランダとベルギーを通り抜けてフランス北部に大規模な攻撃を行ったシュリーフェン計画の失敗を繰り返そうとしていると確信していた。この結果，深刻な誤算が広範囲に及んだ（Murray 1994; Doughty 1994）。このように，先述した歴史的経験は，決して方向性を定める唯一の要因ではなく，イギリスとフランスの戦間期における戦略の発展に寄与するいくつかの要因のひとつにすぎなかったということが強調されるべきである。

繰り返しになるが，歴史的経験は国家戦略の合理的な説明であるかのように思われるが，それで問題がないわけではない。歴史的経験は自然現象ではないと主張する者は多い。歴史的出来事は，個人によって解釈が異なり，全く誤解されうる。そして歴史を選択的に使用することで，歴史的出来事は十分解明されるより，むしろ神話を生み出しうる。意思決定における類推やメタファーに関する研究によれば，歴史的経験の解釈は本質的に政治的な過程であり，時に特定の出来事の相入れない解釈のみだけでなく，競合する類推の文脈においても生起すると示唆される（Vertzberger 1990; Khong 1992; Paris 2002; Angstrom 2011）。われわれが普段，ある出来事に接した時に構築するイメージは，必ずしもその同じ出来事の客観的現実を反映しているとは限らない。したがって，戦略の内容と実行を歴史的経験によって直接説明することは困難である。たとえば，ジョナサン・マーサーは，国際政治における否定的な「評判」は記憶として強く残る傾向があるが，良い「評判」はすばやく否定的に変わりうることを示した（Mercer 1996）。マーサーによれば，このような評判は，客観的現実ではなく，不合理な要因や誤解に基づくことがよくある。これは，客観的な歴史的経験ではなく心理的要因が，国家戦略を表現することを示唆している。経験主義的研究によれば，過去の敵との相互作用の経験は，将来，人々がいかに相互に作用しあうかに影響するという点も，指摘されるべきである。ロバート・アクセルロッド（Axelrod 1984）は，当事者たちは「将来の影（shadow of the future）」において相互作用する，すなわち，両者は，相互作用によって過去及び今後を考慮すると説明した。つまり，短期的利益ではなく，代わりに協調を促進する効果を生む（Jervis 1978; Oye 1985 を参照）。

第3の要素である「イデオロギー」は，国家戦略の説明として提唱される。イデオロギーによって，現実が構成され，政治秩序（権力と資源の分配）を信じさせられる。このイデオロギーという信念は，本質的に宗教的及び世俗的であり，文化的現象及び概念を形成する。イデオロギーと文化的表現は，意識，無意識の両方の方法で行動する意思決定者や一般大衆に影響を与える。イデオロギー的信念は，異文化や他社会の人々が脅威として認識しない脅威を生み出すことがある。たとえば，冷戦時代には，イデオロギーは大国の戦略思想に大きな影響を与えた。アメリカは，個人の自由，法の支配，民主主義を最優先とする一連の信念によって支えられる価値体系に基づいて，「自由な世界」を擁護すると主張した。これらの価値は，ソ連政権のそれらとは正反対であると考えられていた。多くのアメリカの戦略家は，米ソ間の対立は不可避であると信じていた。クレムリンの共産党の指導部は，レーニンによるマルクスとエンゲルスの解釈に影響され，資本主義世界を大きな疑念でながめた。唯物論の世界観，科学の認識，階級闘争の重視，弁証法による共産主義イデオロギーは，ソ連における戦略思想と軍事ドクトリンの形成にも影響を与えた。共産主義イデオロギーは，戦争の性質，軍隊の編成，そして作戦計画にさえ独特な理解を生み出した。ソ連においても，多くの戦略家は，超大国間の紛争は避けられないと考えていた（たとえば，Glantz 1991b: 64-6; Vigor 1975）。

イデオロギーは取捨選択され「歴史的経験」と戦略的状況と同様に碁盤の目のように機能する。イデオロギーは，多数の国家戦略の内容の説明としては，やはり欠点を有する。主な分析における問題点は，アイデアとアイデアを有するアクターを区別することの難しさである。これは，アイデアとアイデアを有するアクターのどちらが先に来るのか，という因果関係を認識する難しさを意味する。次の問題点は，イデオロギー，アイデンティティもしくは信条のシステムにおける分析のレベルがピンポイントかどうかの正確さの難しさである。たとえば，アメリカは共和党，民主党政権にかかわらず（Gaddis 2005），ソ連に対し継続して封じ込め政策を行った（たとえば，Kennan 1947; Spykman 1942）。同様に，イデオロギーは倫理と宗教的アイデンティティがいくつかのケースで影響があったものの，ほかでの影響はみられなかった。

第4の要素である「経済」は，戦略にとって重要であるとともに，政治的にも本質的な問題である。経済的要因には，原材料だけでなく，それらを加工する能力や，重要な工業用品と軍事装備品，燃料，及び食品を生産する能力が含まれる。経済的要因のいくつかは，石油，鉄鉱石，ウラン，水などの天然資源などの地理的要因と密接に関連する。経済的要因は，軍事手段の使用に関して機会にも制限にもなりうる。歴史の中で支配者にとって最も明白な問題は，戦争のための資金であった。たしかに，ヨーロッパの歴史の中で長い間，勝利者間での戦利品の配当，賠償金としての領土の獲得が，「戦争の戦争による支払い」と考えられてきた。しかし，軍隊の拡大や，資金借用，つまり，軍事公債の発行が一般的になったため，ますます戦争のための資金調達は困難になった。

戦争は戦時国債によって資金提供されるようになった（Slantchev 2012）。たとえリーバーマン（Liberman 1996）が，軍事征服が財政的報酬となりうることを実証したとしても，それは占領と征服においては，非常に稀である。代わりに，軍事力は他の目的のために使用されているように見え，戦争は経済的には全く報われない。（存続をかけた戦争とは対照的に）制限戦争を行っている時でさえ，国家の莫大な財源は失われる。たとえば，2013年5月で，アメリカのイラク戦争費用は2兆ドルを超えると推定された。また，発展途上国では，国際援助は戦争を行う者にとって重要な収入源となる（Duffield 2007）。

特定の国家戦略の戦略的思考や，その内容に経済的要因が不可欠であったケースはたくさんある。1941年から1945年の日米の太平洋戦争前，朝鮮半島，満州，中国への日本の進出がアメリカの経済制裁を誘発し，石油と燃料の全面禁輸に至った。これにより，日本のアジアでのさらなる影響の拡大や最終的に真珠湾に対する不運な日本の攻撃を引き起こした（Murray & Grimsley 1994: 17-18）。石油と燃料の不足は，アメリカの産業能力に比較し相対的に劣勢であったことともに，最終的に日本の重要な敗戦原因となった。さらに経済は，軍事力の創造に当たっては当然ながら相関関係がある。論理は簡単である。戦車，空軍，海軍などの特定の軍事技術に資金を提供できない限り，それらの装備を使用する戦略を立てることはできない。戦略は，経済的要因の影響を受けることは明らかであるが，そう簡単な話ではない。最も重要なことは，経済は国家戦略の変化を容易に説明できないということである。同じ経済システムと同等の経済力を持っていたとしても，それらの国家は必ずしも同じ戦略を追求するとは限らない。逆に，異なる経済システムで異なる富の度合の国家が，同様の戦略を追求するかもしれない。それゆえ，経済は重要であるが，戦略を説明する変数として意味を持たせるためには，政治的判断の要素を加える必要となる。

第5の要素である「技術」は，戦略の重要な要素のひとつであり，現代の戦争では，さらに重要性が増している。ここでは，軍事力に直接的に貢献する技術を取り扱い，経済力を高め，軍事力を間接的に増加させうるような技術は含めない。技術の進歩が，戦争行為と国家が追求する戦略に大きな影響を与えていることを示唆する文献は膨大にある（たとえば，Buzan 1987; Gray 2002; O'Hanlon 2000）。要塞を建設するための改良された技術から，鐙《あぶみ》や後装式ライフルなどの新しい武器の導入，電報やレーダーなどの早期警戒システムなどの新しい通信まで，技術は戦争において重要であった。徐々に，技術開発は，軍隊の火力の増大だけでなく，機動力と自身の防護能力も向上させた。第一次世界大戦の西部戦線に戦車が導入されたことは，敵軍の早期突破が急速かつ予期せぬ突破口となったが，自軍の部隊が自軍の戦車に追随できず，技術の差を活用できなかった。

さらに，技術が戦略開発に大きな影響を与えた別の例は，冷戦時の超大国の競争である。核ミサイル，その到達範囲，規模，爆発力，精度，プラットホーム（爆撃機，ミサイル，砲など），運用態勢，早期警戒システム，レーダーシステム能力はすべて戦略の重要な部分である。これらは明らかに，武器技術または軍民両用技術の開発の結果である。あらゆる技術的な過失や怠慢は，とくに超大国間関係が緊張していた間に，重大な結果を招く可能性があると理解された。技術的な差異や格差認識は，時に前進するための戦略となった。たとえば，1950年代後半から1960年代初頭にかけてアメリカは，これは後に間違っていたと判明したが，ソ連との軍拡競争に遅れをとったと考えた。いわゆる「ミサイルギャップ」が核プログラムの拡大の大きな理由となった（たとえば，Gaddis 1998）。さらに1980年代，ロナルド・レーガン（Ronald Reagan）アメリカ大統領のソ連の大陸間弾道ミサイルの早期警戒と破壊のための計画，いわゆる戦略的防衛構想つまり「スターウォーズ」計画は，ソ連の国防予算に大きな制約を課し，すでに脆弱なソ連経済を弱体化させ，ソ連の崩壊に貢献した（たとえば，Payne 1986; Westad 2000）。

しかし，高度技術を有する軍隊が発展するにともなって，戦争のコストは増大する。つまり，戦略の指揮や戦略思想の発展を説明するうえで，経済と技術のどちらが優れているのか，また両者は区別できるのか，判断することは困難であることを意味する。そのような高度技術力を構築することができない場合，戦略的爆撃の戦争計画を理論化または実施する必要はないことは言うまでもない。他方，技術で戦略を説明する際のほかの問題として，戦略を追求する技術的ノウハウがあるにもかかわらず，あえて追求しないことを選択する国家もある。したがって技術は，ほかの変数から独立させて，アクターの戦略を説明するには不十分であると思われる。戦車の機械化と大規模導入を可能にした技術は，ドイツだけでなく，戦間期のイギリスとフランスでも適用された。戦略を推進するのが技術だけであるならば，3つの国家は，類似する戦間期ドクトリンを持ったはずである。しかし，ドイツだけが電撃戦（*Blitzkrieg*）構想を発展させ，一方，イギリスとフランスは，主に防勢的戦略を発展させた。同様に，スウェーデンは1950年代，核兵器を開発する技術力を有していた。これは間違いなく戦略的決定であったが，最終的には核開発を進展させないことを選択した（たとえば，Agrell 2002）。さらに，技術は戦略を推進するのか，それとも技術発展を左右する戦略的必要性を推進するのか，両者を区別することも困難である（Mahnken 2008）。

第6の要素である「政治システム」（実行，手続き，規範）は，ある国の戦略を決定する上で非常に重要とされる（たとえば，Murray & Grimsley 1994）。その要因として，政治システムが戦略と戦争の帰結に3つの点で結びつくという仮説がある。第1に，政治システムは，戦略的分析がいかに実施されるかの組織的及び手続的範囲を決定する。政治システムは，アクターが脅威に対抗したり，もしくは脅威が生じる可能性を減らすスピードを説明できる（Brooks 2008; Gartner 1997）。このような説明は，いわゆるアリソンの第2モデルに代表される戦争の官僚主義における標準作業手順（SOP）の存在や，第3モデルの組織内の闘争問題に大きく依存する（Allison 1971; Vertzberger 1990 参照）。たとえば，マーレーとグリムスレーによれば，権威主義的政治体制では，「都合の悪いニュース」がしばしば指揮系統の中で埋もれることに留意しなければならない。これは，意思決定者が不完全な情報により，生死を左右する決定を下すことを余儀なくされることを意味する（Murray & Grimsley 1994）。多くの場合，一般的に官僚や軍人は，現実を最も正確に反映する情報ではなく，むしろ意思決定者が欲し，期待する情報を提供する傾向がある。しかしこの問題は，とくに権威主義国家において深刻である。不都合な真実は，民主主義よりも独裁政権においてリスクをもたらす。さらに，政治システムでは，時に，官僚は直接，特定の利益を追求することがある。そのため，予算取得問題で軍種間闘争が起こる事例が多数存在する（たとえば，Karlsson 2002）。

第2に，政治システムは，政軍関係を大きく左右し，それは戦争行為と戦争開始の意思決定の両方に影響を及ぼす。政軍関係理論は，通常軍事社会学と関連する（たとえば，Huntington 1957; Janowitz 1960; Abrahamsson 1972; Moskos 1976; Feaver 2003; Barany 2012）。しかし，研究の焦点は，戦争行為だけでなく，戦略形成や軍隊の創設そして内部の力関係である（たとえば，Egnell 2009）。とくにこの分野では，アクターが政治と軍をどのように関係づけるかが，意思決定過程の大部分を特徴づける。戦略的意思決定のどの領域が，文民統制に属するのか，または軍事統制に属するかも政治システムは明らかにする。たとえば，政治システムによっては，文民統制下よりも，軍事だけの統制下でのほうが，さまざまな軍事装備の取得が可能になるという仮説を容易に立てることができる。くわえて士官の教育や組織が政軍関係の違いにより異なる，という仮説を容易に立てることができる。より基本的なレベルでは，政軍関係の理解が，国家が正当と考える戦争の目標に影響を及ぼす（Angstrom 2013）。クレフェルトは，戦争遂行に関連する制度は，軍と民間を分離して取り扱うことに依存していると示唆する（van Creveld 2008: 158）。なぜなら，もし殺人を行う権限を与えられた組織が軍隊であるとの発想がなければ，合法的な殺人である戦争を，犯罪としての殺人から分離することは難しいからである。

第3に，政治システムは，国家の追求する戦略的政治目的，そしてアクターによる前述の政治的目的を達成するための手段と方法にも影響を与える。ここに2つの議論が存在する。第1の学派は，政治システムの違いが，国家が攻勢的性格を持ち戦争を起こしやすくなるか，あるいは国家が限定的な戦争を行う傾向にあるかに直接影響を与えることを強調する。この学説は，民主主義が確立した国家は交戦しないと主張する。民主主義国家は権威主義国家と戦うが，ほかの民主主義国家とは戦わないというものである（たとえば，Russett 1994; Snyder 2000; Mansfield & Snyder 2005）。もうひとつの重要な発見は，民主主義国家が戦争で成功していることである（たとえば，Brown et al. 2011）。ライターとスタムは，権威主義国家の戦争努力と対照的に，民主主義国家はより頻繁に戦争に勝つ傾向のあることを示している（Reiter & Stam 2002）。それは，民主主義の2つの特性より説明される。第1に，民主主義国家では，意思決定者に正しい情報が伝わりやすい。第2に，一般的に個性と自由が奨励されるため，民主主義の軍隊では創造的な人物が昇進し，主導を握ることができるということである。戦争においては，主導と創造性が意思決定者にとって重要な特徴となることはいうまでもない。第2の学派は，特定の政治システムによって発展し決定された規範を強調する。ここでは，民主主義国家は独裁国家より自由主義や人道的理由により，国際人道法で定められた基準に従って戦争を行う可能性が高い，という仮説が立てられている。

本節を要約する前に，いわゆる戦略文化が戦略の形成と実施に大きな影響を与えると主張する学派にも注目すべきである（たとえば，Johnston 1995; Katzenstein 1996; Sondhaus 2006; Angstrom & Honig 2012）。すでに述べた要因が戦略に直接影響するのではなく，イデオロギー，政治，歴史的経験，集団的記憶，アイデンティティ，武力行使に関する規範，軍隊の作戦への理解が，間接的に戦略の実施に影響するというものである。それらは，アクターの戦略文化もまた形成するし，アクターがいかに戦略的に行動するかに影響を与えるのは，この独特な戦略文化であるとされる。戦略文化は，2つの作用を持つ。戦略的な状況を理解し，政治的目的を達成するために，どのような手段と方法をとるべきかのアクターの理解の形成に影響を及ぼす。したがって，戦略文化の変化によって，2001年9月11日のテロ攻撃の直後にアメリカが軍事的な挑戦への対応の必要性を決定したことを説明することができる。反対に，北アイルランド紛争以来のテロ攻撃にはるかに慣れているイギリスは，2005年7月7日のロンドン同時爆破事件では，軍事力ではなく警察力により対応した。

要するに，政治に代表される戦略的背景か戦略追求にとっていかに重要であるかを解明する試みは，無数にあるということである。そして，これらの試みが戦略を説明するのに苦慮してきたことを，ここまで見てきた。第1に，それらを単一の因果関係として考えると深刻な問題が生起する。難題になるが，戦略に影響を与えるさまざまな要因の組み合わせがあるようである。しかし，「正しい」組み合わせは，まだ発見されていない。第2に，戦略的背景を重要とする主要な学者たちの議論は，戦略が物理的要素に依存するという立場と，戦略は目に見えない要素に依存するという立場を主張する者の間に生じているように思われる。核抑止の影響と核の脅威認識を区別する研究をいかにデザインするかの議論は，ほんの一例である。第3に，いわゆる経路依存性を引き合いに出してある学者は，戦略は真空状態においては形成されないと強調する。むしろ，戦略の内容は，政治目標だけでなく，利用可能な手段によっても決定される。そして，軍事装備は，開発，導入，運用に10年から15年かかることがあるため，戦略は政治目的を軍事目標に変換する過程ではなく，既存の軍事兵器をもって適合する政治目標を見つける過程であると主張することができる(Gray & Johnson 2009: 378)。

● 4　戦略思想における勝利の役割

戦略思想における勝利の概念は，重要であるにもかかわらず(Bond 1998)，まだまだ十分に研究されているとは言えない。この概念は，戦争の終結や降伏と結びつくことはほとんど議論の余地がない(Afflerbach and Strachan 2012; Wagner-Pacifici 2005を参照)。しかし，その点を越えて勝利の概念が発展することはあまりない。戦争が，少なくとも世界的に個人，団体，国家，及び同盟の運命を決めるとともに，来るべき世代の国家間紛争と協力の様相に影響を与えることを考慮すれば，概念としての勝利は驚くべきことにそれほど注目されていない。デイヴィッド・ボールドウィン（David Baldwin）は，戦争に関し膨大な文献があるが，成功の概念にはほとんど注意が払われていない，と主張している。これは驚くべきことであるが，「あらゆる戦争には勝者が存在する」という考えは，軍事力に関する文献において深く定着していることに留意する必要がある（Baldwin 2002: 187）。しかし，その後進歩があり（たとえば，Mandel 2006; Johnson & Tierney 2006; Angstrom & Duyvesteyn 2007; Martel 2007），4つの概念化が生まれた。うち2つは目標達成時の状況と費用対効果計算であり，本質的に伝統的な合理主義の枠組みに依存する。残りの2つは，固定観念（match-fixing）と共通規範であり，認識とコンストラクティヴィズムの枠組みに依存する。

第1に，おそらく戦争における勝利の最も普遍的な理解は，望ましい目標達成時の状態である（Mandel 2006）。目標達成時の状態に達すると，勝利を宣言でき，達していなければ，敗北となる。これは，本質的に合理的な考え方である。軍事行動が結果を保証する前に政治的目標達成時の状態が形成される場合，戦争の進展が政治的目標達成時の状態に対して評価されることを意味する。最終的な勝利と敗北の理解は，関連損失を考慮していない。この点を認識することは重要である。したがって，勝利は戦争による死傷者や経済的費用の損失にかかわらず宣言することができる。目標達成時の状態を厳密に定めれば，1940年春のドイツ軍が20個装甲師団を失ったとしても，事実，同春5月のフランスと周辺諸国に対する戦役が延期，不可能になるにもかかわらず，ノルウェー占領時の対反乱作戦のためにほかの20個師団をノルウェーに留めておけば，それは勝利となる。これは，目標達成時の最終状態で解釈することへの批判の根幹でもある。目標達成においては，アクターが戦うべきほかの計画や代替的な力を考慮しない傾向がある。生死，平和，戦争に関するほとんどの状況では，複数の目的を有する。さらに，戦争の目的である勝利を，戦争の結果によって測ることは，最終状態は本質的に曖昧で変動することを考慮していない。意思決定者の行動の自由を創出するため，政治的目標達成時の最終状態は曖昧になる傾向がある。そのため，軍事作戦を評価する「得点表」を作成することは困難である。さらに，戦争が進行すると，目標達成時の状態は修正，変更され，「終わりの見えない展開」になる。

第2に，勝利は，費用対効果の観点から理解することができる（Mandel 2006）。ここでは，政治的目標達成時の状態に達することを，そのためにかかった費用と比較して評価することが重要である。したがって，政治的目標達成時の状態に達したものの，費用が過大であると，戦略的敗北と等しいと考えられている。重要な問いは，やるべきことを達成したかどうかではなく，むしろそれに価値があるかどうかである。消費された資源を考慮することにより，勝利についてのより微妙な理解が得られるが，それには問題が伴う。最も重要なことは，勝利を測る分析枠組みは目標達成時の状態が曖昧であるのと同じくらい，政治色が強いことである。必要に応じて，戦前の見積もりや戦争の費用と比較して，政治的評判，解決力，権力などの本質的に測定が困難な分野で戦後の利益が改善されているかどうかを評価すべきである。さらに，これらの見積もりは絶対的及び相対的尺度から取り扱うべきである。ゼロサムの絶対的ゲームでは，これらの見積もりは簡単である。たとえば振り返ってみると，東部の領土を失ったにもかかわらずフィンランドは，1939 年から 1940 年にソ連に対して冬戦争で勝利したと主張することができる。全土占領を退け，後のワルシャワ条約機構への加盟やソ連の支配を避けたからである。しかし，当時このような明白な第二次世界大戦の利点は，明らかではなかった。相対的な観点から，相手方と比較して戦争後の状態が良いかどうかを判断することはさらに困難である。たとえば，戦争に関連する膨大な費用を考慮しても，アメリカと同盟国がアフガニスタンで勝利したと理解すべきなのだろうか。一方で，同盟国は 2001 年にタリバンを権力から奪回し，代わりにカブールにおける新しい暫定政府の早期設置を支援した。この観点からは，西洋諸国は成功したと理解できる。一方，タリバンの反政府勢力は，依然としてアフガニスタン全土で攻撃を開始することができ，敗北していないことを示唆している。したがって，直観的な印象はともかく，費用便益計算の観点から勝利と敗北を理解する場合，価値観の対立に直面する。

第 3 に，ジョンソンとテアニーは，勝利は，「得点表」ではなく，「固定観念（match-fixing）」により注目すべきとする（Johnson & Tierney, 2006）。そして，勝利が社会的に構築されているとし，変動的で曖昧な目標達成時の状態や費用便益比の矛盾する指標の本質的な問題を解決しようとする。要するに，勝利とは私たちが創造するものである。勝利認識がいかに創造されるかに焦点を当てることで，戦争中の出来事が得点表の観点から理解されるべきではなく，むしろ戦争とは何かという一連の先入観，価値観，軍事行動の期待値，いかに情報が処理され拡散するかに影響を受ける。1975 年のマヤグエース号事件での救助が成功と評されたが失敗し，1992 年 4 月のソマリアで援助が大失敗と評されたが大成功を収めた実例を取り上げたジョンソンとテアニー（Johnson &

Tierney 2006, 2007）によれば，戦争中の出来事は，たとえば軍事行動の予想や出来事の伝わり方に影響を受けると主張する。ヴェトナム戦争後のマヤグエース号事件においては，アメリカ国民は，軍事力が達成できるものに対する期待は低かった。アメリカ海兵隊員 39 人が帰還したとき（アメリカ海兵隊の救助活動を開始したときにすでに解放されており，作戦で 41 名の米兵が死亡した）米軍の軍事行動が船員を救助し，作戦は成功を収めたと公に評価された。一方，ソマリアでは，湾岸戦争と冷戦終結の後，米軍の実力の期待は高かった。ソマリアは，飢餓から最大 100 万人のソマリア人を救援するプログラムの成功にもかかわらず，43 人の米軍兵士の死によって失敗とみなされた。このように，固定概念（match-fixing）の理解によって，アクターの特徴や認識が，勝利及び敗北を分析し決定する過程に影響することがわかる。しかし，アクターの特徴だけに焦点を当てると批判されうる。簡単に言えば，紛争には 2 人の勝者がいる可能性がある。

第 4 に，勝利は，2 つの当時者の間で社会的に構成されると理解される（Honig, forthcoming）。ここでは，当事者が戦いながら，両者の決意や嗜好に関する情報だけでなく，彼らの規範についてもさらけ出すと強調する。要するに，軍事力が組織化され利用される方法は，アクターがいかに軍事力を理解し，正当な軍事行動であると考えるかを明らかにする。戦争を通して，当事者たちはおのおのの規範構造を知り，暴力によってこの規範構造を分かち合う。ひとたび規範構造が共有されると，勝利の定義が決まればより効果的だが，軍事力はその恩恵を受けるだろう。スポーツでは，当事者たちが何を「ゴール」と見なすかに同意すると，勝者を得るためにプレーすることになる。もちろん，問題はスポーツの比喩でも強調されるが，この規範の「一体化」には長い時間がかかることである。ひとつのチームがアイスホッケーを，相手チームがクリケットをプレーすると仮定すると，両チームが直面するジレンマが理解できる。つまり両者は自己がプレー中のゲームの性質とそのルールにのみ同意している。もちろん，戦争では，勝敗の差はスポーツよりもさらに重要で，共同規範構造の形成にさらなる複雑さを加える。このように勝利を理解することの利点のひとつは，ある戦争がほかの戦争よりも長期に渡る理由を理解するのに役立つ点である。さらに，戦争で勝利するためには，対戦相手を倒す方法だけでなく，ゲームをいかに自分に有利にプレイするか，という計画も含むべきであることがわかる。要するに，単に遺体袋を数えるのではなく，遺体袋を数えることが勝利と敗北を測り，決定する方法であると相手に思わせる必要がある。

勝利に関する異なる4つの概念を紹介してきたが，これらは概念的な変化の事例として捉えることもできる。たとえば，マーテルは，戦争のさまざまな状況や異なるレベルで，勝利が異なって理解されうると主張する（Martel 2007）。勝利は，政治色の強い概念である。「固定観念」の意味で勝利を考えると，紛争に関与している当事者は，勝者を宣言することに関心を持ち，そして戦争に何が含まれているかに関する国民の認識を形成する。概念的変化の要因は，戦闘の外側にあるのかもしれない。たとえば，冷戦，核バランスの出現，そして核ホロコーストの危険の中で，戦争における勝者を語ることは単純に意味がない（Baylis & Garnett 1991: 1; Hobbs 1979）。さらに，とくに過去20年間の世界の内戦介入では，西洋諸国とその組織が主に平和構築のため支援してきた。そのため勝利は，平和となった。ここで平和は暴力の欠如としてだけでなく，法の支配，公正な統治，正常な市場経済と理解される。しかし，勝利と敗北にどうアプローチするかに関係なく，政策的または実践的な目標にとって，また民主主義国家における説明責任の点からも，勝利が何を指すのかを正確に定めることは重要である。当然のことながら，このような正確性は，分析のためにも必要である。勝利はまた，政治的目的を形成する重要な要素であり，次節で，戦略の論理そして手段と目的をいかに一致させるかについてさらに詳しく説明する。

● 5　戦略の論理

政治と戦争の調和役として，戦略は3つの要素によって支えられている。第1に，戦略は政治目的と軍事目的の区別に依存する。軍事行動は，政治的目的への貢献の点から，理解され，説明される。目的と手段を区別することによって戦略的手段は作られる。第2に，アクターが無限の資源を持っているとすると，戦略は無意味なものになる。つまり，資源が希少なためアクターは，政治目的を達成するために，潜在的で効果的なさまざまな手段の中から選択しなければならない。戦略は限られた資源を慎重に運用することに依存する。第3に，戦略は，対立する意志を持つアクター間の相互作用的要素を捉えようとする動的な概念である。つまり，戦略は主にほかのアクターとの関係で評価されうる。賢明で成功しているかどうかは，簡単に言えば，対戦相手がいかに行動するかで決まる。以下でこれら戦略の3要素について，詳しく説明する。分析目的のために，このように議論を分けるが，3要素は互いに依存している。戦略は他

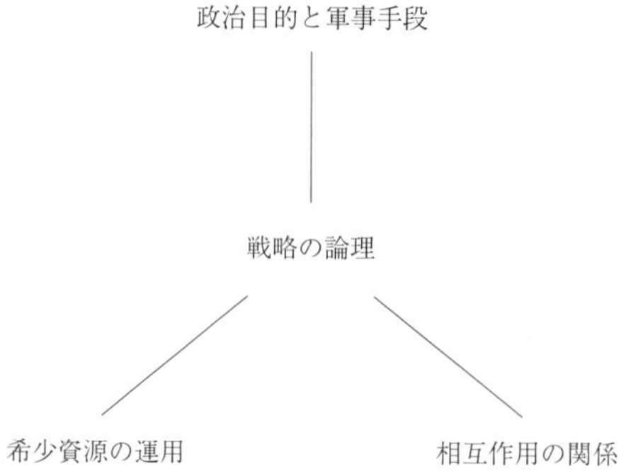

図3.1　戦略の論理

者に向けて実施されるため，アクターが独立した一関係だけに集中することはできない。アメリカでさえ資源獲得に向けて手を伸ばしており，その手段と方法を慎重に検討する必要がある。

戦略の目標は，特定の規範的かつ政治的な状況の中で，自分の利益に有利な方向で相手方に影響を与えることにある。この目標には相手の軍事能力を完全に破壊することから，軍事力使用の可能性といった脅威に対して相手を無防備にさせることまで，すべてを含む。過去10年間のイラクとアフガニスタンが示すところによれば，軍事力行使による死と破壊は必ずしも最適で最も効率的な方法ではない。したがって，本節では，より一般的で直接的なアプローチである暴力と強制と並行して，間接的なアプローチと抑止を説明する。軍事手段の最も効率的な使用は，ほとんどの場合，費用のかかる選択より好ましい。とすると戦略が，相手にとって抵抗を続けるよりも，条件を飲んで戦争を終わらせることが利益だ，と相手に理解させることができれば，それが理想的である。武力行使の目的は，我が好む方向で相手の嗜好の構造に影響を与えることである。この論法は，戦略と合理主義的仮定の間の密接な関係を明確にする。

軍事手段と政治目的

戦略の第1要素は，政治目的と軍事手段の区別である。目的と手段を区別することで，戦略的分析は，説明的，規範的な概念力を得ることができる。つまり，特定の行動を分析したり，欠陥，壮大で現実的でない政治目的，過小評価された手段を指摘できるようになる。手段と目的の区別は，資源が希少であるという条件のもとで行われる戦略の連関を明確にする。アクターが莫大な資源を所有する場合，資源の使用のため手段と方法を慎重に選択する必要はない。政治目的として，生存のように必要不可欠なものをあげたり，あるいは自由や主権のような政治的価値をあげる研究者もいる。他方，既存のアイデンティティを政治目的として考える研究者もいる。たとえば，リングマーによれば，三十年戦争におけるスウェーデンの参戦は，グスタフ2世アドルフの国家観や，当時の君主にかけられた期待を反映したものとして理解されるべきである。スウェーデンが指導的なプロテスタント国家を自任していたことだけが要因ではない。また，カトリック国家に侵略される恐怖や，バルト海沿岸のドイツの港で皇帝軍がうろつくようになったため貿易上の利益が損なわれるという脅威，こういったことでスウェーデンの参戦がよく説明されてきたが，そうではない（Ringmar 1996）。政治目的は，戦略の形成と特定の戦略の説明の中で，手段に焦点を当てた場合不明確になるように見えるときがある。多くの場合，戦争手段への強い関心は，研究者が観察できるものに関心を寄せてきた結果である。それでも，目的と手段を分けることは，戦争による目的と，戦争における目的を区別するクラウゼヴィッツ的主張を支持する価値がある。

戦略を分析枠組みとして適用することは，多くの理論，国際法，外交実践の中心である平和と戦争をはっきり区別することにあまり意味がなくなってきたことを意味する。要するに，戦略は，平時と戦時の両方で必要なのである。逆説的に見えるかもしれないが，たとえば抑止は平和（すなわち戦争を予防する）と戦争（戦争のさらなる拡大を防ぐ）の両方で機能する。したがって，戦略が存在することによって，軍事力は政策立案に影響を与える。実際には，平時の政治目的は戦時の政治目的と一致する。つまり，自己の利益にかなう方向へ相手に影響を及ぼすことであり，自己が望むように相手を誘導することである。さらに，暴力の脅威は，戦争と平和の境界を越え作用する。戦時であっても，暴力のさらなるエスカレーションの脅威は依然として存在する。シェリングの言葉によれば，相手が遵守するのは，「殺傷力」，つまり将来の死と破壊をもたらす危険である（Schelling 1966: 3）。

政治目的を達成するために軍事的手段はいかに使用されるべきか。軍事力はどのように作用するか。原則として，政治目的のために軍事力を使う方法はさまざまであるが，大きく3つに分けられる。第1に，抑止は戦略理論の中心である。抑止論の要点は，相手にとって予想される利益より高い対価が付くため，欲する行為を控えるという点である（たとえば，Schelling 1966; George & Smoke 1974; Jervis et al. 1985; Morgan 2003; Freedman 2004; Paul et al. 2009）。したがって抑止は，相手が追求するある行動方針を阻止することによって機能する。抑止の論理には，それを支えるいくつかの前提がある。最も基本的なことは，関連するアクターが潜在的な「殺傷力」を同じように認知する必要があることである。さもないと，抑止は失敗する。たとえば，特定の防空システムが抑止力として機能するように意図されているとする。しかし，相手がその存在を認識していないか，その重要性を認識していない，または防空システムが機能していないと誤って信じていると，抑止は意図する効果を発揮しない。以上から，抑止を通じて政治目的を追求することには，多くの潜在的なジレンマがあることを示唆される。欺瞞はかえって事態を悪化させうる。たとえば，戦場での不意打ちに有益であるため特定の兵器システムを秘密に保ち続けた場合，武器システムは信頼できる抑止力の構築には貢献せず，戦争を防止できなくなることもあるだろう。さらに，伝統的抑止理論では，アクターとは国家であると理解されてきた。国家は単一のアクターとされてきたが，最近では，非国家主体に対する抑止，とくにテロ組織に対する抑止に関心が高まっている（たとえば，Wenger & Wilner 2012）。この研究の発展は，非国家主体が組織的に行動し，国家の官僚機構に似ていることが現在知られているという事実から自然なことである（たとえば，Shapiro & Siegel 2012）。

第2に，強制（coercion）もまた戦略理論の中心である。強制は，費用便益分析に基づいて行動方針を評価し，計画するアクターがいてこそ行われる（たとえば，Schelling 1966; Byman & Waxman 2002; Stone 2011）。その意味で，軍事力またはその脅威の使用は，相手が自己の好む行動方針を選択するように説得するためのものである。ここでは，強制の中心的要素を特定することが必要である。それは，相手の選択に依存する。もし，選択する機会を奪うと，強制についてではなく，暴力についての話になる。強制とは，軍事力を使って相手の行動の費用と利益に関する算出を変更させ，自己の欲するものを相手に選択させることである。シェリングは次のように説明する（Schelling 1966: 34）。

> 軍事戦略は，ある国のある時代の中で軍事的勝利の科学として考えることができなくなった。同程度にそうなったわけではないが，強制，威嚇，抑止の術であると捉えられている。戦争の道具は欲望的というより懲罰的である。軍事戦略は，好むと好まざるとにかかわらず，暴力の外交となっている。

強制は，この文脈では中心的な存在である。なぜなら，自己の欲するものを選択しなければ，費用は莫大になると相手に確信させなければならないからである。ここで再び，必然的に原因として機能するのは，現在の死と破壊ではなく，むしろ将来の予想される死と破壊である。「余計なことを取り除いて言えば，いわば，ほぼあらゆる戦争が強制行為として行われる，軍事力の行使は，定めた政治目的が達成されたときにやめるという条件つきの意図と組み合わされている」(Stone 2011: 639)。したがって，強制では，いわゆる「エスカレーションの支配」が重要となる。相手よりもエスカレーションを高めることができれば，相手に将来のコストを負わせる機会が得られる。もちろん，ここでどの戦略を選択して追求するかという実際の困難に直面する。死と破壊によって，誰かを自分の意志に従うようにするにはいかにすべきか。どのような条件下でそれは成功するのか。そしてどのような条件下で死と破壊に代わって決死の反抗が生じるのか。さらには，敵の選好構造がわからないとき，それをいかに変えるか，という課題が生まれる。

第3に，暴力（brute force）は，政治目的達成のためのもうひとつの重要な方法である。暴力と強制の主な違いは，必ずしも適用される武力の行使または武力のレベルにあるのではない。むしろ，暴力は，破壊を通じて交渉状況を打破するか，無効とすることにかかっている。したがって，1981年にイスラエルは，イラクに核計画を諦めさせるために，核施設以外のものを狙って武力をちらつかせて強制したのではない。核施設の原子炉「オシラク」（オシリス級原子炉）自体に対して空軍力による奇襲を実施した。このようにして，イラクから選択肢を奪ったのである。同様に，相手の軍隊を破壊し無防備にして，それから降服条件を提示するというクラウゼヴィッツの考え方は，基本的に暴力の行使であり，相手の選択する能力を奪うことである。

政治目的を見失い，軍事技術の行使としての戦争を理解するという誘惑に屈してはならない。このことを戦争において明確にするのが，まさに目的と手段の区別である（Stone 2011）。死と破壊は，おそらく戦争行為の不可欠な部分であり続けるだろうが，戦略的分析を通じて，われわれは暴力に意義を見出すことができる。手段と目的を区別することで見える，目的を達成するための手段としての力は，戦争の倫理的側面も強調する。政治目的と軍事手段の区別は，戦争を始めるための正当なまたは正しい理由と，正しい方法で戦争を行う必要性との区別を反映している。

資源の希少性

戦略の第2の要素は，資源が希少である中で戦略が形成され，追求されることである（たとえば，Gow 2003; Brodie 1949; Betts 1997）。上述したように，手段と目的を区別する必要性は，すべてのアクターが資源を慎重に管理しなければならないという事実に由来する。節度と自制は戦略の重要な部分であるが，敵に反抗を許して戦争の政治目的を危険にさらさないために，自制が戦略において避けられない第2の理由がある。つまり，それが資源の希少性である。実際，ジェームス・ガウは，自制は必ずしも意思決定者の慎重さの結果ではないことを主張する（Gow 2003）。むしろ，アクターが限られた資源しか持っていないことによる判断の結果である。他者の意図，将来の発展，希少な資源などについて不確実性に直面したとき，ひとつの作戦戦域にすべての戦力を投入することは戦略的に賢明ではない。そのように一度戦力を投入すると，ほかの領域で突如出現する脅威に対応することは困難である。

戦略の要素として，資源の希少性には，絶対的次元と相対的次元がある。資源が不足しているということは，得られる軍事能力は一定程度しかないということになる。しかし潜在的な軍事能力をすべて得ることができなくとも，相手国の軍事力が弱い場合，相対的に自国の軍事能力は大きいといえる。冷戦終結に伴う国防費の一般的な削減（King 2011）にくわえて，世界経済を巻き込んだ2008年の金融危機からのその後5年間には資源の不足がさらに深刻化した。緊縮財政の時は，よく知られているように，国際的な介入の数や種類は抑えられるようである。比較的少ない資源ですむ訓練任務，士官教育，空軍，特殊部隊，連絡士官は，力の外交の新しい方法であるように思われる（たとえば，Engelbrekt et al. 2013）。緊縮財政もまた，エスカレーションの支配に関する問題を引き起こした。イラクとアフガニスタンでの10年以上の戦争の後，西洋諸国の軍隊は，必要最低限なレベルまで削減され，軍隊の規模を維持するために闘っている。資源の不足から戦略家が直面するジレンマは，戦争で成功するために必要な能力を事前に決定することはできないということである。予測不可能な出来事が発生し，予測不可能な行動の結果が生じることは，戦争において全く普通のことである。

いかに国家はこの資源の希少性に対処すればよいか。第1に，連合《コアリッション》と同盟の形成が，この問題の鍵となる解決策であろう。フリードマンは，戦略の中心的要素のひとつとして同盟の構築を唱える（Freedman 2013）。ここでは，限られた資源の問題に対する解決策として同盟を扱う。戦略家が扱う資源の不足には，物質的なもの，つまり弾薬，戦車そして兵士だけでなく，無形なもの，つまり軍事行動の機動の正当性や政治的自由なども含まれる。連合と同盟は，適切に組まれ，これらの資源不足の解決に貢献する。限られた物質的資源問題を解決するために，同盟は古くからの解決策であり，過去200年にわたるヨーロッパの歴史における同盟関係の変化の図式がそれを証明している。しかし，同盟を通じた物質的資源の獲得は，必ずしも完璧な解決策ではない。同盟に関与している国家の安全保障と軍事力に「ただ乗り」をして他国に対し責任転嫁をしてきた事例が多くある。NATO内であっても，冷戦時代にソビエト連邦から深刻な脅威があったなか，国防費負担の分担方法について，加盟国間で絶えず交渉が行われていた（たとえば，Snyder 1984, 2007）。絶対的な力のレベルにかかわらずすべてのアクターは，希少な資源の問題を共有している。現在のアメリカの連合構築や同盟の政策を見れば，それは明らかである。冷戦終結後，NATOは解体されず，東欧からの加盟国でむしろ拡大した。さらに，NATOは地中海，中東，中央アジア，東アジアの旧ソ連の41カ国と，協力を定める条約を締結した（Edstrom et al. 2011）。

同盟を組み，連合を構築することは，特定の地域で行動する正統性を得る上でも中心的な役割を果たしている。軍事行動は政治的支援を必要とするため，連合を構築することは作戦を成功させるうえで重要である（Kreps 2011）。この意味で，同盟は戦略において不可欠である。連合，協力，同盟によって可能な行動が増えるだけでなく，戦略の成功をもたらしうる。たとえば，フランスの冷戦時代の戦略家アンドレ・ボーフレは，同盟は「外部行動（external manuever)」として理解できると主張する。ボーフレ（Beauflre 1963: 102-4）は，行動の自由を競うことが戦略であると理解していた。また，核兵器のエスカレーション脅威から大国は軍事力の使用を憂慮するため，核兵器が行動の自由を縮小したと主張する。行動の自由を得るためには，たとえば連合を形成して特定の行動への政治的支援を得る。こうして外部行動が作られる。ボーフレによると，「国内行動（internal maneuver)」は，作戦戦域で政治目的を達成するための軍事力のより直接的な使用に関連する。これはまた，将来の敵となりうる相手との継続的な相互作用において，軍事行動のための環境と作戦計画を作りながら，外部行動と国内行動で同時に敵の行動の自由を制限しなければならないことを意味する。

第2に，既存の資源をより有効活用することで，希少な資源を温存できる。このため長年多くの西洋諸国の軍隊は，過去何世紀にも渡って，より精巧な計画手順と指揮統制を開発してきた。したがって，軍隊はより多くの参謀を養成し，フランス革命戦争もまた，計画立案に特化した士官の新職種である参謀を生むことになった。同時に，内閣と政府も発展し，より効率的に戦争取組みを調整する必要性が高まった。そして，政軍関係統治のより複雑なシステムを作り出した。これらの手続き自体が，まさに革命的であった。18世紀半ばまで，仲間の将軍たちと共に，国王自身が戦争を計画し，戦争を実行した。その200

年後には，何千人もの人々が計画と意思決定過程に携わるようになった。戦争は官僚主義的になった（たとえば，van Creveld 1985; Cohen 2002; Imlay & Toft 2006)。より精巧で詳細な計画が，資源の希少性の問題を克服できるという主張である。そこには，資源を最適化することによって，軍事能力の不足を緩和することができるという前提があった。しかしながら，戦争の官僚主義が資源のより良い利用につながることを示す実証研究は少なく，官僚制のコストが以前の「緩い」管理体制よりも高いかもしれない。

第3に，資源の希少性の問題は，費用のかかる対決を避けることにより，対処することができる。長年に渡り，狡猾さ（*mētis*）は，暴力（*biē*）よりも戦略としてはるかに優れていると強調する理論がある（Freedman 2013: 22-53)。戦争にコストを抑えて勝利するため巧みに敵を欺くことと，圧倒的な力で勝利を公然と達成することを分ける二分法は，資源不足の問題を管理する2つの異なる方法である。もし大規模な軍事力で戦争を遂行すれば，資源の使用が制限され，戦略的な行為の自由度も制限される。一方，賢明で欺瞞的に戦争を遂行すると，まだほかの用途で残りの資源を使うことができ，行動の自由を維持することができる。後者は，もちろん，軍事力を維持する方法であるだけでなく，実力ではかなわない相手に弱者が戦いうる方法をも示している。オデュッセウスは，ギリシャ軍を説得して壁に囲まれたトロイの外で，戦場を放棄するふりをして，木製の馬の中に小部隊を忍び込ませトロイア人をだまして滅亡させた。ノルウェーのバイキング酋長ハスティンは死んだふりをして，キリスト教の葬儀を望んでいると装っていたため，中世の都市ルナ（現代イタリア）に入り，そこからすばやく生き返って，市民を虐殺した。これらは，狡猾さ（*mētis*）と言われている。古代中国でも，孫子は同様のことを述べた。「百回戦って，百回勝利を収めたとしても，それは最善の策とは言えない。実際に戦わずして，敵を屈服させるのが最善の策である」と孫子は狡猾さ（*mētis*）を好んだ（Sun Tzu 1994: 177)。現代の戦略思想では，「狡猾さ」と「むき出しの力」を分ける。たとえば，リデルハートは，直接的方法と間接的方法に区別した（Liddell Hart 1991)。直接的方法は，自己の力を最強の防衛に直接集中させる。間接的方法は，敵の最も強い位置を避け，より弱い要素に打撃を与える。しかし，間接戦略は勝利を保証するものではない。アラブ湾岸諸国とアメリカとの同盟を解消するために，1991年にイスラエルを湾岸戦争に引き入れようとしたサダム・フセインの試みを考えてみよう。これは，間接戦略の明確な例である。イラクのフセイン政権は，同盟がアメリカとイギリスの前方拠点の保持を可能にしたと認識した。砂漠の盾作戦の前方拠点は後の攻撃の前提条件であった。フセインは，クウェート侵攻後の反撃をとめるために，米軍と有志連合軍を攻撃するのではなく，アラブ湾岸諸国とアメリカの同盟を消滅させる必要があった。最も簡単な方法は，イスラエルが戦争に加わるように誘惑することであった。しかし，イスラエルがイラクのスカッドミサイルの脅威から自国を守るために，パトリオット・ミサイルシステムをアメリカより取得したことにより，その計画は阻止されてしまった。さらに，狡猾さと力の選択は，必ずしも合理的な選択ではなく，規範的背景によって選ばれることもある。たとえば，先のホメロスのオデュッセウスに関する物語である。オデュッセウスが古代ローマにわたり，ウェルギリウスのアエネーイスになった時，それは，予言と知性の恩恵ではなく，裏切りと詐欺のメッセージとなった。狡猾さ（*mētis*）は名誉なものではなかった（Freedman 2013: 42）。同様に，中世の騎士道から現代の戦争法等の規範を考えたり，たとえば，西洋諸国のエアパワーに直面したときの人間の盾の使用を考えると，これらはしばしば非正当で不正行為と解釈される。

戦略の力学

戦略の第3の要素は，相互作用の性質である。手段と目的を考慮して何かを決定するときはつねに，その相手が成功のためにどのように行動するかに依存する。したがって，戦略を「正しい」ものにすることは，部分的には手の届かないものである。戦略の力学的性質は，戦略理論の長年の課題である。たとえば，クラウゼヴィッツがこの点を強調するのは，戦争は2つの勢力間の闘争であるという時である（Clausewitz 1993）。つまり，相手に対して押し付ける条件と同程度の条件が押し付けられるという相互作用を作り出す。ボーフレもまた，戦略は対立する意志間に抽象的な相互作用を伴うと指摘した。戦略における成功の鍵は，弁証法的格闘の問題の克服にある（Beaufre 1963）。シェリングも，戦略は相互依存的な意思決定に関するものであると指摘した（Schelling 1966）。ジョン・ストーンが簡潔に述べているように，何が最適な行動かは，敵の反応がどのようなものになるかに依存する（Stone 2011: 5）。そして，敵の反応は，私たちがそれにどう反応するかという敵の予想によって条件づけられる。

戦略理論の思考のひとつとして，複数のアクターが同じ資源をめぐって競争する戦略の相互依存性をよりよく分析するため，いわゆるゲーム理論が発展した。経済行動から，軍備競争，生態学的災害，紛争まですべてを説明するために使用される社会的ジレンマが多数ある（たとえば，Kollock 1998; Oye 1985; Ostrom 1990; Posen 2003）。より一般的なゲーム理論のひとつとして共有地の悲劇があり，当事者の戦略がいかに相互依存しているかを示すために使用される。アリストテレスに由来する別バージョンもあるが，このゲームは具体的には次のようなものである。4人の農夫が村の中心にある共有地のまわりに住んでいるとしよう。各農夫は，生計のために毎日市場で売る牛乳とバターを生産するために，2頭の牛を飼育している。問題は，農夫のうちのひとりが資金を節約してさらに2頭の牛を購入した時に発生する。牛が増えることにより，当然共有地の牧草を維持することができなくなる。牛は，飼料となる牧草の不足によって徐々に弱り，牛乳の生産も止まってしまう。ここに，農夫のジレンマが発生する。農夫は，何をすべきであろうか。各農夫の合理的戦略は，残りの少量の草を最大限に食べられるよう早朝に牛を共有地に放すことである。問題は，すべての農夫がほかに先んじようとすると，共有地の牧草が成長するのに十分な時間はなくなり，徐々に緑の共有地が茶色の枯れた土地に変わるということである。したがって，すべての農夫が合理的に個別に行動すると，非合理的な集合的結果に終わる。

このゲーム理論によって，戦略の相互依存性に関する重要な側面をいくつか特定することができる。第1に，戦略家は，他者が何をするのかを予測しようとすることは明らかである。シェリングはこれを，「自己の行動に対する他者の予想に影響を与える戦略的行動」と表現した（Schelling 1960）。農夫は状況を熟考し，他者の立場に立って考え，他者が成功すれば，その他の者は安全に生活できないとして，先制するのが好ましいと個人的に決めてしまう。第2に，このゲーム理論は，すべての農夫が，ある資源をめぐって競争して勝つか負けるかのゼロサムゲームと解釈される。シェリングの言葉では，「純粋な競争」と言われている（Schelling 1960）。これは，相互依存する意思決定の論理を簡素化し，より明確にするための解釈である。実際には，戦略は，複数の利害関係が関与する状況で最も頻繁に追求される。したがって，実生活では，農夫は牛を売り，共有地が必須の資源ではない別の仕事をする機会がある。第3に，このゲーム理論はまた，純粋な競争だけを強調するのではなく，敵対者との間で共通の利益も共有されると強調する。したがって，たとえ各農夫が彼らの牛がふくよかでさらに健康を欲しているとしても，農夫たちは共通の利益を有している。つまり，共通の利益は共有の牧草地が存続することである。こう考えると，どの農夫も実際に先制によって利益を得られないことは明白である。利害関係は深く，お互いの飢餓と餓死がかかっている。交渉して今後の予定を立てることが，はるかにありうることである。以上から，コミュニケーションにより，将来の不安を和らげることは明らかである。しかしこのようなコミュニケーションは，約束を信用できるかという問題を克服しなければならない（たとえば，Fearon 1995）。もし農夫たちが今後の予定について合意したとしても，合意を破ったら罰を与える制度がなければ，農夫たちが被害を受ける可能性は依然としてあるだろう。しかし，もし彼らが今後の予定について合意し，さらに合意を破ったら罰を与えるという制度を作ったならば，合意を破るコストは上がり，将来も協調するだろうという予測が共有されるだろう。核兵器が世界を脅かし，指導者に先見性なく行動させるような，先制攻撃のインセンティブがあったのが冷戦時代である。その冷戦時代，ゲーム理論が重要な分析ツールとなった理由は容易に理解できる。最後に，戦略的相互作用をひとつのゲームとして理解すると，実際の状況では繰り返しのゲームが存在するというさらなる問題が生起する（たとえば，Williams 1991；Axelrod 1984）。アクターが互いに対処しあう方法を学ぶ機会があり，過去の相互作用の歴史が将来の予想される行動の情報に加わる。

ゲーム理論は合理的な選択を強調するが，シェリングは，非合理的な行動は競争の場面では合理的でありうると指摘した（Schelling 1960）。これは重要だが危険な理解である。要するに，行動が予測不能だと思われれば，交渉状況を有利に変えられるということである。状況が制御不能になるおそれがあるが，「瀬戸際戦略」が有効に働くような危機的な状況もありうる（Lebow 1981；Boin et al. 2006）。もちろん問題は，予測不能性が緊張を高め，さらなるエスカレーションと無謀な決定を招く可能性があるということである。まさに戦略的な意思決定者が直面する問題とは，抵抗の限界点といった相手の将来の行動を予測しようとしても，確実性のある予測は不可能であるという現実である。再度スポーツに例えてみよう。勝つために1対0の点差で十分なのか，それとも9対0で勝たないといけないのか，試合後にならないとわからない。

このことは，多くのアナリスト達が考える戦略を性格づける逆説的論理を導く。ルトワックは「すべての戦略の領域は，それ自身の逆説的論理により浸透され，その他すべての領域の通常の直線的な論理と反対の立場をとる」とする（Luttwak 1987: 4）。ルトワックは，敵の作戦目標に到達する岐路について指摘する。それは，このようなものである。将軍は，攻撃目標に到達するには2つの経路があることを知っている。第1は，広く開かれ，真っすぐでなめらかな経路である。第2は，狭く，曲がり，でこぼこで，待ち伏せが容易な経路である。ルトワックは，戦略的関係においてのみ適切な経路が適切か説いている。普通であれば，明らかに第1の経路を選択するが，それにはすべての条件が平等である必要がある。しかしながら，戦略においては第2の経路が適確な選択となる。悪路は，劣悪な状況であるため，敵は我が通過することを想定しておらず警備が手薄である可能性があり正しい選択肢となる。良路のほうが敵の警備がより厳しいことを意味する。これに加え，ジレンマも，もちろん存在する。すなわち，敵も我が悪路を通ることが良い選択であると考えることである。いずれにせよ，我はどちらに進むべきであろうか。

ルトワックによると，逆説的論理を一時的に中断する唯一の方法は，奇襲である。奇襲は，機密性と欺瞞を必要とするため，戦争では多くの場合，有用な手段であるだけでなく，相手を凌駕し，利益を得るために根本的に重要な手段である。しかし，逆説的な論理を一時的に中断するには，危険も伴う。作戦計画の機密性を高く維持しようとすると，部下が戦略計画の全容を知らない場合が生起する。そうなると指揮官は，隷下部隊から適切な情報を受け取ることができなくなる。結果として指揮官は，主要な作戦の調整に対する最適な解決策を導くことができない危険にさらされる可能性がある。当然，うそをついてまで計画の秘密を保持しようとすると，敵が秘密を検知する危険性がある。さらに，たとえば一方向に攻撃するという欺瞞は，当然軍事アセットを使用し，それは主な作戦に割当てられることが可能であった軍事資源であるかもしれない。予期できない，形にとらわれない解決策は最終的に問題になりうる。それは，軍隊がそのために訓練されていないからである。実際，戦線の途中で大胆な新しい戦術を試みると，簡単に惨事にいたる可能性がある。クラウゼヴィッツは，「戦争においては，すべてが大変に単純であるが，もっとも単純なことが困難なのである」と述べている（Clausewitz 1993: 138）。奇襲で目指すのは，「新しい」ことではなく，予期せぬことである。ここでもまた，戦略の相互作用的要素が理解できる。事実上，特定の行為が「予期できない」かどうかを判断するのは，相手である。

狡猾さ（*mētis*）と暴力（*biē*）は，依然としてこの議論において妥当である。自らに有利になるように相手の意思に影響を与えることが目標だと考えれば，欺瞞は戦略において長年にわたる課題であった。孫子は，すべての戦争は，つまるところ権謀術数と欺瞞になると主張した（Sun Tzu 1994: 168）。「戦争は欺瞞道」である。この考え方は，国家間の通常戦争とは別の状況でより関連する。

毛沢東は，よく引用される成功したゲリラ戦の分析において，奇襲と欺瞞を強調した（Mao 1961: 46）。

> ゲリラ戦では，東から来るふりをして西から攻撃する戦術の選択をする。すなわち歯が立たないものを避け，弱いところへの攻撃を行う。攻撃して退散。稲妻のような一撃をくらわせ，電光石火の決定を目指す。強力な敵とのゲリラ戦では，「敵が進めば我は引き，敵が留まれば我は悩ませ，敵が疲れれば我は襲い，敵が退けば我は追う」。ゲリラ戦略では，敵の後方，側面，及びそのほかの脆弱な場所が重要なポイントであり，そこを苦しめ，攻撃し，分散させ，疲れさせ，絶滅させる。

対立する意志の戦いとして戦争を理解すると，戦略は，動的で相互依存的な現象として特徴づけられる。紛争においてある一側面の行動は別の側面の活動に影響を及ぼし，逆も同様である。したがって，戦略は，無生物を対象にしているのではなく，知的な主体に向けられており，相手を打ち負かそうとするものである。戦略の力学的性質は，ほかの多くの人間の取り組みとは異なる。橋の建設を計画している技術者は，計画を破壊しようとする建築材料について心配する必要はない。サンドバッグを相手に練習しているボクサーは，サンドバッグが反撃してくる心配をする必要はない。しかし，別のボクサーに直面すると，試合開始前に検討すべき変数の数が劇的に増加する。ひるがえってサンドバッグを打つ計画は，想像力や入念な計画手順をそれほど必要としない。この行為は一方的で，計算は簡単なのである。

●6　おわりに

本章の目的は，軍事戦略の要素を概説することであった。戦略がいかに定義され，戦略とはどんなものであり，戦略はいかなる背景で働き，いかなる論理が軍事思想に基づいているのかについて議論してきた。戦略は，軍事手段と政治目的の間を結び付け，またその一貫性を確立しようとする合理的過程として説明された。戦略は，戦争に政治的関連性を与え，戦争の根拠を示すものである。本章では，戦略と戦略思想を３つの要素に分類して特徴づけた。つまり，目的と手段の系統的分析，限られた資源の管理，そして戦略の力学的性質から生起した逆説的な論理である。

戦略の内容は時間と場所によって異なるが，その本質である相互作用的要素は，戦略に特定の論理を提供する。戦略とは，平時であっても，戦時であっても，複数の相手に対して形成され追求されるため，アクターの資源は限られる。資源が限られているため，戦略は厳しい選択をめぐるものになる。本章では，時代の経過とともに戦略の意味がいかに変化したかについても説明した。戦略とは，次章で検討する作戦術（オペレーショナル・アート）と，政治目的を達成するために利用される国家の複合的手段である大戦略の間で，その内容に幅がある。さらに，戦略は，地理的，政治的，経済的，イデオロギー的，規範的，及び技術的背景の中で形成される。

戦略は，先に計画を立て，ありうる将来を認知的に切り分ける能力として理解できるし，またそのような能力に依存している。そのため戦略は時に，暴力としてだけでなく，欺瞞，強制，狡猾さとしても理解される。戦略家も理論家も，戦略の実践においてその多面的な性質を念頭におく必要がある。

Q 論点

1．戦争を合理的な現象として解釈することは，戦略的思考の前提条件なのか。
2．時代の経過とともに戦略の概念は，いかに変化し，そして進化したか。それぞれの違いをどのように理解すべきか。
3．戦略的背景は，現代国家の戦略の形成にいかに影響するか。
4．現代の戦略において，名誉，狡猾さ，そして力はいかに関係しているか。これらの概念の関連性の理解に，どのような違いはあるか。
5．小国の国家戦略は，理論と実践において大国の戦略と異なるか。
6．戦略は，不確実性やあいまいさを乗り切るための術《アート》なのか。または，精度と厳格さを分析する科学《サイエンス》なのか。

第4章

作 戦 術

●1 はじめに

1973年の春，最後のアメリカ兵がヴェトナムから正式に撤退した。この撤退により，米軍の20年近くにわたったヴェトナムへの関与に終止符が打たれた。ヴェトナム戦争の期間を通して米軍は，どの主要な戦闘においても負けたことはなかった。米軍は，長期間にわたって獲得していた航空優勢と制海の双方により，北ヴェトナムのインフラと経済を大いに弱体化させた。そして，米軍は北ヴェトナムにはるかに多くの犠牲を強いるとともに，自軍の撃墜された数よりもはるかに多くの北ヴェトナム軍の戦闘機を撃墜した。それにもかかわらず，アメリカは戦争に敗北したとされている。どうしてこうなったのだろうか。どうしてすべての最前線及びすべての領域における戦術的勝利の積み重ねを，アメリカ政府及び同盟国の戦略的かつ政治的な利得に変換できなかったのだろうか。

ヴェトナム戦争が終わり，その後約10年間にわたって，アメリカと世界中の戦略家は，このパラドックスを考え抜いた。徐々に戦略家たちの多くは，似たような結論に至った。第1に，戦争における戦術的勝利は，自動的に戦略的勝利に帰着するものではない。したがって，適切な戦術的勝利を獲得することがきわめて重要であって，唯一，戦略的勝利に帰着する戦闘に勝利するために戦うことにより，戦略的効果をあげることが可能となる。第2に，戦略レベルと戦術レベルの間に新たな戦争のレベルを確立する必要があると信じられた。いわゆる，作戦レベルである。このレベルにおいて，軍の司令部は，選ばれた戦略を実現することに努力を傾注することが要求されることになった。この文脈で作戦レベルをつかさる概念である「作 戦 術《オペレーショナル・アート》」は，戦略上の目的と戦術上の手段を最適に調整する術《アート》として理解されるようになった。とはいえ，作戦術は現代になってから生じたものではなく，作戦術の考え方は意識的，無意識的を問わず，何らかの形態をとりながら歴史的に存在してきたと考えられる。本章の目的は，作戦術に関する原則やアイデアを描き出すことである。さらに，これら諸論の説明的価値と規範的価値について議論することである。作戦術とは何であり，それは何をするものなのか。作戦術を理解するための主要な概念とは何であるのか。どのような要因が軍事行動と海上作戦にとっての必要条件となるのか。

このため本章の議論は，ほぼ概念的なレベルに終始することになる。本章は，すべての作戦，つまり，統合作戦もしくは，航空作戦，陸上作戦，海上作戦，水中における作戦のような単一軍種による作戦に共通する概念と事象を取り扱っている。本章に続く第5章から第9章までは，さまざまな理論に基づいた多様な内容の作戦術の概念が記されることになる。したがって，本章では，作戦術の定義，重心，指揮と命令，インテリジェンスを扱うことにする。第5章から第9章では，たとえば，戦いの原則，諸兵科連合，機動戦，消耗戦，封鎖，斬首作戦などの理論を扱うことになる。

● 2 作戦術——歴史的発展及び定義

歴史的経緯として作戦術は，主に18世紀後半のフランス革命期間における戦争の形態の変化と19世紀初頭の技術開発の結果として萌芽したといってよい。1790年代のフランスに見られる徴兵制を土台とした大規模な国民軍の登場は，戦争の遂行に重大な影響を与えた。19世紀中葉に起こった鉄道の敷設，電信，兵器の大量生産もまた，戦争の遂行に影響を与える要因となった。これらの情勢の変化により，戦闘における指揮も，従来と異なるアプローチが求められることになった。なぜなら，国民軍が登場した後の新たな戦争は，膨大な兵士を動員させるため規模が拡大し，指揮官個人の裁量によって部隊を率いることを事実上不可能とした。現在，軍隊の部隊の構成は，18世紀後半と比較して，より小さな単位である師団，軍団，方面軍に分割され，配置されている。このことは，今までにない組織的意思決定，関連する幕僚，計画作成手順及び指揮命令系統をともなった新たな指揮の形態を必要とした（English 1996; Vego 2009; Olsen & van Creveld 2011; Naveh 1997; Newell 1991）。

産業革命による資本，武器，弾薬及び火薬類の大量生産は，19世紀中葉に加速された。軍隊の拡張は，軍需品と糧食を製造し貯蔵する拠点からの補給線をより必要とした。鉄道や自動車といった新たな輸送形態の導入は，軍事に革命をもたらした。電信の導入，新しいコミュニケーションの効果的な使い方と情報共有は，軍事インテリジェンスの行動態様に影響を与えた（van Creveld 1977: 231-7; Herman 1996: 16-17）。これらの変化は，戦略レベルと戦術レベルの隔たりを大きくし過ぎたため，両者の間に位置する作戦レベルの必要性を急速に作り出した。19世紀後半以降の戦争では，たった1回の決戦で決着するのは稀になった。その代わりに，連続した戦闘による長期的な戦役《キャンペーン》が，しばしば敵を打ち負かすために必要とされた。このような戦役は，持久力，ロジスティクス，計画及び戦略目的に適合するための戦術行動を調整する能力を軍隊に求めることになった。

しかしながら，1945年の核兵器の導入以降，大規模な軍隊を指揮する最適な方法は，軍事組織と軍事思想家たちの関心の的からはずれていった。なぜなら，作戦術を必要とする部隊や大規模に集中した軍需品は，核攻撃時の中心的な目標となったからである。このため，作戦術の考え方は，時代遅れなものと思われた。しかし，1960年代から70年代にかけて，米ソ両陣営の間で大規模な核戦争に代わる代替案についての真剣な議論が始まり，米ソの作戦レベルにおける思想は，発展することになった。

1970年代，アメリカの作戦思想に影響を与える3つの要因が生起した。第1に，ヴェトナム戦争中のアメリカの作戦で，戦術的勝利が自動的に戦略的効果につながらなかったこと。第2に，兵器の技術的発展は，将来の通常型戦争に大きな衝撃を与えることが期待されたこと。とくに，1973年の第四次中東戦争の機動と火力を駆使したイスラエル軍勝利の教訓は，兵器と戦術の関係を考える上で決定的な事例となった。第3に，1970年代半ばに登場した新たな米軍のドクトリンは，未成熟であり実戦に使うにはあまりにも多くの不備を有していたこと（Menning 1997: 42-3）。これらの検討の結果，米軍は，将来の戦争が通常型及び核戦争の双方で起こりうるとの結論に至った。これが，通常型の軍事作戦に関する新たな思考を生み出す必要性を促した。これは，国際舞台における核兵器の登場が作戦術の消滅と復活の双方に作用したことを意味した。

1976年7月におけるアメリカ陸軍ドクトリンFM 100-5オペレーションズの発表は，アメリカにとって重要な第一歩であった。この文書の発表は，古典的な軍事思想とドクトリンの発展に対する関心を一新させた。FM 100-5オペレーションズを抜本的に見直した1982年夏の改訂版は，エアランド・バトル構想を導入したドクトリンに変貌した。この革新的なドクトリンは，とりわけ，「拡張された戦場」という考えを導入した。この考えの重点は，主導の確保，高速機動力，小規模で自己完結型の戦闘単位による重心攻撃，戦域全般における協調的な航空及び陸上作戦の重要性に置かれた（第6章を参照）。エアランド・バトル・ドクトリンは，多くの概念を導入した。このドクトリンは，現代の機動戦につながるとともに（第7章を参照），アメリカにおける新たな作戦術の確立に向けた第一歩となった（Starry 1981; Echevarria 2011b: 154–6; Swain 1996: 157–61; Leohard 1991; Lock-Pullan 2006）。

1980年代，アメリカ陸軍によって提示された作戦術そのものと作戦術に関連する概念の定義は，数回にわたって改訂されNATOドクトリンにも影響を与えた。この作戦術の定義は重要であり，ここで全文を引用する。

> 作戦術とは，戦いのデザイン，編成，統合，戦域戦略の実施，戦役，主作戦，戦闘を通して，戦略上及び，または作戦上の目的を戦域内で達成するために軍隊を巧みに使う術《アート》である。作戦術は，戦域の戦略とデザインを作戦のデザインに変換する。作戦のデザインは，戦術戦闘と交戦を戦域の戦略とデザインに連結し，統合する。これにより，戦術戦闘と交戦での勝利は，戦略目的を達成するという作戦の成果となる。戦略レベルや作戦レベルといった指揮が行われる段階のみが単独で作戦術に関連しているのではない。最も簡単な表現をすると作戦術は，いつ，どこで何のために主戦力が戦うのかを決定する。作戦術は，戦力の展開，戦闘への参加ないし戦闘からの撤退，連戦の順序付け及び主目的を達成するための主要な作戦を決定する。作戦術は，司令官たちが戦役計画を通して戦略目的を達成するために，兵士，資材，時間を有効に使うことを確実にしようと努める。
>
> （*FM 100–5 Operations*, 6–2, 1993）

この定義により，作戦術の目的は，戦略目的を達成するために効率的な方法で軍事力を用いるということが明確となった。しばしば耳にするこの抽象的な目的は，作戦術を駆使するアクターによって，具体的な作戦活動と戦術レベルでのより具体的な行動に結びつく計画に変換される。それによって，作戦術に戦略的意義が与えられる。戦術行動とは，敵と戦闘すること，または，戦闘を回避することであり，作戦成果を達成するための手段である。作戦術は，戦略目的に対し最適に貢献するため，どこで，いつ，いかなる戦闘が実施されるべきかを決定しなければならない。したがって，作戦術は，兵力の配置，使用及び個々の戦闘ないし戦闘の回避をより高次の作戦目的に適合するようコントロールする。作戦術は，指揮官に，活用できる資源である部隊，装備，及び時間を決められた戦略目的に対して可能な限り最善の方法で運用することも求める概念である。

通常戦争のための軍事作戦と作戦術に関する新たな発展は，1960年代から1970年代にかけてソ連側でも生起した。この新たな発展が生じた主な理由として，当時将来の紛争においてNATOは核兵器使用に手間取るであろうことを前提としていたことがある。したがって，通常戦争型の軍事作戦と作戦術は，核兵器を使用可能とする政治決断がなされる前に地上における戦争に迅速に勝利するために重要な意味を持った。この期間中，ソ連は，西側における先進的なエレクトロニクスとコンピュータに基づいた最新の装備技術の発展を意識していた。最新装備技術の発展は，超大国間における将来の戦争結果にとってカギとなる要素であると考えられた（第6章のRMAに関する議論を参照）。同様にこれらの要素は，通常戦争型の作戦構想と作戦術にとってのルネサンスを導くことになった（Glants 1996: 134-9; Kipp 2011: 88-9）。

ソ連の作戦術は，比較的長い歴史を持つ。1920年代に現れた作戦術に関する最初の思想は，「縦深戦闘（deep battle）」に関するさまざまな概念を有していた。これは後にウラジミール・K. トリアンダフィーロフ（Vladimir K. Triandafillov, 1894-1931）とミハイル・N. トハチェフスキー（Mikhail N. Tukhachevsky, 1893-1937）によって「縦深作戦（deep operations）」として発展した。とはいえ，近代的な作戦術の発明者は，アレクサンダー・A. スヴェーチン（Alexander A. Svechin, 1868-1938）であった。1927年，スヴェーチンは，その著書『戦略（*Strategija*）』において，作戦術を戦術と戦略をつなぐ「橋」に例えた。ここでの橋とは，上級指揮官が所与の戦域において戦術的成功を戦略的成功に変換する手段を指す。具体的には，「戦場における付与された役割のなかで，共通の目的達成に向けて，機動と会戦の総体を戦役中の決勝点に位置づけることである」（Kipp 1992: 38）。このような考え方は，アメリカ側の作戦術の定義に影響を及ぼした（Triandafillov 1994; Stoecker 1998; Glantz 1991; Harrison 2001; Kokoshin 1998を参照）。

ソビエトのS. N. コズロフ陸軍少将の著書『士官のためのハンドブック（*The Officer's Handbook*）』（1977年）では，作戦術を次のように定義した。「総合的な戦略デザインと諸計画に応じた陸海空三軍の作戦形態を含む作戦の準備と遂行の基本に関わる戦争の術（兵術）の一部分である」（Kozlov 1977: 58）。これを踏まえると，作戦術は，戦略目的全体を達成するための統合作戦の実行と準備も包含すると考えられる。このように，作戦術は，現代における統合作戦の思想と関連しているのである。作戦術の異なった定義は，ソビエトの将軍であり元国防相のアンドレイ・グレコによっても提示されている。グレコは，以下のように戦略，作戦術，及び戦術の違いを述べている。

> 戦略は，戦争における軍隊の使用と準備に対処する問題を含んでいる。一方，作戦術は，作戦編成及び個別の戦域における，陸海空各軍による個々の作戦，戦闘活動，統合の遂行及びこれらのための準備に必要な解決法を含んでいる。戦術に関しては，作戦術は支配的な地位を占めている。作戦術は，作戦目的を達成する中で，部隊や編成による戦術活動の場所，役割と戦術的任務を決定する。
> (Grechko 1975: 281-2)

ここにおいて，作戦術に関してのソ連側の定義とアメリカ側の定義との類似点が明らかとなる。米ソの主要な相違点は，作戦術は作戦領域の地理的範囲内で行われるものであるとして「場所」を明確に強調しているソビエト側の定義に対し，アメリカ側の定義は，作戦レベルにおいて作戦術を実行する指揮官の「役割」を強調していることである。ここまで考えられてきた作戦術の定義に関する一致した問題は，作戦術の定義が次のような理念的な世界を想定していることである。つまり，目的（ends）と手段（means）の間の階層は，最上位者からのコントロールを受けるというものである。各レベルは，戦略レベルから作戦レベルを経由して戦術レベルへと下の階層へと向かう。低次のレベルは，高次のレベルを支えることが期待される。しかしながら，実際には，想定とは正反対のことが起きるのが一般的である。たとえば，想定に反して，戦術的成功が作戦の性格を規定するように，低次のレベルが高次のレベルをコントロールするような状況が挙げられる。仮にこのような事象が発生すると，目的がぼやけ，目的達成が阻害され，戦術レベルや作戦レベルといった異なるレベル間の目的と目標に矛盾が生じる。実際には，戦術レベルと作戦レベルの間や作戦レベルと戦略レベルの間は，つねに相互に影響を及ぼしあっている。しかしながら，他方で，戦術的な事象が，戦術と戦略の中間に位置付けられる作戦レベルというフィルターを経由せずに戦術レベルが戦略的目的に直接影響を及ぼすことを許した場合は，間違いなく国家の戦略目標達成にとって危険であり，その目標達成が困難になる（Lind 1985: 24）。

仮に「すぐれた」作戦術が，戦役の成功を定める以上のものであるならば，「すぐれた」作戦術は，厳密な定義と明確な因果関係を必要とする。たとえば，ドイツの将軍エルヴィン・ロンメル（Erwin Rommel）の1941年から1943年にかけての北アフリカ戦役は，すぐれた作戦術として評価することはできない。なぜなら，ロンメルの戦術的勝利は，ロンメル自身の戦略的な野心に強く影響し，最終的にドイツ軍の北アフリカにおける目的を達成することが不可能になったからである。戦術的勝利が必ずしも戦略的効果に釣り合うわけではないことを表すローマ時代のエピルスの王ピュロスの勝利は，次のことを示唆している。何かしら優れた作戦とは，戦術的勝利が戦略的効果と究極的な政治的効果に結実することである。

19世紀を通して出現した作戦術は，指揮することへの挑戦や発展途上の軍隊，新技術，ロジスティクス上の諸問題を取り扱うことを通して発展してきた。しかし一方で，いかにして軍事作戦は実施されるべきであり，また，いかにして軍事ドクトリンは組み立てられるべきなのかといった議論は，歴史的にみて比較的少なかった。1914年から1918年にかけての第一次世界大戦の西部戦線における消耗戦及び戦争期間中の機動性を確保するための作戦上の数々の失敗は，戦間期における多くの軍事思想家に対して警鐘を鳴らす役割を担った。そして，作戦構想上の新思想と，欠陥を訂正しようとする各国のドクトリンを導いた。戦間期に続く期間は，とくに機械化戦闘と戦略爆撃に関する軍事思想の創造期であった。イギリス，フランス，イタリア，ソビエト及びドイツの軍事理論家は，この時期に価値ある貢献をした。この点に関しイギリスではJ. F. C. フラー（J. F. C. Fuller）とバジル・H. リデルハート（Basil H. Liddell Hart）が際立っていた。両者とも第一次世界大戦では塹壕戦を経験しており，西欧列強の行いを批判していた。両者は，機械化戦闘の強力な支持者であり，戦場において機動性を高める作戦構想を論じた。

とくにリデルハートは，後に「機動戦（maneuver warfare）」と呼ばれるものに長く残る貢献をした（第7章参照）。彼の「間接的アプローチ（indirect approach）」の概念には，第二次世界大戦中の電撃戦（*Blitzkrieg*），1967年の第三次中東戦争及び後にアメリカで生じた作戦思想と多くの類似性がある。『歴史における決定的な戦争（*Decisive Wars of History*）』（1929年）の中で，リデルハートは，いかに戦争で勝利を収めるかといった実際上のドクトリンよりも，戦争の哲学として目される間接的アプローチのアイデアを提案した。この著作において，リデルハートは，クラウゼヴィッツが主張した敵の最強点を攻撃する直接的な方法は，まれにしか良い結果をもたらさないと述べた。その代わりに，最低限の抵抗で済むような，敵の最も弱いところを攻撃することを最良とした。作戦期間において勝利を達成するための最善の方法は，奇襲と高速機動であるとされた。前者は，対戦相手が被攻撃を低く見積もっている場所を捜すことによって可能となり，後者は，自動車を使用することで可能となる。リデルハートによると戦略の目的は，物理的かつ心理的に対戦相手のバランスを崩すことにある（Liddell Hart 1929; Strachan 2011: 115; Danchev 1998: 155-64）。

リデルハートによって発展した直接的及び間接的な戦争方法の概念は，経験的な記述としてよりもむしろ理念型の特性と論理構造を有していたことに注意を払う必要がある。直接的アプローチと間接的アプローチの相違は，主に軍事作戦（内の，というより）における目標を構成するものとして，敵の強点を見出すか，それとも弱点を見出すかによる。しかし，理論と実践の双方において，敵の強点と弱点が何であるかを決定することはつねに容易なわけではない。なぜならば，多くの場合において，敵は複雑な存在だからである。歴史上の多くの軍事指導者がおそらく試みたであろう敵の最強部隊の最弱点への直接攻撃は，直接的または間接的アプローチのどちらを使用しているのだろうか。今日，たいていの軍事理論家は，歴史上の軍事指導者が間接的アプローチと呼ばれる方法によって敵の最強部隊の「致命的な脆弱性（critical vulnerabilities）」を攻撃したとおそらく主張するであろう（重心の節参照）。多くの場合，主張の適否は事後に決定される。したがって，軍事理論家の主張は，ほぼ意味論上の問題となる。敵の弱点をめがけて行う陣地攻撃は，攻撃が自軍の失敗，消耗及び大損害という結果と引き換えであった場合，当初の意図に反して，軍事理論家によって直接的アプローチと見なされがちである。このように，直接的及び間接的アプローチという２つの用語の使用を厳格にすることは非常に重要である。以後，直接的及び間接的アプローチに密接に関連する重心として通常呼ばれる概念の分析へと目を向けていこう。

●3 重　心

戦略における目的と手段の決定は，重心（center of gravity）という概念と密接に関わっている。迅速かつ効果的に敵を倒すための軍事計画の立案や軍事作戦の実行に際しては，敵と自己の強みと弱みを見極めることが必須である。敵の重要な能力を破壊，あるいは無効化し，多くの人を殺傷することによって敵の戦う意志に影響を与えることは，通常，敵の重心を攻撃することとみなされる。しかし，重心の概念は，それよりはるかに複雑なものとされることも多々ある。それは，たとえば軍事的重心（military center of gravity）といった言葉に見られるように，しばしば誤解と混乱のもととなっている。そういうわけで，誤解と混乱を解くために，既存の誤解を解決するとともに，軍事理論のなかでどのように重心の概念が使われ，解釈されてきたかを整理したい。

一般に重心という用語または，クラウゼヴィッツがドイツ語で *Schwerpunkt*（重心）と呼んだものは，クラウゼヴィッツに起因している。クラウゼヴィッツは，『戦争論（*On War*）』第6編，第27章で戦争の作戦レベルと戦術レベルにおける重心の概念について論じた。クラウゼヴィッツは，機械科学を踏まえて次のように言及した。

> 重心は，つねに兵力が集中し最も密度が濃い場所に存在する。重心は，効果的な攻撃目標を選定する基準となる。くわえて，最も効果的な攻撃こそが重心に対する攻撃である。戦争における真理についても同じことが言える。単一の国家であろうと複数の国家の同盟であろうと各交戦国の戦闘力は，一定のまとまりを持つため凝集力がある。……これらの力は，力が最も凝縮しているところに，ある種の重心を持つことになる。しかし，無機質な世界として戦争を扱った場合，重心によって生み出される効果は，各部の凝集力によって決定されるとともに制限される。
>
> （Clausewitz 1993：587）

ここにおいて，クラウゼヴィッツの意味した物理的な性質における力の中心は，軍事力と関係することが明らかである。この力の中心が攻撃された場合，軍事組織は大きな打撃を受ける。最終的に，この概念は，敵との関係性の中においてのみ実質的な価値を持ち，それだけで理解することはできない（Schneider & Izzo 1987：46-57；Strange & Iron 2005；Echevarria 2003a, 2003b；Eikmeier 2007；Rueschhoff & Dunne 2011：120-5；Wood 2008）。この作戦上及び戦術上の重心の定義は，『戦争論』第8編第4章から示唆されるような，軍事力はありうる重心のひとつに過ぎないとする，より広範囲な戦略的な定義と対比しなければならないのである。敵を撃破する戦争の目標に関して，クラウゼヴィッツは次のように言及している（Clausewitz 1993：720）。

> 交戦国双方の支配的な性質を念頭に置かなければならない。これらの性質から重心が現れ，あらゆる力と運動の中心となる。すべては，この中心に依存する。

> そここそが，われわれのすべてのエネルギーを注ぎ込むべきポイントである。

このような重心の例を挙げながら，クラウゼヴィッツは，軍隊や首都などの物理的要因だけでなく，個々の指導者の人格や世論などの道徳的要因にも言及している。

明らかに，この定義は，本節で先に述べたものと若干異なる。クラウゼヴィッツが意味する重心の概念が誤解される理由もここにある。第1の定義は，物理的な意味においての対立する軍事力であり，作戦レベルと戦術レベル上のものである。一方，第2の定義は，いくぶん広範囲であり，道徳的側面と心理的側面を含む戦略レベルに位置している。2つの定義の間にある違いは，ドイツ語原書のさまざまな翻訳において，いくつかの創造的な言い回しによって強調されている。ジョー・ストレンジとリチャード・アイアンは，クラウゼヴィッツの両方の定義は，重心とは力と運動の中心であることを意味すると主張している（Strange & Iron 2004: 15; Schneider & Izzo 1987: 49 も参照）。さらにストレンジとアイアンは，クラウゼヴィッツによる重心は，対戦相手である2者の関係の中で作られるものであり，それだけで存在するものではないと論じている。最後に，そのような重心は，それ自体が「性質，能力または場所」ではなく，むしろ「ある特定の性質や能力を持ち，特定の場所や地形から利益を得ている動的かつ強力な物理的または道徳的な行為の主体」を意味している。

このように，作戦術と重心概念の間には密接な関係が存在する。戦略目的が生み出すニーズによって導出される可能な限り最も効果的な方法で相手の重心を攻撃することは，作戦術の最も重要な側面のひとつである。ストレンジとアイアンによる解釈の利点は，重心の存在を戦争のあらゆるレベルに位置付ける一方で，クラウゼヴィッツの意味した重心概念を単に力と強さの中心として表現したことである（Strange & Iron 2004: 3）。重心についてのこの理解は，機動戦理論の支持者を活気づけた。なぜなら，機動戦理論の支持者は，作戦術の焦点を敵の強点ではなく弱点に合わせるべきと信じていたからである。たとえば，機動戦理論家のロバート・レオンハルトは，敵の重心は「力の根源」にあるのではなく，「致命的な脆弱性」にあると主張する（Leonhard 1991: 20）。この主張は，レオンハルトの機動戦概念と調和するものであるが，クラウゼヴィッツのもともとの概念とは一致しない。

この矛盾を克服するひとつの方法は，強みの要素には弱点，つまりストレンジとアイアン（Strange & Iron 2004）が言うところの「致命的な脆弱性」が含まれていることを認識することである。したがって，作戦術では，重心，すなわち，敵の強さを決定するのみならず，重心と密接に関連する敵の致命的な脆弱性を決定することが重要である。自軍の戦力を集中することにより，敵に対して優位を築き，敵の弱みを認識した上で，敵にとって不利なタイミングと場所において戦闘を行わせることで成功を生み出すことを可能にする。たとえば，スターリングラードにおいて，1942年の秋期と冬期，ドイツ陸軍の最も精強な機甲師団は，側面の防護を彼らより装備が劣るルーマニア，イタリア及びハンガリーの師団に依存していた。ソ連陸軍は，この事実を活用して挟撃によって首尾よくドイツ師団を包囲した（Strange & Iron 2004: 8）。

ストレンジとアイアンによると，致命的な脆弱性を探すことは重要であり，致命的な脆弱性は，本質的に技術的，地理的，心理的なものであって無数に存在する（Strange & Iron 2004: 6-8）。時間がたつと，相手との相互作用によって強みは弱点に変わるかもしれない。つまり，時間は考慮すべき重要な要因である。また，ストレンジとアイアンは重心そのものと，重心が有する特定の能力（重大な能力），そして重心が重大な能力となる上で重要な条件・資源（重大な資源）を区別している。それどころか敵によっては，致命的な脆弱性を持たずして重心を保有していることさえありうる。このような方法で，作戦術の理論家たちは，ある程度までクラウゼヴィッツの重心についての異なる定義に起因したジレンマを解決する。

ミラン・ベゴも重心の概念は，しばしば目標，決勝点または，致命的な脆弱性などの用語と混同されており，これらは重心とは完全に異なったものであると主張している。ベゴは，敵の重心を見つけるための試みは，軍事力や民間の力の根源である「重要な要素」の特定と分析から始めなければならないと論じている（Vego 2000: 23）。ここでの「重要な要素」とは，「決定的な強み」と「致命的な弱点」の双方になりうる要素を指している。「重要な要素」は，戦争のすべてのレベルに存在し，多かれ少なかれ具体的な形になりうる。戦略レベル及び作戦レベルでは，「重要な要素」は，作戦の根拠地，作戦線及び兵站線のような地理的な機能かもしれない。また，部隊もしくは，軍内の特定の部門のような軍事的な機能かもしれない。より抽象的には，道徳，同盟の結束力もしくは，世論であるかもしれない。これらの「重要な要素」で留意すべき点は，これらは「相対的であり，時間の経過とともに変化する」ことである。この点を指揮官及び幕僚は，計画立案及び作戦遂行中に留意しておかなければならない。ベゴはさらに次のように論じている（Vego 2003: 23）。「決定的な強み」は，

「付与されたまたは想定された軍事目的を達成するために不可欠な能力」であり，「致命的な弱点」は，「不足すると与えられたまたは想定された軍事目的の達成に悪影響を及ぼす力の根源」である。いくつかの「致命的な弱点」は，もし十分な防御を欠いたまま敵の火力にさらされるならば，利用され，「致命的な脆弱性」になる場合がある。ベゴは，ストレンジとアイアンと異なり，「致命的な弱点」と「致命的な脆弱性」を区別し，弱点が必ずしも脆弱性を意味しないことを示唆している。

では，ベゴが問うた重心とは何なのか。重心は，決定的な強みの中に存在し，決して致命的な弱点や脆弱性のなかには存在しないものである。重心は，破壊可能な地上目標でもなく，軍事目的と同義でもない。その代わり，「物理的であれ道徳的であれ，重心とは影響力の源もしくは，結集した強みであり，その深刻な低下，混乱，無効化，破壊は，最も決定的な影響を敵や自身における軍事目的を達成するための能力に与えることだろう」（Vego 2000: 24）。したがって，重心のより抽象的な要素をあらゆるレベルで定量化し，評価及び計算することは難しい。ベゴの述べる戦争のレベルが上がるほど，重心は捉えどころがなくなるのである（Vego 2000: 25）。1991年の湾岸戦争でイラクの指導部は，アメリカ主導の有志連合の結合力を戦略的重心と見なした。一方，有志連合は，サダム・フセインとフセインの側近の結束を同種の事象であると断定した。ベゴによると，作戦レベルと戦術レベルにおける重心は，通常，敵兵力の主要な集結であって，より具体的にはきわめて高い機動性と戦闘効率を持った敵兵力から構成される。たとえば，イギリスの指揮官は，ロンメルにとっての作戦上の重心はロンメルのアフリカ軍団全体ではなく，ロンメルの主力機甲部隊であると考えた。重心と密接に関係した捉えどころのない要素は，大規模な通常戦争では，通常，政治的及び戦略レベルで見出され，非正規戦争では，主に戦術レベルに見出される。ゲリラが兵力を集中することによって作戦上の重心を設定することはめったにない（Vego 2000: 25）。

上記のように異なる重心の評価は，すべての軍事計画及び作戦活動にとって非常に重要である。このような分析は，優先順位を決定し，主要な目的と副次的な目的を分類する。そして，限られた資源をできるだけ効率的に使用するためにいかにして資源配分すべきかを決定する。とはいえ，重心概念の理論的な説明能力は，おそらく限られたものと言えるであろう。つまり，戦争における勝利と敗北を説明する手段にはならず，反証可能性がないからである。もしAという国家が，Bという国家を攻撃し，後者のカリスマ的なリーダーが重心と考えられるとする。その重心が，A国によって成功裏に取り除かれたにもかかわらず，戦争が依然として継続している場合を考えてみよう。これについて，重心概念自体が間違いであり，無視されるべきであると結論づけられることは滅多にないだろう。むしろ，攻撃国の重心の見積もりが間違っていたと結論づけられるかもしれない。したがって，入念な理論的発展及び経験的な検証がなければ，重心概念には，用心してアプローチするべきである。重心概念には，科学的分析を容易にしない形而上学的特徴があることにも留意しなければならない。クラウゼヴィッツのような古典的な理論家も含めてこの問題を扱う者は，重心が構造物，戦闘部隊，または人のような物質的な有形物に還元されるものではなく，むしろそのような物質に依拠する非物質的な力，存在，または要素として理解されることに同意している。このことは，一般的には，形而上学的推論の古典的な特徴である。しかしながら，啓蒙主義から続く西洋社会の科学的伝統は，これについてつねに批判的であった。

これまでの議論が示してきたように，重心そのものや重心をどのように解釈すべきであるかといったことについては，いまだ意見の相違がある。この相違には，重心は戦争のどのレベルにおいて最も有効であるのか，重心は強みと弱点を意味しているのかどうか，重心が物理的なのか非物理的なのか，重心はそもそも「存在」するのかどうかなどの論点を含んでいる。間違いなく，これらの問題は，軍事に関係する人々の思慮に絶えず付きまとうであろう。疑いもなく重心概念は，軍事的な計画と作戦において，有用であると考えられる。もし重心概念が軍事作戦の計画と遂行において考慮すべき重要な要素であるならば，重心概念は，戦争指導にも関わってくる。戦争に勝利するために軍事作戦を調整し指揮する必要性は，依然として軍事理論上の議論の重要な部分をなしている。したがって，本章では，戦争指導に関連する問題の説明を続ける。

● 4　軍事作戦における指揮と命令

古いアラビアのことわざで，「一頭のライオンに率いられた羊の群れは，一頭の羊に率いられたライオンの群れを打倒する」というものがある。このことわざは，戦争指導についての歴史に対して，重要な暗示を与えている。戦争における指揮と命令は，軍事活動を集団的に導く機能として一般に定義されている。しかし，このような指揮と命令は，同時に軍事目的を達成するための必要な計画と実現プロセスとしても理解されている（Smedberg 2001: 15–16; Shamir

2011; van Creveld 1985; Laver & Matthews 2008; Samuels 1995)。戦争指導に影響を与える重要な要素は，個々の指揮官の性格，ドクトリン，幕僚組織，さまざまな通信技術が含まれる。指揮は，指揮が行われる政軍関係，時間，敵と敵の行動などの特性といった特定の外的要因によっても影響を受ける。これらの外的要因の相違点は，陸上，海上，航空での戦争指揮にとって異なる含意を持っているかもしれない。最後に，指揮とドクトリンには密接な関係がある。なぜなら，ドクトリンは，いかにして戦争が命令され実行されるかの手段の一部を構成しているからである。

指揮と命令の特性は，指揮が行われる戦争のレベルによって影響を受ける。戦略レベルでは，いかにして政治目的を軍事目的に変換するかが重視される。そのため，いかにして軍事力を整備し，監督するのかについて，より長期的な政策的決定が行われる。作戦レベルにおける主な関心事項は，共通の戦略目的に向けて多様な兵力運用を調整することである。最後に，戦術レベルでは，指揮は，主に戦闘空間内での利用可能な資源をいかに使うかに焦点が当てられる。この結果，戦術レベルに近づくほど，時間的な視座は短くなる。

おそらく，軍事指揮にとって最重要な任務は，戦場での混乱と不確実性を管理することである。クラウゼヴィッツは，戦場での混乱と不確実性を「戦場の霧（the fog of war)」と適切に表現した（Clausewitz 1993: 119-20)。戦場での混乱と不確実性を管理することは，原則として２つの方法により達成することができる。ひとつは，発生するカオスを制御しようとする試みである。もうひとつは，不確実性を受け入れ，もしできるなら戦場での混乱と不確実性を敵よりも相対的に自らの強みに使おうとすることである。これら２つの指揮哲学は，２つの現在の慣例に帰着している。ひとつは訓令戦術（mission-directed tactics)（ドイツ語で *Auftragstaktik*）と呼ばれるもので，自分よりも下位の指揮官により多くの責任を委任し，下位の指揮官による主導性発揮のための余地を残すこと。もうひとつは命令戦術（order-directed tactics)（ドイツ語で *Befehlstaktik*）と呼ばれる，下級指揮官による命令の実行と立案に重点を置くことに代えて，より高レベルでの指揮における統制を強めようとすることである（Smedberg 2001: 282-3; Leonhard 1991: 117-18)。これら２つの指揮哲学，事実上の２つの慣例的なアプローチは，理念型として理解されるべきである。なぜなら，多くの場合において，訓令戦術は，命令戦術の要素と段階を含み，逆もまた同様であるからである。

戦争指導の理念型たる訓令戦術と命令戦術の両者は，それらが行われる際の一般情勢，軍事領域，指揮のレベルによって，それぞれ利点と欠点を有している。ロバート・レオンハルトによると作戦上の文脈において訓令戦術は，敵陣の弱点を見つけようとする一方で，命令戦術は，敵陣の弱点を作り出そうとすると主張している（Leonhard 1991: 117-18）。前者は，戦場で作り出された機会を利用し，後者は集中を通して統合力を活用する。訓令戦術は，速力と機動を重要視する一方で，命令戦術は，同一方向への情け容赦のない攻撃によって生み出される勢いを強調し続ける。当然ながら，訓令戦術と命令戦術の特性と形態は，国によって異なるかもしれない。たとえば，ソ連とイギリスの命令戦術は，多数の相違点のみならず多数の共通点もある。同じことは，アメリカやイスラエルのような訓令戦術を採用する国にも当てはまる。

あらゆる軍事指揮において重要な要素は，技術と新たな発明が作り出す影響力である。電信，ラジオ，コンピュータ及び衛星は，過去150年にわたる軍事作戦の実施に大きな影響を与えた発明の例である。急速な技術開発の時代にあって新技術はしばしば古い諸問題を解決するのみならず，さらに新しい技術を作り出す傾向がある。このため，指揮にともなう問題を解決するための軍事組織の能力において，技術は容易に自信過剰を生み出す。人が自らの物にできる情報の量にはつねに限界があるため，技術的手段は，この問題をある程度までしか改善できないのである。

マーチン・ファン・クレフェルトの著書『戦争指導（*Command in War*）』では，指揮はそれだけで理解することはできないので，指揮が結果として姿を現す大きな文脈の中で見る必要があると論じている。クレフェルトは指揮命令系統のあり方や使い方の原則をまとめることは，不可能なことであると主張し，次のように述べている（van Creveld 1985: 261）。「単一の通信やデータ処理技術，単一の組織システム，単一の手順や方法などは，戦争における指揮の成功または，最善の行動を保証するのに十分ではない」。軍事史は，多くの例を示しており，クレフェルトは，共通点のない指揮命令システムが等しく良い結果をもたらしていることを示唆している。

さらにクレフェルトは，当初から軍事指揮が次に述べるひとつの欲求に焦点を当てていたと考える。それは，確実性に対する欲求，すなわち，敵性国家の即応状況，計画及び意図，作戦環境，そしてとくに自己の部隊の状態と活動の確実性についてである。クレフェルトは，確実性を「意志決定に利用できる情報量と成し遂げる任務の性質の２つの要素の積算として最も良く理解される」と論じた。軍事指揮の歴史は，「情報要求と，情報要求をかなえる指揮命令システムの能力との競争」として説明することができる。この背景の意義は永遠であり，指揮のレベルにかかわらず各軍事組織内で継続的に展開する。新たな技術や大きな資源の助けを借りても，この背景を克服することはできないのである。現在の指揮命令システムは，かつてと比較して，情報を管理し，処理し，送信する能力についてよりよいものを持っていることは疑いない。しかしながら，指揮官が切望する確実性を提供するための能力は，画期的には改善されていないのである（van Creveld 1985: 264-6）。

なぜ，現代の指揮命令システムは，以前あったシステムよりも比較的洗練されているにもかかわらず，大きな確実性を生み出さないのであろうか。クレフェルトは，３つの論点を提供している（van Crevelt 1985: 266-7）。第１に，あらゆる点でクラウゼヴィッツ主義には，恐怖，怒り，復讐や憎しみなどの人々の強い感情を引き起こす戦争の本質上の要素が存在する。これは，人間がしばしば感情に基づいて非合理的に行動することを意味する。第２に，クラウゼヴィッツ主義に関連し，戦争は，相互に矛盾する少なくとも２つの交わることのない敵対的な意志から成立している。各交戦者が他者を欺くことは自由なので，予測するのは困難または不可能である。それゆえ，確実性は明確には出現しにくい。第３に，より多くの情報が利用可能になればなるほど，それを評価するのに時間がかかり，実際的な価値を持っているのか否か，重要か否か，信頼できるのか否か，真なのか偽なのかの区別がとてつもなく困難になる。

クレフェルトは，確実性に対するこの探求が，指揮命令システムのデザインを決定する傾向があり，そこではシステム内の人間的要素の強さも不確実性に比例すると強調している。指揮命令系統内の技術的要素に関連して人間的要素が多くなればなるほど，不確実性が発生するのである。クレフェルトは，部隊に対し最上位の指揮官があらゆることを統制しようとせず，むしろ下位の指揮官に相当な自由裁量を与えた軍隊が戦術的に最大の成功を示したことを歴史的史実から論じている。このようなリーダーシップの例としては，19 世紀初めのナポレオン軍の司令官たち，第一次世界大戦末期のルーデンドルフの隷下部隊，第二次世界大戦中のドイツ陸軍指揮官たち，そして 1967 年の六日間戦争中のイスラエルの師団長たちが挙げられている（van Creveld 1985: 268-70）。

クレフェルトは，確実性と不確実性の関係を説明するために，確実性は情報のみならず，時間の結果であると主張している（van Creveld 1985: 269-270）。クレフェルトは，ドイツ人が伝統的にアウフトラークスタクティーク（*Auftragstaktik*）と呼ぶ訓令戦術の指揮哲学のなかに，一定の問題を解くカギとなる要素があることを力説する。この要素は，戦場における最新の状況に従って下位の指揮官が目標達成の道筋を自由に選択することを可能とすることである。そのため，目標達成に関し，その目標を決定する上級司令部の能力をこの要素は含んでいる。このようなアプローチは，上位の指揮官の管理下にある情報量を減らし，指揮命令系統を飛び越えて「部下の部下」に命令することを避けようとする上位の指揮官の意志を強化するとクレフェルトは主張する。この指揮哲学の前提条件は，2つの事実，戦争では混乱と濫費の双方を避けることができないという事実と，混乱と濫費という見かけのカオスは成功を不可能にするものではないという事実を受け入れることである。それどころか，カオスは戦場で結果を出すための必要条件でさえあるかもしれないのである。

最後に，クレフェルトは，不確実性に対処する2つの方法，すなわち，指揮の集中化と分散化は必ずしも正反対のものではなく，むしろ絡み合ったものとして考察できることを強調している（van Creveld 1985: 274)。指揮系統の最上位において確実性が高いのは，階層の下位の確実性が低くなるという犠牲を払ってのみ得ることができる。逆に，低い戦術レベルでの確実性は，上級指揮官と優れた幕僚が高い度合いの不確実性を進んで受け入れることができる場合にのみ発生する。このように，軍事指揮は，軍事階層内の異なる指揮レベルの間の不確実性の配分に帰するのである。集中化された指揮命令系統では，全体に対する確実性により種々の部分の安全が保証される。一方で，分散化された指揮命令系統では，逆のこととなる。現代の技術とコンピュータを駆使して戦況をよりよく把握する機会が急増する中で，上級司令部にとって，確実性を獲得するために軍事指揮を集中する誘惑は大きくなる。その理由から，訓令戦術とネットワーク中心の戦いの現代的な考え方との間には葛藤があるかもしれない。なぜなら，技術の進歩は，軍事史の過去の時代よりも大きな範囲で集中指揮を可能にするからである。

● 5　軍事作戦におけるロジスティクス

軍事作戦を行うためには軍隊のみならず，戦場で軍隊を維持し，支援するための資源も必要である。ロジスティクスという用語は，古代ギリシャ語の *logisteuein*（管理する）に由来する。しかし，現代そして軍事の文脈では，この用語は，「軍隊の補給と移動」と理解されている（Corvisier 1994: 460; Gray 1999: 32)。原則として，ロジスティクスの術《アート》は，とどのつまり，適切な資源を獲得し，それらを適切な場所へ適切な時期に適切な量を届けることである。かくして，ロジスティクスは，「チャンスを決定するもの」として適切に記述されており，戦略上の決定的な部分であるのと同じくらい，戦争の潜在的で重要なターゲットでもある（Kane 2001）。過去の戦史は，ロジスティクスが膨大な時間，十分な思考，軍事組織からの莫大な資源を必要とするかなり困難な任務であることを示している。

戦術と戦略については多くの本が書かれているが，残念ながらロジスティクスについてはほとんど書かれていない。基礎的な教科書や戦争の術《アート》及び軍事理論の入門書にもロジスティクスに関する断片的記述以上のものは含まれていない（たとえば，Kassimeris & Buckley 2010; Sloan 2012; Baylis et el. 2010; van Creveld 2000）。それにもかかわらず，幾人かの名高い司令官や著名な軍事理論家は，戦争で成果を収めるためのロジスティクスの重要性を力説している。たとえば，イギリス陸軍元帥バーナード・モントゴメリー（Bernard Montgomery）は，第二次世界大戦中に対処しなければならなかった問題の80パーセントは，ロジスティクスによるものであったと言及している（Thomson 1991: 4）。イギリスの軍事史家マイケル・ハワードは，「ロジスティクス上の問題が徹底的に作戦の方針として研究されなければ，戦役は理解できず，有効な結論は得られない」と述べている（Howard 1983b: 102）。なぜ，ロジスティクスに関する研究は，戦術や戦略の研究に比べて相対的に欠如しているのか。そして，なぜ，この欠如の固定化は，戦争の作戦的側面により多くみられるのだろうか。簡潔に理由を言えば，おそらく，ロジスティクスは，はるかに魅力に欠けるテーマであり，想像力を欠いた仕事であって，困難なルーチンワークと定量的な計算を要求するからである（van Creveld 1977: 1; Thomson 1991: 3）。

クラウゼヴィッツと同時代の人物であるアントワーヌ・アンリ・ジョミニ将軍は，戦争の術《アート》の一部としてロジスティクスを初めて定義した。ジョミニは，ロジスティクスを戦略と戦術の概念に関連付け，次のように述べた（Jomini 1987: 460）。「戦略は，どこで行動するかを決定する。ロジスティクスは，その地点に部隊を運び込む。……そして，戦術は，部隊の任務と遂行方法を決定する」。しかしながら，ジョミニは自身の分析で，ロジスティクスの概念を現在理解されるよりも拡大し，軍事作戦に関する一般幕僚の仕事をも含めた。ジョミニのロジスティクスの定義と，その戦略及び戦術との関係性に触発されたフランスの軍事史家エリック・ムライズ（Eric Muraise）は，ロジスティクスを「戦術的及び戦略的要求に応じて部隊を移動し提供する術《アート》」と定義している（Corvisier

1994: 460)。ここにおいてロジスティクスは，戦術と戦略の手段であり，後者は前者を決定する。実際には，状況に応じて，逆の関係がたしかに存在するかもしれない。ムライズは，ロジスティクスには3つのことが含まれていると主張している。

- 整備と輸送――軍需品を確実に供給し，部隊と装備の両方が良好な状態にあるよう手配する。
- 選択と排出――評価，撤退，戦闘による人員と装備の交換。
- 修復――防護下または非防護下双方での根拠地や修理場における装備の修理，傷者への医療。

ムライズの表現は，イギリスの専門家 P. D. フォクストン（P. D. Foxton）の提案と同様である。フォクストンは，ロジスティクスの機能を5つ提案している。軍事組織への人員供給だけでなく，部隊への糧食，輸送及び移動，維持修理，医療，そして郵便配達や食糧といった比較的細かな機能である。しかしながら，ロジスティクスは，機能によって分類されるのみならず，ロジスティクスを達成するためのさまざまな方法に基づいても分類されるだろう。イスラエルの専門家モシェ・クレスは，兵力を整備するには3つの方法があると主張している。第1は，戦場に資源を確保すること。第2は，部隊が自らの資源を携行すること。第3は，兵站線を介して後方から資源を輸送し，戦闘域内の部隊に資源を配給することである。歴史的に，これら3つの方法からの選択は，戦争の特性，ロジスティクスの必要性及び部隊の生存能力によって導かれてきた。近代以前において，食糧と水は，多かれ少なかれ必要とされた唯一のものであった。そのような資源は，たとえば，市民からの略奪もしくは，敵の戦利品などから移動中に容易に入手することができた。輸送を担う動物に対する「燃料」も同様の方法で得られた。場所によっては，食糧と水は限られていたので，軍隊は生き残るために移動することを余儀なくされた。このため軍隊は，しばしば肥沃な地域や貿易ルートの近くに留まった。現代的な戦争における重要な輸送手段としての自動車の登場は，これらの条件を劇的に変えることになった（Kress 2002: 10-11）。

軍事作戦に必要な資源が多様化し，専門化され，輸送がますます重要になった。そのため軍隊は，戦役に必要なロジスティクス支援を，自らが行うようになった。この方法を最初に使用したのは，アレクサンダー大王である。彼の戦役は，紀元前300年に中東とインド亜大陸で行われた。17世紀と18世紀の間，戦闘中に消費される弾薬の量が限られていた時代，弾薬は馬車により運ばれていた。このように運ばれた弾薬は，戦場ですぐに使えるものではなく，保管用であった。戦場で使う弾薬は，兵士が自ら運ばなければならなかったのである。このようなロジスティクスの方法は，機動力を妨げるロジスティクスの「尾」（logistical "tail"）を作り出したため，軍隊にとって問題となった（Kress 2002: 11）。

今述べた2つの方法が，19世紀中ごろまでの軍隊を維持するロジスティクスの主要な方法であった。この時代に起こった産業革命は，第3の方法，すなわち，前線まで資源を送り届ける方法を生み出す機会を作った。鉄道システムの世界的な拡大，とくにヨーロッパでの拡大は，重要な要因であった。ロジスティクスの支援は，後方から前線へ，長距離，かつ今までに考えられなかった速度で資源を送ることを可能にした。この新たな輸送方法に基づいて作戦術が発達した時，軍隊はすぐにこのロジスティクスの新形態に頼るようになった。このことは，自動車と輸送機が導入された時にさらに顕著になった。前者は運用に際し大量の燃料を必要としたため，部隊に輸送しなければならない資源の総量を倍増させた（Kress 2002: 11）。

クレスは，ロジスティクスの概念は，戦略的ロジスティクス，作戦的ロジスティクス，戦術的ロジスティクスに分類するのが最善であると主張している。これらの3つのレベルは，厳密には区分されておらず，時には互いに混ざり合う傾向がある。さらに，新たな情報技術が3つのレベルをひとつのまとまりに統合する可能性が高いと主張する人は多くいる。戦略的には，軍事または軍事関連インフラの建設及び保守が含まれる。これは，さまざまな武器システムの開発，改善，保守に必要な技術インフラ，装備や材料の生産と保守のための産業インフラ，軍事作戦に必要な弾薬，燃料，予備品，医薬品，食糧その他の備蓄，これらを備蓄するための設備，ならびに静的及び動的構成要素の双方の輸送機能を含んでいる。静的な構成要素は，鉄道，運河，空港，港湾などで構成される。動的な構成要素には輸送機，船，列車，トラックなどが含まれる。戦略レベルにおけるロジスティクスの重要な要素は，効率性である。しばしば資源は限られており，できるだけ効率的に使う必要があるからである。戦略レベルにおける決定は安定しており，低いレベルからの変化要求にたいして，積極的には反応しない。戦略レベルでの計画は，堅牢かつ長期的である（Kress 2002: 19-26）。

一方でクレスによると，戦略的ロジスティクスの反対に位置するものとして，実際の戦闘で使用される戦術的ロジスティクスが存在する。戦術レベルでは，変化はより大きく，状況はしばしば敵対的活動のために混乱する。このレベルで兵力を維持することは困難な任務であり，ここでの強調点は，戦時捕虜（prisoners of war）に対処するだけでなく，弾薬，食糧，水，燃料，修理，避難，傷者に対する医療について積極的に手当てすることである。戦略レベルの主な目的が費用対効果を達成することである場合，戦術レベルの目的は，戦闘力を配分し適正に維持するためのよりいっそうの効率性である。上記のように，ロジスティクスとは，適切な量を適切な場所へ，適切な時期に届けなければならない。戦略と戦術レベルを繋ぐリンクこそが作戦的ロジスティクスなのである。クレスは，作戦的ロジスティクスを次のように定義している。

> 作戦的ロジスティクスとは，戦役と大規模な軍事作戦を持続させるという共通目的を共有する，手段，資源，組織及びプロセスの集積のことである。戦略レベルのロジスティクスに由来する集積は，戦役指揮官によって戦術的ロジスティクスのために投入され利用される。作戦的ロジスティクスは，時間と空間によって分散した戦闘を支えるよう任じられる。
>
> （Kress 2002: 37）

作戦レベルでは，戦略レベルでの費用対効果が戦術レベルでの戦闘効果に変換され，ここでの目的は，作戦領域における活動と戦術的ロジスティクスを支援することにある。

ロジスティクスの目的と手段のやや抽象的な分析の後に，実際の軍事作戦においてロジスティクスがどのようにして機能するのかを知るために，この機能について実用的なモデルを提示することは，戦争を理解する上で有用である。工業国における大規模な通常戦争の要求に大きく影響されたイギリスの経験に基づき，フォクストンはロジスティクスがいかにして実行されうるのかを説明し，3つのロジスティックス上の活動領域，すなわち後方領域，前方領域，戦闘領域を詳述した。後方領域は，作戦領域のアクセスポイントと出口ポイントとして機能する。ここでは，船舶，輸送機から増援部隊，弾薬，補給品が降ろされる。次に集積，編成され，最終的に戦闘地域に輸送される。この領域には，倉庫，補給廠，修理工場，病院もある。このような領域の例として，韓国の釜山市に，朝鮮戦争開始時にアメリカと国連軍が使用した港湾が挙げられる。

前線領域の境界は，流動的である。しかし，通常，鉄道線路末端の兵站駅（railhead）から敵の砲兵隊またはミサイルの最も遠い射程までに及ぶものである。この領域では，大きい物量の輸送は不可能である。なぜならば敵の活動のために，または鉄道の線路が走っていないために，根拠地を設立し，装備と補給品を荷下ろしし，トラックで輸送することはできない。そのためこの領域では，戦闘領域もしくは部隊が保管する弾薬と補給品はきわめて貴重である。ここでは，補給品と装備は小さな単位に分割され，戦闘領域のさまざまな兵力に配分される。

最後の戦闘領域は，敵の砲兵隊またはミサイルの限界射程の境界線から前線まで延びている。この領域では，ロジスティクス上の支援は，戦闘部隊に直結している。そして，戦闘部隊を活動させることを目的としている。安全上の理由から，敵の攻撃による不慮の爆発を避けるために，いくつかの物，たとえば弾頭と爆薬などは分割されている。ここでは，さまざまな戦闘部隊のニーズに対応するため弾薬と補給品は分類され，配分されている。この領域では，弾薬と補給品は，通常，部隊が前進したり後退したりするときにすばやく移動できるように，トラックやその他の自動車に保管されている。この場合，指揮官は，可能な限り戦闘部隊に近いところに補給品及び装備品を置く必要性があるが，それに対する敵の火力のリスクを推し量ることができるだろう（Foxton 1994: 7）。

ロジスティクスは，すべての戦争に欠くことのできない要素である。軍隊がより大きく機械化されるにつれ，さらに重要になると結論づけられるだろう。2003年のイラク戦争を実施するにあたり，アメリカ主導の同盟が必要とした莫大な装備と補給品がこの例である。しかし，これらの条件は，18世紀と19世紀に用いられたのと同様の方法を依然として使用する小規模戦争と対反乱作戦のアクターにはあまり適用できない。軍事地理とロジスティクスとの類似点は，戦術と作戦の類似点を説明するのに役立つ。たとえば，たとえ150年にわたる技術的発展が第一次イギリス・アフガニスタン戦争と現在のアフガニスタン戦争を区分したとしても，戦闘は依然として一定の自然環境の影響を受けている（Johnson 2012; Guistozzi 2009; Sinno 2008）。これらのアクターは，地元の人々の支援を得るか，略奪をするかによりロジスティックスを運用することができる。現代の大多数の戦争は，小規模戦争（第2章を参照）から構成されている。このため，大国におけるロジスティクスの課題は，間違いなく最も複雑である。しかし，非国家主体のロジスティクスを理解しようとする場合，大国におけるロジスティクスの課題は，つねに適切とは限らないと考えることのほうが合理的である。

● 6　軍事作戦におけるインテリジェンス

軍事作戦における指揮と命令の節で述べたように，指揮命令の歴史は，情報の必要性と，その必要性を満たす指揮システム能力との競争として描きうる。敵国の準備状況や計画についての確実性のみならず，自国の軍事組織を理解するにもインテリジェンスを必要とする。指揮とロジスティクスの効果的な方法と同様に，インテリジェンスは，軍事作戦を行うための重要な前提条件である。しかし，インテリジェンスは，広大で複雑な事象であり，軍事的側面だけでなく，政治的，経済的側面，同様に政策に関連する事項も網羅している（Shulsky & Schmitt 2002; Herman 1996; Lowenthal 2011; Clark 2004; Johnson & Wirtz 2010; Laqueur 1985; Keegan 2003を参照）。それゆえ，戦争におけるインテリジェンスは，不確実性を減らし意思決定を改善するのである（Handel 1990: 7-11）。

戦争におけるインテリジェンスの必要性は，戦争自体と同じくらい古くから理解されてきた。紀元前500年ごろ，孫子は以下のように主張した。

> 敵を知り，己を知っていれば，百回戦っても絶滅の危機にさらされることはない。敵を知らず，己を知っていれば，勝利することも敗北することもある。敵も己も知らなければ，ことごとくすべての戦いに敗北するであろう。
>
> （Sun Tzu 1994: 179）

孫子はまた，情報提供者とスパイの重要性を強調した。今日では，ヒューミント（HUMINT: Human Intelligence）として呼ばれるものである。孫子は，次のように結論づけた。「敵陣深くの情報は，幽霊や精霊から得られたり，現象から推測されたり，神様の視点から投影されたりすることはできない。すべからく，敵の実情を知っている人から得られなければならない」（Sun Tzu 1994: 231）。現代の世界ではもちろん，シギント（SIGINT: Signals Intelligence），衛星監視，写真偵察，コンピュータハッキングのような情報を得るための技術的に洗練された方法がある。クラウゼヴィッツは，『戦争論』第1編第6章にてインテリジェンスの価値について懐疑的な見方を示している（Clausewitz 1993: 136）。クラウゼヴィッツは，インテリジェンスを「敵と敵国についてのあらゆる種類の情報（information）であり，手短に言うと自己の計画と軍事作戦の基礎」と定義した。クラウゼヴィッツは，戦争で獲得されるインテリジェンスは，しばしば矛盾し，間違っており，または，不確実性で損なわれていると主張した。一般的に，多くの者は，良いニュースよりも悪いニュースを信じる傾向がある。クラウゼヴィッツは，この傾向は人間本来の弱点であって，悪いニュースは誇張される傾向があると主張している。現代の文脈では，人々は「最悪のシナリオ」に沿って計画を立案しがちであると考える。明らかに，孫子とクラウゼヴィッツの時代以来，インテリジェンスを収集し，分類し，評価し，配布する技術と能力には，自己の情報を保護する能力も含めて多くのことが起こっている。けれども古典的な軍事理論家が取り組んだ問題の多くは，依然として残っているようである。

インテリジェンスの収集と活用は，長い間戦争遂行の一部であった。しかしながら，インテリジェンス活動，つまり，その収集と活用は，19世紀後半まで制度化されず適切に組織化されていなかった。その間，技術的進歩は，軍隊の装備の改善をもたらし，輸送と移動のための鉄道及び通信のための電信を使うことができるようになった。そうこうするうちに，海軍は，鉄鋼で建造され，蒸気機関を動力とした艦を導入した。この艦は，大砲，擲弾，より厚手の装甲を持ち，後には無線機を装備した。戦争は，大規模な軍隊の使用を含むようになり，広大な地域に広がったため，迅速な機動と動員を通して，電撃的勝利のための多くの機会を作り出した。このことは，軍事指揮における新たなアプローチの導入を余儀なくさせた。そして，恒久的な幕僚組織である司令部が創設され，動員，戦争計画及びその他の指揮官に対する支援形態に関する問題が課せられた。そのような作業には，敵と自己の兵力，地形条件，通信及びその他軍事作戦の実施に関連する情報を収集するための必要性も含まれる（Herman 1996: 16）。

最も広義において，インテリジェンスは，情報を収集し，収集した情報に基づいてさまざまな種類の評価を行う。軍事的な文脈においてこれらの活動は，主に敵の意図と能力に焦点を当て，将来の出来事や動向を予測しようと試みる。このような一般的な定義では，インテリジェンスは，民間部門の通常の研究や調査作業と多くの点で共通している。しかし，インテリジェンスには，つねに科学的作業に欠けている重要な要素がいくつかある。第1に，インテリジェンス活動は，軍隊によって特徴づけられ，自己の作戦と情報の扱いの両方に関して広範囲にわたり秘密であることが特徴である。第2に，インテリジェンス活動は，敵対者がつねに保護し，秘密にしておく情報を得ることを目的とした少なくとも2つの意志の間での闘いによって特徴づけられる。結果として，インテリジェンス・コミュニティが相手の作戦を妨害し，徐々に弱体化させるために欺瞞と故意の偽情報を使用していることは，驚くにあたらない（Shulsky & Schmitt 2002: 171-2）。これまで見てきたように，インテリジェンスは，2つの主体が決闘に似た何らかの形で互いに戦う戦略に似ている（第3章を参照）。この場合の目的は，機密性の高い情報へのアクセスである。通常の科学では，研究は普通，意思を持たない静的対象の情報を収集し，評価するものである。その対象が研究を積極的に台無しにしたり妨害しようとはしない。結局のところ，インテリジェンス活動は，敵が隠そうとしている情報を取得しようとする活動である。

このような情報を得るためには，しばしば，情報を保護するために敵対者が設定したセキュリティ対策を打ち破る特殊な手段と方法を必要とする。軍事的な文脈において，これには部隊間の通信の傍受，航空及び衛星偵察，音響情報を得るソーナーによる艦の移動の探知，鹵獲した資料及び書類の分析または，捕虜への尋問を含んでいる。重要な情報は，公開情報と利用可能なデータの分析と演繹的論理により間接的に得ることも可能である（Shulsky & Schmitt 2002: 172）。軍事領域において，インテリジェンスは，しばしば「力の乗数器」と「最適化」の役割を担う。アメリカの軍事理論家のマイケル・ハンデル（Michael Handel）は，次のように主張している。

> 良いインテリジェンスは，よりピントのあった経済的な軍隊の利用を促進することにより，「力の乗数器」として機能する。一方，ほかのすべてのものが等しい場合，貧弱なインテリジェンスは，その強みを無駄にし，壊してしまう「力の除数器」として機能する。したがって，長期的にみて，より良いインテリジェンスを持つ側は，パワーを有益なものにするだけでなく，パワーをより効果的に温存する。
>
> （Herman 1996: 138）

この分野の別の専門家であるR. V. ジョーンズ（R. V. Jones）は，次のように主張している。

> インテリジェンスの究極的な目的は，組織の行動を最適化することである。行動を決定しなければならない個人または団体は，行動を決定するうえできわめ

て重要な構成要素である対抗する相手に関する情報を必要とする。この情報は，さもなければ採用されたであろう行動よりも大きいかまたは，小さい規模の行動を示唆するかもしれない。あるいは，異なる行動方針のほうがよりベターな行動になるかもしれない。

(Herman 1996: 138-9)

したがって，インテリジェンスの優越それ自体で戦争に勝てるわけではない。しかし，インテリジェンスは軍事組織の活動を最適化し，より効率的にするために貢献することができる。これは，間違いなく，あらゆる戦争における重要な要素である。軍事指揮官がしなければならないしばしば困難な決断に関連して，敵と敵の行動についての情報は必要かつ重要である。

多様な戦況のなかでインテリジェンスの効果を決定することは，複雑な任務である。戦争は，究極的に総合的な戦闘力によって決定される。インテリジェンスは，軍隊が保有する多くの手段のうちのひとつに過ぎない。イギリスのインテリジェンスの専門家，マイケル・ハーマンは，軍事作戦におけるインテリジェンスは2つの方法により評価されなければならないと主張している。第1に，事実についてのインテリジェンスの精確性。第2に，インテリジェンスの品質は，相手のインテリジェンスの品質に匹敵すること。敵味方双方が良いインテリジェンスと悪いインテリジェンスを互いに持つことはありうる。たとえば，第二次世界大戦中，ドイツはソ連の総資源を過小評価する傾向があった。だが一方で，ドイツはアメリカとイギリスの資源を過大評価しがちであった。その結果として，ドイツは，連合国の軍事力に関する誤った評価に基づいてフランスと南ヨーロッパの防衛を含む計画と準備の大部分を立案した（Herman 1996: 145-7）。

インテリジェンスは，作戦レベルだけでなく，あらゆる戦争のレベルで然るべき地位を占めるという指摘は重要である。戦略レベルにおいてインテリジェンスは，軍事攻撃計画の早期通知を受けとるための「警報装置」として機能する。冷戦時代，スカンジナビア半島諸国の軍事インテリジェンス機関は，大部分がこの機能を果たした。すなわち，軍事的緊張の高まりとソ連及びワルシャワ条約からの攻撃の可能性を警告する機能を果たした。戦術レベルにおいてインテリジェンスは，主に敵性活動の決定と評価に関係している。情報の収集は，戦闘の一部分であり，敵との相互作用であるため，戦闘で直接使用される情報は，上述したものとはわずかに異なる。戦術レベルでは，さまざまな形態の偵察と監視に加え，捕虜の尋問と鹵獲された装備や書類の分析がきわめて重要なインテリジェンスの源として機能する。平和維持活動（PKO）では，地元住民との会話から得られたインテリジェンスは，最終的に絶大な価値がある（Herman 1996: 79-80, 121-4, 139）。

以上をまとめると，敵と自己の活動についての知識は，インテリジェンスを必要とする。これは，軍事作戦の実施のための重要な前提条件であると結論づけることができる。インテリジェンス活動は，主に敵の能力，計画，活動の評価に関して提供される異なるタイプの評価に基づく情報の収集から構成される。多くの場合，インテリジェンスを通常の研究や調査から区別するのは，主に機密性の高さである。インテリジェンス活動は，相手が保護し，保持しようとする秘密の情報を手に入れることに基づいている。この結果，双方は，似通った状況となり，欺瞞と故意の偽情報を用いる傾向が生じるであろう。軍事作戦の文脈の中でインテリジェンスは，しばしば「力の乗数器」として，そして自己の作戦のための「最適化」の役割を担う。最終的には，インテリジェンスは戦闘のすべてのレベルにおいて作用するのである。

● 7 おわりに

本章の目的は，作戦術に関して軍事理論に存在する原則と考え方を示すことであった。作戦術の概念は，戦術行動を戦略的効果に変換する術《アート》である。作戦術は，作戦レベルで決定された軍事作戦の手段によって戦術的戦闘と戦略目的を結びつける。本章で定義された作戦術の問題は，下位レベルは上位レベルのために尽くすというトップダウンにより制御される目的と手段の階層を仮定している理論に見出される。実際には，戦術行動は，しばしば，作戦及び戦略目的を決定することが認められている。これは，因果関係が無効化され，逆転されるため，軍事理論の観点からは満足のいかないものである。この結果として，作戦レベルは，戦略レベルと戦術レベルの間の考え方のフローのための一種のフィルターになる。往々にしてフィルターは，本質的に多少恣意的である。

上述したように，作戦術は，理論的に説明され，実地に変換される多数の重要な概念，要素，機能にも依存する。重心概念は，解釈と定義が困難なものである。これにもかかわらず，重心は，作戦活動のきわめて重要な焦点と考えられている。自己と敵の重心の両方の分析は，主要な目的と副次的な目的を分類する優先順位を導出し，可能な限り最善の方法で限られた資源を利用する能力を向上させる。軍事指揮は，戦場での不確実性と混乱とを管理する手段，すなわち，敵自身，敵の計画，即応状況及び作戦環境についての知識を得る手段である。軍事作戦を実施するためには軍隊のみならず，軍隊を維持し，移動させる資源が必要である。これは，ロジスティクスの任務である。最後に，インテリジェンスは，対戦相手についての情報と確実性を追求する軍事司令部にとって必要な前提条件である。このように，本章は軍事力のさまざまな手段が議論された。

すでに記したように作戦術は古くからの現象であるが，現代における復活を経て，さまざまな理論で形式化されてきた。最も広義で理解されている作戦術が多くの軍事分野において必要不可欠であることは明らかである。戦術的な成功を戦略的な成功に変えることは，時代を超えた課題であり，多くのさまざまな文脈における注意を必要とする。本書の第5章から第9章では，戦いの原則と，陸上，海上，航空での作戦だけでなく統合作戦において軍事力を活用するための個別の理論に重点を置いてさらに深く考察する。

Q 論点

1．小国の作戦術は，大国の作戦術とどのくらい異なるのか。
2．間接的方法と直接的方法の作戦上の利点と欠点は何か。
3．なぜ，重心は作戦計画と実行において意味のある概念なのか。
4．分散化された指揮統制と集中化された指揮統制の強みと弱点とは何か。
5．ロジスティクスは，作戦実施の機能なのか，それともそのような活動の前提条件なのか。
6．通常戦争と小規模戦争のなかで，もしくは戦略レベルと戦術レベルの間で，インテリジェンスの必要性と実行は，どのように比較されるのか。

第5章

戦いの原則

●1 はじめに

19世紀のフランスの軍事理論家シャルル・アルダン・ドゥ・ピックは，「人間は戦うことを目的に戦闘するのではなく，勝利することを目的に戦闘するのである。人間は，戦うことを回避し，勝利を得るために全力を尽くす」と主張した（Ardant du Picq 1987: 69）。軍事思想の大部分は，当然の道理として，戦争における勝利をどのように獲得するのかについて焦点を当てている。どのように戦争に勝利するかについて最も明確に表現したもののひとつが，いわゆる「戦いの原則（principles of war）」と呼ばれているものである。これらの原則は，個々の思想家が定めたものではなく，むしろ知の結集の一形態と見なされるべきである。実務家の視点から見れば，戦争に勝利するための指針を明らかにしようとする試みは，至極当然のことである。また，戦争の結果をいかに説明するかという科学的な研究が，勝利と敗北の関係を説明しうる変数を特定する試みを起点とすることも，同様に当然のことである。これら2つは，軍事理論として同時に存在するものの，部分的には別個の願望ともいえ，いわゆる戦いの原則というものにさまざまな解釈をもたらしてきた。兵力の集中，奇襲，兵力の節用，士気，主導，柔軟，簡明といった概念は，戦争に勝つための普遍的で時代を超えた原則とみなされてきた。しかし，これらの原則はどのように解釈されるべきなのだろうか。戦いの原則を見出し，用いるにあたり，これらの願望は実践と理論の両面においてどのような問題を内に宿しているのであろうか。

本章は，戦いの原則，その固有の論理，原則相互間の関係，そして原則を創り出した背景にある方法を紹介することを目的としている。戦いの原則は，理論家間と実務家間の両方において議論されてきた。これは，ドクトリンにおいて戦いの原則に関する制度化が変化していることからも明らかである。アメリカの軍事史家ジョン・アルジャーは，次のような示唆を行っている（Alger

1982)。それは，戦いの原則の重要性を強調する人々は，それらの原則がようやく最近になって「時代を超えた」真理とみなされるようになったという事実にしばしば気がついていない。つまり，戦いの原則は，その明らかな普遍性と不変性によって，ドクトリンと軍事理論の両方において明確に位置付けられていると理解されうる。実際のところは，戦いの原則は歴史的に頻繁にその内容と在り方に関し，異議と批判にさらされてきた。その異義と批判とは，とくに原則は不正確で，矛盾，説得力に欠けるということについてであった。したがって，戦いの原則に関するこれまでの大きな議論には，その存在自体を問う議論も含まれる。一方で，その存在を受け入れる人々の間では，戦いの原則とは何か，あるべき原則の数はいくつかということについて，時として慎重な議論がなされてきた。

本章は2つに大別される。前半は，戦いの原則に関する一般的な紹介である。ここでは，戦いの原則に関するさまざまな理論家の見解と，それぞれの異なる解釈について議論する。さらに前半では，戦いの原則がどのようにして出現するに至ったのか，そして戦いの原則がもたらした軍事的議論について探究する。また，個々の原則がどのように解釈されうるかという具体例についても明らかにする。この章の後半はより分析的である。戦いの原則の出現という現象を理解するための2つの異なるアプローチ，すなわち軍事行動としての戦いの原則及び説明的理論としての戦いの原則を提示する。

● 2　戦いの原則――概要

本章の前半部である戦いの原則の一般的な紹介は，3項構成である。最初の項では戦いの原則の概念的側面について議論する。戦いの原則をどのように解釈するべきなのであろうか。どのような枠組みによって戦いの原則は現れるのであろうか。当然のこととして，ここでは，原則の存在を認めている人々の間における議論を主に取り扱う。2番目の項では戦いの原則の歴史を取り上げ，その起源から今日に至るまでの知的発展について説明する。したがって，原則の存在をめぐる議論を主に説明する。3番目の項ではいくつかの原則に関する固有の論理と相互の関係について紹介し，それらについて議論する。ここで，議論の目的について次のことを指摘しておくことは重要である。議論の主たる目的は，最も重要で最適な原則を選択することでも，原則相互に順位を付けようとすることでもない。その目的は，原則に対するより良い方法論的，認識論的な理解を提供することにある。

戦いの原則：概念的な論点

戦いの原則を創り出す目的は，将来世代の教育のために経験と知識を蓄積することにあるとされる。個々の兵士や士官は知識を習得することをゼロから始めるべきではない。むしろ，それまで確定されているささやかな一定量の知識を授けられるべきである。同様に，たとえば車輪を再び発明しなくてはならないような事態に陥らないために，科学は知識を徐々に積み上げようとしている。これらの目的について大きな議論はないが，満場一致の結論が得られないところでもある。軍事理論におけるいくつかの議論は，戦いの原則の周辺に集中している。これが戦いの原則をめぐる議論が争われている理由のひとつである。おそらく最も明白なことは，戦争は科学《サイエンス》か術《アート》かという議論が，戦いの原則をめぐる議論に先立つことである。

第1の議論は，戦いの原則の本質に関するものである。歴史を通じて，戦いの原則を「法則と規則」と解釈する意見と，戦争の結果を説明するための変数と解釈する意見が2つ存在してきた。これらの2つの概念は密接に関連しているが，その意味には若干の違いがある。もし戦いの原則を法則と規則として解釈する場合，実務家は，その原則に従うべきである。戦いの原則を法則と規則として解釈することは，戦争の結果を説明するための変数として解釈できることも意味する。戦いの原則は，おそらく戦争の個々の要素と戦争の結果との間における因果関係を法則と規則として反映している。したがって，戦いの原則がこれら法則と規則という要素と戦争の結果を説明するための変数という要素の両方を含むことは，理にかなっているだろう。たとえば，アルフレッド・セイヤー・マハン提督は，歴史的に，戦いの原則を守った者が海戦に勝利したと主張した（Mahan 1999: 64）。勝利をもたらさない法則や規則に将軍たちが従うべきだと主張する者がいるとすれば，当然それは奇妙なことである。一方で，戦いの原則を戦争の結果を説明するための変数として解釈する場合，それらの原則は測定可能で，明確で，論理的に一貫しているべきである。他方，戦いの原則の解釈について最も一般的な見解は，法則や規則よりももう少し柔軟性のある指針として解釈することである。この場合，戦いの原則から逸脱することが許されることになり，特定の状況下では，逸脱を奨励することさえ可能となる。スウェーデンの軍事史家アルフ・W. ヨハンソン（Johansson 1988: 66）は，戦いの原則は「指針」であるという姿勢を採用していると考えられる。彼は，

J. F. C. フラー

戦いの原則を軍事史的経験に基づく科学的な原理とみなすことはできないが，「戦争における数多くの側面」とみなすことができるとしている。このアプローチによれば，戦いの原則を軍事的経験や，その経験から得られる抽象概念を分類するための変数とみなしうる。しかし，因果関係を説明する理論とみなすことはできない。それゆえ，戦争の術《アート》はこれら戦いの原則の効果的な組み合わせの問題となる。実際の状況においては，原則を無視できるのはいつなのかということを知ることも問題にもなる。

戦いの原則をめぐる第2の議論は，原則を適用する戦闘のレベルに関するものである。まず，戦いの原則は戦闘のレベルに関係なく普遍的であるという考えがある。たとえば，ポール・カッツは次のように述べている。戦いの原則は「戦闘のための簡潔な法則の集まり」であり「時間，場所，状況に依存しない」（Katz 1987: 37）。それゆえに，戦いの原則は「初級士官から将軍に至るまでの戦闘を遂行するすべてのリーダー」に関係しているとする。同様に，ジョン・M. コリンズは，戦いの原則は戦略レベルと戦術レベルの両方に適用されるが，本来的に適用できるのは作戦レベルであると主張する（Collins 2002: 81）。一方，イギリスの陸軍少将であり軍事思想家でもあったJ. F. C. フラー（J. F. C. Fuller, 1878-1966）は戦略レベルの原則に戦術レベルの原則，すなわち自身が提唱した戦術的原則である士気の喪失，耐久力，心理的衝撃を組み込んだ。このことは，戦いの原則，その内容，その形態を戦争のレベルに応じてそれぞれ適合させることが不可欠であるとフラーが信じていたことを示唆している（Alger 1982: 232-3）。本書は戦いの原則を戦争のレベルにどう適合させるか，という質問についてどのように叙述すべきか。この質問は，戦いの原則に関する理論的主張の範囲に影響を与えるだろう。たとえば，戦略的な奇襲が必然的に戦術的な奇襲を伴う，ということは明らかに真実ではない。また，戦術的な柔軟性によって戦略的な柔軟性が必ずしも達成されるわけではない，ということも誤っている。もし戦いの原則を異なるレベルに適合させることが可能であれば，それによって戦いの原則が最も好ましく用いられるのはどのレベルにおいてか，という問いが浮上する。たとえば，次のような問いである。戦争の結果を決定付ける奇襲とはどのような形態なのか，それは戦術的なものか，それとも戦略的なものか。

戦いの原則をめぐる第3の議論は，原則が適用される戦争の種類についてである。紛争の種類にかかわらず原則は同じように適用されるという考えがある一方で，紛争の違いに対応して適用される原則の組み合わせも変化するという考えもある。この質問は，あらためて原則に関する理論の範囲を示すものである。戦いの原則が特定の種類の戦争においてのみ有効な場合，原則が対象とする範囲は明らかに狭まる。たとえば，ラッセル・グレンは，1990年代のアメリカ陸軍が通常の作戦か戦争以外の軍事作戦（OOTW）かによって，異なる原則の組み合わせを用いたことを指摘している（Glenn 1998: 56）。すなわち後者では，兵力の集中の代わりに正統性が，兵力の節用の代わりに自制が，攻撃よりも忍耐が含まれる。チャールズ・E. コールウェル（Charles Edward Collwell, 1859-1928）は，イギリス植民地主義の絶頂期において，いわゆる小規模戦争には独自の原則があるとも主張した。たとえば，19世紀から20世紀への変わり目の時期に論争の的であった戦闘と機動のどちらがより重要かという問題について，コールウェルは戦闘が機動に優越することを示唆した。また，小規模戦争において兵力の集中は成功のために不可欠ではないことも示唆した（Callwell 1996: 85-96, 108-14）。ジョン・キーガンは，戦いの原則が無条件降伏への願望を含意していると主張した（Keegan 1961: 61-72）。キーガンによれば，その含意の意味するところは，戦いの原則が核時代にも，核兵器保有国間の戦争に関して考察することにも適合していない，ということである。

戦いの原則をめぐる第4の議論として，戦いの原則はあらゆる種類の環境や領域において普遍的に適用される，と主張される。しかし，この論争は長年続いている。アントワーヌ・アンリ・ジョミニ（Antoine Henri Jomini）は，「戦争のすべての良い組み合わせに依存した基本原則はつねに存在しており」，それら基本原則は「不変である。そして，原則は用いられる武力，時間，そして場所から独立している」と信じていた（Fallwell 1955: 50）。しかし，マハンはジョミニの原則を別の方法で理論構築した。マハンはその他の点では，ジョミニの崇拝者なのであるが。マハンは，ジョミニの目標の原則と兵力の集中の原則に加え，たとえば，拠点の設定，海上交通路の維持，商業海運の破壊を追加した（Mahan 1999: 63）。スウェーデンの軍事史家マルコ・スメドベルグは，航空戦には地上戦とは異なる原則があることを示唆している（Smedberg 1998: 160-2）。ある程度の期間，アメリカ空軍はアメリカ陸軍とは異なる原則を採用しており，そこには「タイミングとテンポ」，「ロジスティクス」，「団結」が含

表 5.1 主要な軍事思想家の提唱した戦いの原則

ジョミニ（1816 年）	フォッシュ（1906 年）	フラー（1923 年）	モントゴメリー（1945 年）	サビキン（1953 年）	毛沢東（1954 年）
決勝点に対する兵力の集中	戦力の節用 行動の自由 戦力の自由使用 保安など	兵力の集中 奇襲 決定力 攻勢 機動 戦力の節用 目標 持久力 警戒	兵力の集中 奇襲 主導 士気 指揮 エアパワー 簡明 協調	兵力の集中 奇襲 機動 テンポ 主導 復旧 目的 協調	地域的兵力の集中 奇襲 遊撃 攻勢 継続的攻撃 破壊 目的 自律 指揮の統一 士気

まれていた（Glenn 1998: 52）。最後の 2 つの例は，海上，空中，地上におけるすべての形態の戦闘において，戦いの原則が，完全には明確ではないことを示している。

戦いの原則をめぐる第 5 の議論はどれだけ多くの原則が存在し，どのような原則があるかについてである。表 5.1（Bellamy 1990: 14; Alger 1982: 193-270 から引用）に示すように，広範な議論が存在する。

戦いの原則をめぐる第 6 の議論は，原則によって説明できるはずのものは何か，すなわち従属変数が何であるかについてである。この議論における見解は，見事に分かれている。実際，いくつかの異なる選択肢が想像できる。戦いの原則は，個々の戦闘，戦役《キャンペーン》，戦争，すべての軍事活動に有効なのだろうか。それとも一般的な意味でのすべての人間活動を成功に導くものなのだろうか。たとえば，マハンは，戦いの原則が，造船及び艦隊の構成から海上作戦の計画，そして実施に至るすべての場面において，有効な成功への道であると考えていた（Alger 1982: 91）。フラーに関していえば，1920 年に，戦いの原則は「永遠の，普遍的かつ根本的なもの」であり，ボクシングの試合から軍の戦闘まですべてに適用されると主張した（Alger 1982: 123）。戦いの原則が説明しようとしている対象がまさに何であるのかをさらに詳細に定義することなく，それら原則を用いても，説明の内容は決して明白にはならない。

戦いの原則の内容，数，及び形態は著者ごと，ドクトリンごとに異なる。原則の数は，ジョミニを起源とする単一の原則から，ウィルヘルム・フリードリッヒ・フォン・リュストウ（Wilhelm Friedrich von Rüstow, 1821-78）による 27 の原則までさまざまである。これら戦いの原則が現れた期間内には，たとえば，

表 5.2　主要国の陸軍または統合ドクトリンに示される戦いの原則

アメリカ（1921 年）	イギリス（1920 年）	フランス（1936 年）	西ドイツ（1962 年）	ソ連（1942 年）	中国（1955 年）
兵力の集中	兵力の集中	兵力の集中	兵力の集中	兵力の集中	兵力の集中
奇襲	奇襲	奇襲	簡明	奇襲	奇襲
戦力の節用	戦力の節用	行動の自由	指揮の統一	戦力の経済	行動の自由
目標	目標		目標	支援，増援	目標
攻勢	攻勢		正統性	優越	攻勢
指揮の統一	協同			協同	協同
機動力	柔軟性			機動力，テンポ，主導	機動力，主導，柔軟性
警戒	警戒				警戒
簡明	士気				士気
					政治的動員

イギリス陸軍元帥であったバーナード・モントゴメリー（Bernard Montgomery）や，8つの戦いの原則に言及し後に4つの原理を追加したヴァシリ・サビキン（Vasilii Savkin），10の原則に言及した毛沢東（Mao Zedong），多大な熟考の末に9つの基本原則を決定したフラー，4つの原則をあげたもののそのリストに有名な「等」を付すと結論づけたことで，さらなる原則が追加される余地を残したフランスの将軍フェルディナン・フォッシュ（Ferdinand Foch, 1851-1929）らの存在が代表的である。ジョミニは，1816年の原則に関する自身の最初の定義において，決勝点に対する兵力の集中が唯一の原則であると考えていた。さらにジョミニは，この兵力の集中を達成する方法は最大12通りあると考えていた。ジョミニは徐々に自身の考えを見直し，兵力の集中を達成する方法の数を変更した。ジョミニは，後にこれら方法のうちのいくつかについて，それら自体を原則としてみなされるよう発展させた。たとえば，機動や奇襲である（Alger 1982: 204-8）。ほかの思想家も自らの考えを発展させた。リデルハートは，当初はジョミニの元来の考えを支持して「弱点に対する勢力の集中」という唯一の原則に発展させた。しかしながら，厳密に言えばリデルハートは「原則」ではなく「実践的な指針」と称していた。その後，リデルハートは「すべきとべからず」という様式によって8つの行動原理を展開した（Liddell Hart 1932: 301-3）。

原則の数，内容，形態はそれぞれのドクトリンによっても異なる。このことは，表5.2（Alger 1982: 193-270から引用）を見れば明らかである。おそらく重要なことは，異なるドクトリンがどの原則を扱うのかではなく，戦いの原則にもさまざまあるということであろう。そのことは，たとえ制度化された形態であったとしても，戦いの原則はひとつではなく複数の理論を持つことを示唆している。表5.2によって明らかになることの2点目は，ドイツを除く西欧各国においてほぼ同時期に戦いの原則が制度化されたことである。それは第一次世界大戦直後から戦間期においてである。この事実は，戦いの原則をドクトリンとして制度化することが，一義的に現代的な現象であることを示している。

以上のことから戦いの原則の数，形態，内容は，ドクトリンと理論の両方においても幅広く変化するものであると結論づけることができる。この項では，これまで戦いの原則をどのように解釈するべきかについての概念的な議論を扱ってきた。ここからは，戦いの原則の発展について議論する。

戦いの原則：概念の歴史

これまで述べてきたように，概念の簡明なリストとしての戦いの原則は現代的な現象ということである。私たちが今日理解しているような意味での戦いの原則は，1920年代まで存在しなかった。しかし，戦いの原則とその原則が問おうとしていたものは，軍事思想史によってその足跡を辿ることができる。戦いの原則に類するものを述べた最初の人物は，おそらく孫子であろう（Sun Tzu 1994）。たとえば，彼は奇襲と慎重なプランニングの重要性を強調した。しかし，孫子があらゆる戦闘において成功を収めることのできる定まった法則はない，と主張していることにも留意しなくてはならない。そのため孫子は，戦争の状況はさまざまに変化するため，時代を超越する戦いの原則を確立することはできないと主張する人々の先人とみなされるべきである。古代及び中世ヨーロッパでは，規律，組織，築城，統治を維持するため多くの試行錯誤が繰り返された。まず第1に，中世の戦闘においては，軍隊による農村部の略奪が頻発した。しかし，当時それはごく自然なことであった。なぜなら略奪は，自軍を維持すること，また相手をより困難な状況に陥れることを意図したものであったからである。軍隊は，敵対する都市に対し略奪を企図し，身代金を要求することもあった。中世の都市が敵の略奪から身を守る主な方法は，自身の要塞化を推進することであった（Alger 1982: 92–213）。

科学革命と啓蒙運動の時代は，社会全体に影響を与えたばかりでなく，軍事思想の発展にも影響を与えた。戦いの原則の起源は，まさに中世にさかのぼる。戦争を科学的なものとして描き出すことによって，戦争を支配する原則というものも存在するとする軍事思想の基礎が築かれた。戦いの原則は，軍隊の教育機関における戦闘に関する研究の影響も受けた。この文脈の中で，砲術や，より技術的な側面に関する研究と並んで，戦いの原則を探究するため軍事史の研究と戦争の体系的な研究を通じて教訓を得る必要性が急速に高まった。このことは，戦争の術《アート》に関連する書籍について，戦場を知る将軍たちよりも軍隊の教育機関の教官たちがより多く執筆するようになっていくことを意味した。この現象により，科学的理念について教官職にある者たちのほうが，戦場しか知らない将軍たちよりも受容力があり，時代を超越する戦いの原則を明らかにすることが可能であるという見解が生まれるようになった。このため戦いの原則の探求は，軍隊の行動のための指針として表現される基本的真理となっていく。17 世紀と 18 世紀の間，とくにフランスでは，とりわけアントワーヌ・マナッセ・ド・パ（Antoine Manassés de Pas, 1648–1711），ジャン・シャルル（Jean Charles, 1669–1752）及びモーリス・サックス（Maurice of Saxony, 1696–1750）らにより，時代を超越すると信じられた戦争の術《アート》に関する教科書が執筆された。まだ戦いの原則の数，形態及び内容は定義されていなかった。しかし，教科書の登場によって戦いの原則が存在するという共通の概念が西洋社会において確立され始めたのである（Alger 1982: 7–14）。

ところで，戦いの原則のリストを明らかにした最初の人物はジョミニではなかった。最初の人物は，18 世紀末期におけるフランスのシルヴァ侯爵（Marquis de Silva）とイギリスのヘンリー・ロイド（Henry Lloyd, 1718–83）とされる。彼らは番号を付した原則リストを明らかにすることによって，原則をリスト化するパイオニアとなった。とはいうものの，戦いの原則に対するジョミニの貢献は大であった。それは，彼が自身のキャリアの冒頭において，戦いの原則というものが存在し，それらは不変かつ普遍的であるということを力強く主張したことによる。クラウゼヴィッツも原則という形態を用いて，教訓を提示した（Clausewitz 1993）。しかし同時に，クラウゼヴィッツは，あくまでもこれらの教訓は，戦闘を行うのに先立つ個人的な準備を支援するためのものである，と指摘することを忘れなかった。ジョミニも，戦いの原則により戦争をどのように遂行するのか，という指針までを示そうとすることを意図してはいなかった。しかし，戦いの原則に関するジョミニの決心が，時間の経過とともに徐々に揺らいでいったと思われることにも留意しなくてはならない。ジョミニは，戦いの原則は指揮官が自身の才能を発揮するために利用されなければならないと確信していた。彼は，核心的な問題として，次のように述べた（Jomini 1987: 437–8）。

> 軍事の天才を否定し，偽計で勝利すること。つまり，実証的科学によってあらゆる作戦は絶対確実に計算することができ，戦争は実証的科学であるといったことは誤った考え方である。

現代においても，戦いの原則の存在とその有用性に関する議論は，戦争は科学《サイエンス》であるがゆえに一般原則に基づくという立場と戦争は創造性に基づく術《アート》であるという立場の2つと関係している。

19世紀，ジョミニの教えは，ドイツを例外として，ヨーロッパ列強の軍参謀大学での指針として徐々に受け入れられていった。フランスでは，正しい原則を特定するために多大な時間が費やされた。イギリスとアメリカでは，戦いの原則が存在するか否か，もし存在するのであれば，それが何であるかに関して長い議論が始まった。イギリス陸軍士官学校長でありジョミニの思想の熱心な信奉者であったパトリック・レオナルド・マクドゥーガル（Patrick Leonard MacDougall, 1819-94）は，ジョミニの戦いの原則を採用した。しかし，マクドゥーガルの方針に対しては，つねに異議が唱えられた。とりわけナポレオンの好敵手となったウェリントン（Arthur Wellesley, 1st Duke of Wellington）は，軍事教育をナンセンスとみなした（Alger 1982: 38）。アメリカでは，ジョミニの兵力の集中に関する思想は，南北戦争（1861-1865年）における北軍の勝利によって受容された。南北戦争の終結に際し得られた教訓は，南部連合の有能な将軍，ロバート・E. リー（Robert E. Lee），ネイサン・ベッドフォード・フォレスト（Nathan Bedford Forest）そしてトーマス・「ストーンウォール」・ジャクソン（Thomas “Stonewall” Jackson）が，北部諸州の優越した物量に対し敗北したということである。プロイセンでは，戦闘のための27の「基本原理」を特定したリュストウなど，戦いの一般的原則を支持する者が少数ではあるが存在した。しかし，プロイセンの軍事思想家の本流は，一般的原則を批判する者が占めていた。ゲオルグ・ハインリッヒ・フォン・ベレンホルスト（Georg Heinrich von Berenhorst, 1733-1814），クラウゼヴィッツ，さらに後世の大モルトケ（Moltke the Elder）は戦いの原則が存在するという思想を拒否し，むしろ戦争の状況はおのおのが独特のものであり，それゆえいかなる一般的原則を確立することも不可能であることを強調した。とりわけ，ベレンホルストは戦いの原則を否定した。そして，19世紀初頭において次のような修辞的な疑問を提示したのである。「例外によって耳を塞がれた場合，法則は役に立つのか」（Gat 2001: 156）。モルトケはさらに踏み込んで次のように批判した。「戦争では，芸術と同様，一般的な基準は存在しない。どちらの才能も法則に置き換えられ得ない」(Alger 1982: 57)。

19世紀から20世紀に変わる頃，米欧列強の双方において激しい議論があった。クラウゼヴィッツとジョミニのそれぞれに触発された2つの立場が徐々に形成されていた。そこでは，あらゆる法則と原則が拒絶されるか，そうでなければ，法則と原則は誠心誠意崇められた。法則と原則を受け入れるか否か，それぞれの立場を代表する軍事思想家たちは，原則が存在するか否かという問いに対する立場を明確にすることが求められた。当時，たとえばマハンは，原則はあらゆる社会的関係に有効であると信じ，モルトケはそれを完全に拒絶した。フリードリヒ・フォン・ベルナルディ（Friedrich von Bernhardi, 1849–1930）は，妥協的な方針を維持しようとした。そしてベルナルディは，戦いの原則はたしかに存在するが，それらの原則を原理や拘束力のある法則と見なすことは，指揮官の行動の自由を制限することになるので控えるべきだと主張した。1909年のイギリス野外要務令（*British Field Service Regulations*）においても，個別に命名こそされてはいないが，類似する原則の存在に関する言及があった。それにもかかわらず，戦いの原則は，第一次世界大戦勃発時には列国のドクトリンや規則の中で公式に成文化されてはいなかった（Alger 1982: 102）。

しかしながら，この状況は第一次世界大戦で一変した。第1に，戦争はこれまでよりはるかに大量の兵士と士官を養成する必要性を生み出した。それは，戦争を遂行するためにいくつかの単純な法則を見出すことを要求することになった。第2に，われわれが今日知っているように，戦いの原則はフラーによって創造された。アルジャーは，フラーを「20世紀における『戦いの原則』の近代的概念に対する疑いようのない最も影響力のある貢献者である」とみなしている（Alger 1982: 106)。フラーの1916年の論文における8つの原則に関する最初のリストは，主に西部戦線での彼の戦闘経験の成果であった。後にフラーは，軍事史をより体系的に研究するようになり，1923年に自身の主張を9つの原則として発展させた。フラーは戦いの原則を把握すること，くわえて少なくとも戦間期において，自身の主張をイギリス軍関係者に影響させることに関し，同時代の何者よりも成功を収めた。

戦間期，戦いの原則は，列国のドクトリンと規則の中で制度化され成文化されていった。しかし，原則化することに関し，しばらく論争があったことに留意が必要である。たとえば，アメリカ陸軍のドクトリンや規則である「*FM-100* オペレーションズ」において，原則は1921年に記述され，1928年に削除，

1939年に復活，1941年に再び削除，1949年に復活，1976年にまた削除，1978年に最終的に復活した。同様の方法で，フラーを起源とする考えのいくつかは，1920年にイギリス陸軍の野外要務令で成文化され，1935年版で初めて消滅し，第二次世界大戦後に復活した。フランスでは，当初，原則はドクトリンに関するワーキンググループによって否定された。ワーキンググループは第一次大戦後に設立され，フォッシュが軍を去った後にペタン（Philippe Petáin）が率いた。1936年まで，フランス陸軍のドクトリンに戦いの原則が取り入れられることはなかった。ドイツは，第一次世界大戦の戦勝国に追随して戦いの原則を導入した。しかし，ドイツは無意識に導入したわけではなかった。戦間期のドイツにおいて，戦いの原則の出現は大いに議論されることになった（Citino 2004: 32–5）。新たに建国されたソ連においては，ミハイル・フルンゼ（Mikhail Frunze, 1885–1925）とレオン・トロッキー（Leon Trotsky, 1879–1940）との白熱した論戦の後，戦いの原則は拒否された。その議論において，トロッキーは，戦いの原則は「ブルジョワ」の発明であり，戦闘における永遠の法則は存在しないと主張した（Alger 1982: 135）。

第二次世界大戦初期において，戦いの原則は大国のドクトリンから消滅していた。一方，戦いの原則は軍事理論の中で多く議論が重ねられ，戦争中にはおおむね確立されてはいた。ドクトリンに戦いの原則が明確化されなかったのは，無理からぬ理由であった。戦時中は，戦争に関する哲学的思索よりも，現在進行形の作戦の実施に対し多くの時間が費やされた。そのため，イギリス陸軍元帥モントゴメリーを除き，戦いの原則に関する議論はかなり低調であった。モントゴメリーは，戦いの原則に関する自らの見解をテキストにして自分の部下に配布した。第二次世界大戦後，戦いの原則の存在に関する議論はあったが，結果的に戦いの原則は，イギリスのドクトリンにあらためて採用された。イギリスにおける戦いの原則に関する論争は，継続された。たとえば，軍事史家のキーガンは，原則化について，体系的な検証が実施されていないため，原則は有効ではないと主張した（Keegan 1961）。アメリカでも原則は，議論の余地を残していた。たとえば，クラウゼヴィッツの専門家としてよく知られていたピーター・パレット（Peter Paret）は，戦いの原則は「ありふれたことのカタログに過ぎず，それは自ら物事を思考しないことに対する言い訳として，何世代もの軍人たちの役に立ってきた」と示唆した（Alger 1982: 164）。

頻繁な酷評にもかかわらず，戦いの原則は現在のアメリカのドクトリンに残っている。戦いの原則に関する概念は，1936年以降フランスで発展し，1973

年に3つの原則と5つの「法則（laws）」を包含した。これはフランス軍が，原則を承認することを意味した。ドイツでは，第二次世界大戦後の定期的な議論にもかかわらず，原則は依然としてドクトリンから排除されていた。1962年の野外教範「部隊運用（*Truppenführung*）」が発表された時に初めて，通常戦争と核戦争のための35の原則のリストが軍に採用された。それ以降も，原則が全般的に有効というわけではないということが強く指摘された。そのような警告は，1973年版の野外教範にも向けられたが，この版における原則の数は，かなり多いものであった。さらに，この版での戦術的な原則は，英米で採用されているものに類似していた。同教範では，戦争は「公式で解くことはできない」とされた。一方で，成功とは指揮官による批判的思考と任務の範囲内での自由かつ創造的な行動の結果であるとも明言された（Alger 1982: 154）。ドイツのドクトリンにおける原則の数が制限され，ほかの諸国のような少数原則に類似するようになるには，1990年代まで待たねばならなかった。ソ連では，実践では前々から原則は採用されていたものの，スターリンの命令により，1942年に成文化された。1953年にスターリンが死去した後の改革期間中，「永続的な作戦要素」は徐々に消滅し，レーニンにまでさかのぼることができるそれらの要素は，それまでの原則とそっくりの「戦争の術《アート》に関する原則」に置き換えられた。今日までの歴史を通じて，原則はこのように広範な議論の対象となっている。しかし，原則には何が必要なのであろうか。原則の背後にある論理と，その相互関係はどういったものなのであろうか。

代表的な戦いの原則：その論理と相互関係

本章でこれまで述べてきたように，原則の数は理論家によって異なる。その多様さは，原則の相互関係と定義にも当てはまる。本項では，教範やドクトリンに頻出する代表的な原則（たとえばCollins 2002: 81–5）について解説する。しかし，ここで重要なことは，その主な目的が，実際に理論的に最も重要な原則あるいは実践面で最も有用な原則を選択しようとすることでもないし，原則のランキングを確立することでもない。あくまでも，原則に内在する論理と，原則の相互関係を分析することが目的である。本項では，本書における考え方を説明するために，現在の西洋諸国のドクトリンに頻出する12の原則を選出した。

目標の原則（The principle of purpose）　軍隊の行動は，軍事的にも政治的にも明確で達成可能な目標を目指すべきである。同様に，これらの行動は，安全保障上確立された国益に基づく必要がある。国益は，すべての戦略的概念と軍事作戦の基盤となる。目標は，論理的に一貫性があり，明確に言語化され，軍事作戦は敵の重心に対し最優先で向けられなければならない。戦略，作戦，戦術の各レベルにおける計画と作戦は，相反することなく，一体として国家の政治的目的全体を達成することが要求される。軍事作戦の開始にあたり設定される目標は，作戦が進行し予期しない事態が発生するにつれ，しばしばぼやけて不明確になりがちである。コリンズは，経験豊富な政治指導者または指揮官は，目標が批判に耐え合理性に則っていることを，定期的に再検討するべきであると主張している。コリンズによれば，朝鮮戦争において，軍事作戦の目標は開戦1年目で4回変更された。当初は，韓国が北朝鮮の攻撃に耐えることを目標とし（1950年6月から8月），次いで北朝鮮と韓国の統一（1950年9月から11月），中国の反撃からの生存（1950年12月から1951年3月），最終的に朝鮮半島における現状維持と停戦を目指すこととなった（1951年4月から1953年7月）（Collins 2002: 82）。軍事史上，このような事態は珍しいことではないが，目標を明確化し堅持することの難しさを示す出来事でもある。平和維持活動においては「終わりの見えない展開（mission creep）」，すなわち作戦が進むにつれて作戦目標が変化することは，懐疑的に見られ，大失敗を引き起こす原因とみなされる（Fearon & Laitin 2004を参照）。

主導の原則（The principle of initiative）　攻勢的で効果的な行動とは，敵の行動に対して反応するものではない。むしろ，自軍が選択した時間と場所において行動することを可能にする。コリンズは，このように行動することが主導権を獲得するとともに，敵に主導権を与えないようにし続けるための最善の方法であると述べている（Collins 2002: 82）。この主導の原則を成功させることで，自軍の兵士を奮い立たせて敵の士気をくじく機動の自由を担保する空間が増加することになる。機動のための空間の増加は，敵の脆弱性につけこむ機会を創出することにもなる。主導権を握る者は，戦場の流れを支配することにもなる。1940年5月ドイツの西方への攻撃は，当事者であったドイツが，当初から戦役の全期間において主導権を獲得，維持し続けることに成功した軍事作戦の一例といえるであろう。この状況において，フランス軍とその同盟国が，効果的な反撃を開始することは困難であった。コリンズは，巧みな戦略家は防勢的な立場を採用するのみであり，行動を起こして主導権を獲得する機会が生起するまで受動的な立場をとることを示唆している（Collins 2002: 82）。1812年，1941年2月のドイツに対するロシア／ソ連の東方への後退は，とりわけ反撃を開始するために十分な兵力が集結するための時間を得ることを目的としていた。ロシア／ソ連の反撃は，それまでに長く伸びきった侵略者の補給線を十分に狙ったものであった。これは1812年から1813年の冬，モスクワ郊外で起こったことであり，1942年から1943年の冬，スターリングラードでも起こったことである（Collins 2002: 82）。

柔軟の原則（The principle of flexibility）　柔軟性と行動の自由を維持することは，多くの場合，軍事作戦の実行において非常に重要である。計画は明確かつ特定の要因に基づいて立てることが可能であると信じることは，すべての軍事上の誤りの中でおそらく最も深刻なものである。どの程度計画と異なる事象が生起するのかを長期的展望において予測することは誰にもできない。敵と味方の双方において，政治的そして軍事的な目的は，全く予期せず変化しうるものである。事態が進展することで，作成された計画や用意された資源が不十分であると判明することもある。そのため，敵から妨害を受けるか敵によって元の計画が実行不能にされた場合であっても，自らの行動の自由を維持するために，十分な余裕と事前に準備しておいた代替計画が必要となる。コリンズは，これらのリスクを回避する最善の方法は，短期的・長期的戦略の両方の領域にまたがる計画を作り出すことであると考えている（Collins 2002: 82）。柔軟の原則に価値があるという証拠を頻繁に示したのは，ドイツのエルヴィン・ロンメル（Erwin Rommel）将軍であった。1941年の北アフリカにおいて，ロンメルは数的に劣勢であった。ロンメルは，利用可能な武器システムと部隊を柔軟に運用することで，敵であるイギリス軍を後退させ，多くの場合，撃破した。

集中の原則（The principle of concentration）　戦闘における最も重要な原則のひとつは，敵に対して局所的な優勢を生み出すために自軍の資源を時間と空間に集中させる能力である。時として，この原則は兵力集中の原則として表現される。また，この原則は戦闘のあらゆる次元，そしてすべての状況に適用される。数的にそして質的な面ですら劣勢な軍隊であっても，資源を集中することが可能であり，仮に敵が兵力を集中していないとすれば，あらゆる面において優勢な敵に対して自軍が優位に立つかもしれない。集中の原則は主導の原則と関連もしている。孫子は，敵がすべての領域において備えるのであれば，すべての領域が手薄となると述べている（Sun Tzu 1994: 192）。孫子は，集中の価値を支持していたと思われる。ジョミニも，集中の原則の価値を指摘している（Jomini 1987: 461-3）。ジョミニは戦争の術《アート》全体を，「決勝点に対して我の兵力を集中させる能力」として要約できると信じていた。この論法に基づき，ジョミニは主導権を握り，維持することが重要であると主張した。1942年11月，スターリングラード北部及び南部におけるソ連軍の反撃は，部隊を過度に分離分散させていたドイツ軍に対し，現有資源を集中させた良い例である。従来は，アメリカの南北戦争時の南部連合のフォレスト将軍が「最大限の兵士と共に早く到達する」と提言したような全方位対応の思考であった。今日では，集中の原則は特定の分野において大いに議論されている。それは，新しい技術の開発が，作戦の効果に焦点を置くように変化してきたと考えられている分野である（Morgan et al. 2003）。

節用の原則（The principle of economy）　大国も含め，国家が保有する資源には限界がある。これは，特定の時間と空間において兵力を集中すると，その他の場所では資源を節約しなければならないことを意味する。利用可能な手段に制限があるということから，作戦の優先順位を決定することが必要となる。そうすることで，利用可能な資源を各作戦に配分する際，任務達成に必要となる資源量のみが割り当てられるようになる。これが，兵力の節用についての議論となる。そのため節用の原則は，軍事力の使用とは計算と合理性であるという概念と密接に関連している。節用の原則は，集中の原則と密接に関連している。節用の原則は，第二次世界大戦中におけるアメリカとイギリスの判断を用いて説明することができる。その判断とは，まずナチスに率いられるドイツを打倒し，その後に日本を破るように努力の焦点を絞ったことである（Collins 2002: 83）。この原則を厳守しなかったため多くの誤りを犯す結果となった例は，複数の戦線で戦争を遂行しようとしたヒトラーの企みである。東側のソ連，南東側のユーゴスラビアとギリシャ，南側では北アフリカにおけるイギリス。これらの戦線で戦端を開いたとき，西部戦線におけるイギリスとの戦争はいまだ終結していなかった。この戦線の拡大が決定的な失敗となり，最終的にヒトラーは破滅した。コリンズは，強力な敵を複数同時に相手取ることは人員と資源の集中を困難にするのであり，分別のある戦略家であれば誰であっても賢明にしてそのようなことはしないであろうと主張する（Collins 2002: 83）。

機動の原則（The principle of maneuver）　戦場において機動的であり，戦略的な思考において柔軟であることは，攻撃をある方向から別の方向へ切り替えることを可能にする。また機動的で柔軟であることは，行動パターンを特定のパターンからほかのパターンへ変更することを迅速に行うための一助となる。機動の原則はまた，決勝点に対して我の資源を集中させるための能力にも寄与する。コリンズは，直接の正面攻撃を実施するよりも次のような行動のほうが望ましいと主張する。それは，敵を側面から攻撃し，地上及び空から包囲し，迅速に再配置を行い，敵の強力な地点を避けるために敵の戦線に浸透することである。コリンズは次のように続ける。リデルハートの精神のもと，巧みな戦略家であっても己の物理的及び知的な力とスピードを維持し，相手がバランスを取り戻さないように努力しなければならない。そして最終的な目的が達成される直前まで，相手の弱点（すなわち抵抗が最小の戦線）を攻撃目標とするべきである（Collins 2002: 83）。1940 年 5 月から 6 月の西方戦役においてドイツのハインツ・グデーリアン（Heinz Guderian）将軍が実施した高速機動作戦は，機動の原則から生ずる利点に関する良い例である。さらに現代におけるほかの例として，1991 年 2 月そして 2003 年 3 月から 4 月の間にアメリカ主導による同盟国軍が行った対イラク地上戦がある。

奇襲の原則（The principle of surprise）　第 3 章で示唆したように，奇襲はあらゆる戦闘において重要な原則である。奇襲の原則は，既述の論理的なパラドックスを無効にする傾向があるため，とくに重要である。奇襲により成功の見通しが明るくなることは間違いない。しかしながら，奇襲は成功を保証するものではない（Collins 2002: 83）。奇襲が成功することで，作戦の事前準備に用いられた努力と資材の価値を大きく上回る効果と結果を生み出すことができる。敵は動揺し，当惑しまたは不均衡の状態になる。さらに敵は，時間的余裕を失うことで，主導権を喪失することにもなる。そして敵から主導権を奪うことは，奇襲の目的のひとつである。1941 年 12 月，真珠湾に対する日本海軍の奇襲攻撃は，戦略レベル及び作戦レベルにおいて奇襲が成功した例である。ここで，日本はアメリカの情報部門を欺瞞し誤解させることに成功した。アメリカのインテリジェンス部門は，アメリカ太平洋艦隊の主要基地に隣接する海域において，日本海軍が機動部隊を集中させていたことを看破できなかったのである。その効果は決定的であり，この結果アメリカは第二次世界大戦に参戦した。別の似たような例は，2001 年 9 月の世界貿易センターとアメリカ国防総省（ペンタゴン）に対するアルカイダの攻撃である。この事例では，事前の警告は限定的であったようである。限定的であれ事前の警告が存在したとしても，敵の計画的な行動の影響を阻止するための広範な措置はいっさいとられることがなかった。同様の意味で，奇襲は戦術レベルと戦闘においても重要な機能を果たす。

警戒の原則（The principle of security）　リング上のボクサーのように，国家とその軍隊は絶えず自分自身を防護しなければならない。警戒は奇襲への対抗手段であり，国家の権力と影響力を維持する役割を果たす。また，国内外の敵の戦略計画及び作戦計画を失敗させ，自国の国民，インフラ，資源及び軍隊を脅かすリスクを低減させることも目的としている。この目的を達成するための方法は，敵の奇襲手段に対抗するという観点を持ち，インテリジェンス活動によって敵の能力と意図を見出すことである。これには，対インテリジェンス活動及び敵の破壊活動を明らかにしようとする試みも含まれる（Collins 2002: 83）。戦闘においては，側面，補給線そして我の基地を防護することが必要である。予期しないリスクを管理し，成功を確実にするためには，作戦計画及び資源量において安全上の余裕を確保しておくことが重要である。

簡明の原則（The principle of simplicity）　軍事的な文脈では，簡明さを追求し，それゆえ過度に複雑な計画及び作戦を避けることは美徳と見なされる。なぜなら，計画と作戦が現実に直面したとき，それらがさらに複雑になることがしばしばあるからである。明確で簡明な計画はまた，誤解や混乱のリスクを軽減する。名著『戦争論（*On War*）』で，クラウゼヴィッツはすべての戦争を特徴づける摩擦を説明し，水などの抵抗成分の中における運動になぞらえた（Clausewitz 1993: 80）。そこでは最も自然で単純な運動を行うことでさえ，困難になってしまうのである。軍事作戦において，安全上の余裕が必要となるのと同様，この摩擦に対抗するためには簡明さが必要となる。コリンズによれば，簡潔な命令の良い例は，1944年2月に米英統合軍司令部からアイゼンハワー（Dwight D. Eisenhower）将軍に対し発出された命令である（Collins 2002: 84）。この命令の中で，次のことがたったの数語をもって言明されていた。「アイゼンハワー将軍はヨーロッパ大陸に上陸し，同盟国との協議の結果として，ドイツ軍を撃破しつつドイツ中心部に指向する作戦を実施せよ」と。この命令は，戦争終結の直前まで適用された。

指揮統一の原則（The principle of unity）　この原則はきわめて重要であるとされる。調整され調和のとれた行動は成功の可能性を高める。コリンズは，調和のとれたリーダーシップは，「責任を割り当て，施策を実施し，手順を確立し，指針を発出し，計画を承認し，基準を設定し，実施を監督し，分裂を伴う論争の解決により良く導くこと」と主張する（Collins 2002: 84）。調和を喪失した具体例が，ヴェトナム戦争の戦場における米軍の戦闘である。そこでは，ハワイに司令部を置く太平洋空軍の指揮官が航空戦の責任を負い，別の太平洋陸軍の指揮官が陸上作戦の責任を負い，外交は駐サイゴンのアメリカ大使によって処理された。同時に，南ヴェトナム側のおおむね40もの組織が農村地域の改革に携わっていた。この調和の欠如は，間違いなく，ヴェトナム戦争においてアメリカとその同盟国が効果的に戦争を遂行する機会を減じたのである。

士気の原則（The principle of morale）　効果的な戦闘に資する士気の重要性は，古今の将軍及び軍事思想家の双方によって頻繁に強調されてきた。たとえば，ナポレオンは「高い士気は物質的な強さの3倍に相当する」と信じていた（Bonaparte 1985: 407-41）。クラウゼヴィッツは，「戦争において士気の要素は最も重要である」と主張し，また，戦争は身体的及び精神的な原因と結果から等しく構成されていると主張した（Clausewitz 1993: 216）。高い士気は，戦争で発生する摩擦の影響に対抗するために重要であるとしばしば考えられる。さらに，兵士や指揮官が受ける危険や身体的圧力も重要である。戦闘における高い士気は，多くの要因の影響にさらされるであろう。その要因には，実際の戦争において認識された正統性，回復と休息の機会，使命の実行可能性，対戦相手に対する装備の有効性，リーダーシップの質，訓練の質が含まれる。倒れた戦友を置き去りにせず，あるいは敵の領域において撃墜されたパイロットを救うため，多大なエネルギーを費やすことが多くの軍隊における標準的な行動となっている。これらは，高い士気が軍事組織においていかに保持されているかを示す実例である。戦争遂行においては，一般市民における高い士気も重要である。1940年の夏，ドイツ空軍の空襲に対する防空戦であるバトル・オブ・ブリテンにおいて，イギリス国民がドイツの爆撃に屈服せず国家を挙げて抵抗したことは，その代表例である（Collins 2002: 84-5）。

時間の原則（The principle of time）　時間は，戦争のほとんどすべての活動に影響を与える要因である。したがって賢明な戦略家や指揮官は時間的要素が自身に有利に働き，相手に対しては不利に働くことが確実になるように活動を組織する（Collins 2002: 85）。タイミング，すなわち，行動開始時期，あるいは意思決定の時期を把握することも，この原則と関係している（たとえば，Leonhard 1994）。現代における一例は，1998年から1999年のコソボ紛争である。セルビアに対する持続的な爆撃は，セルビアの指導者スロボダン・ミロシェヴィッチ（Slobodan Milosevic）に圧力をかけ，時の経過がセルビア側に不利に働き，さらなる損失を避ける最善の方法は停戦であると認識させた（Gow 2003; Lambeth 2001; Hosmer 2001）。時間は作戦レベルにおいても重要な要素になりうる。作戦レベルにおいて可及的最大限の効果を得るためには，正しく適切な時期において反撃を開始することが必要となるからである。

● 3　理論あるいは実践としての戦いの原則

本章の前半では，戦いの原則の概念的側面について説明した。また，これらの原則に関連する論理についても紹介した。これまでの議論により，原則そのものが論争の対象であること，原則の形態，内容及び数に関する見解がさまざまに異なるであろうことが明らかになった。以上を踏まえて，本章の後半である本節では，分析的内容に移っていく。ここでは，戦いの原則は理論と実践とのどちらとして解釈するべきかという問題について，より詳細に取り上げる。順序を逆にして実践から取り上げていく。

実践としての戦いの原則

1812年，クラウゼヴィッツはプロイセン皇太子フリードリヒ・ヴィルヘルム（Frederick William）に対する報告の中で，いくつかの原則に従って戦争を簡単に要約した。この中でクラウゼヴィッツは，原則に過度に固執することについて警告した。

> 戦争の術《アート》に関する原則は，それ自体非常に単純であり，健全な常識の範囲内にある。……豊富な知識や深い学びは決して必要ではなく，また特別な知的才能も必要ではない。……しかしながら，戦争の遂行それ自体は間違いなく至難のわざである。
>
> （Clausewitz 1987：364）

このクラウゼヴィッツの言葉は，今日に至るまで生きている。つまり，理論的には単純かつ大半において自明である戦いの原則を学ぶことが，戦争遂行という困難な術《アート》において実用的であるのか否か。このことが，世界中の軍事関係者の間で大きな疑問であり続けてきた。実際の行動において，戦いの原則は有効なのであろうか。それとも戦いの原則を用いることは逆効果なのであろうか。

ジョミニとクラウゼヴィッツは，戦いの原則が実践において有用か否かという問いにおいて対極的な立場にある。しかしながら，それでもなお両者の戦争に対する態度は相当程度一致している。ジョミニは戦闘をどのように遂行するべきかという問いに対し，積極的な原則を初めて提示した人物である。そのためジョミニは，戦争において逸脱することが危険である，いくつかの基本的な原則があると確信していた。ジョミニは，歴史の流れの中で原則を用いることが戦争における成功を導いてきたと一貫して主張した人物である。ジョミニは，これらの原則から導出可能な警句は厳選できると信じていた。戦争の特性は，歴史的に変化してきた。しかし，これらの警句は，戦争によって引き起こされるカオスの中において，軍事作戦を遂行するという困難な任務を行う指揮官のための指針としての役割を果たしてきた。軍事的な天才は，これらの原則を確実に用いることができた。しかしジョミニは，因果関係を重視しつつも厳格さからは自由であるような，単純で明確な理論によって，あらゆる指揮官が同様の才能を創出できると信じていた。そのような理論によって，指揮官は能力と自信を高めることができる。先天的な天才が多く活躍した軍事史を研究することで導出された少数ながら単純な原則は，士官教育において有効に活用されてきた（Jomini 1987: 437-8）。

一方，クラウゼヴィッツはいかに戦争を遂行するのかという問いに対し絶対的な原則を策定することに対し批判的であった。クラウゼヴィッツは，知的基盤としての役割を果たす戦争の術《アート》のモデルを構築すること，さらには指揮官がそのモデルを頼れるようにすることは，全く不可能であるとした（Clausewitz 1993: 161-2）。指揮官は，現実世界において，自身の置かれた状況がそのようなモデルの外にあり，モデルとの矛盾に葛藤することになる。クラウゼヴィッツは，軍事的天才は法則を外れて活躍し，理論は実践と矛盾することになると主張した。

クラウゼヴィッツによれば，3つの特性の存在が，戦いの原則を確かなシステムとすることを不可能にしている。第1に，戦争を構成するものは，主として士気，そして勇気，恐怖，野心といった精神的特性であり，計測できないものである。第2に，戦争は人間の相互作用によって特徴づけられ，人間の「性質」のために「戦争は予測不可能になる」のである。第3に，戦争は，「すべての行動は，いわば，かすかな光の中で行われる」ため，きわめて不確実であるという特徴を有する。通常これは「戦場の霧（fog of war）」と言われる。クラウゼヴィッツは，これらの現象は，行動計画として定式化された理論において克服できない障壁であると考えていた（Clausewitz 1993: 158-62）。

戦いの原則を包含するドクトリンに代わり，クラウゼヴィッツは戦争の目的と手段だけでなく，戦争の本質にも焦点を置くような理論化を試みようとした。クラウゼヴィッツは，戦争の理論化は「将来の指揮官の精神を涵養し，あるいはより正確には，指揮官の自己研鑽を支援するためのものであって，指揮官につき従い戦場に向かうためのものではない」と信じていた（Clausewitz 1993: 163, 1987: 371; Paret 1976: 198-9 も参照）。そのため戦いの原則は，戦史を分析することで得られる最終的な成果ではなく，むしろ戦史が例示する問題を指揮官が理解し分析するための道具であると信じていた。

ジョミニとクラウゼヴィッツに代表されるこのような観点の違いは，戦いの原則を適用する際に現れる（Brodie 1959: 21-7; Keegan 1961 を参照）。指揮官のために推奨された行動方針のように原則が精緻化されるほど，戦場における実際の行動がルーティーン化しドグマ的となる。それゆえに，指揮官の行動が，敵に対し予測可能となってしまうリスクを増すことになる。我に大きな優位性がない場合，我の予測可能な行動は直ちに戦争の動的な本質との間に矛盾を生じることになる。したがって，戦場においては，自らの行動を状況に適応させ，最適化することができる指揮官に大きな利点をもたらす。第3章で述べたように，戦争は究極的には敵意の競合である。したがって，戦略的思考は人間的な営みである。知的方法論により，優位性や有利な立場を創出するためのあらゆる試みに対する対抗策は，同様の方法論を追求する敵に向けられる。これは，最も効果的な行動は予想外の行動，すなわち奇襲であることを示唆している。奇襲の原則を含め戦いの原則があまりにも厳格に規格化されている場合，これらの原則からの逸脱は，とり得ないだろう。たとえば，敵があらゆる状況において我が方からの奇襲を予想したとすれば，我が奇襲の原則から逸脱することは奇襲の一例になるであろう。これは，戦いの原則を用いることに内在するパラドックスの一例である。

代わりに，もしこの罠を避けるために，戦いの原則が漠然として不正確であるとしよう。その場合，戦場の霧やカオスが発生した際に指揮官に提供されるのは，最低限の手引きということになる。このあいまいな形態にある戦いの原則はそれゆえに，実際の戦争が非常に複雑で混沌としているにもかかわらず，現実には非常に平凡になってしまう。この事実により，指揮官が戦争に勝利するための戦いの原則の価値は，比較的低いようであるという結論が容易に導出される可能性がある。また，戦いの原則は初等レベルの知識であるとも主張しうる。ここでの高度な学習とは，敵に対して優位性を獲得するためには，どのような条件において原則から逸脱するべきかを判断する能力によって構成されることになるであろう。したがって，以上の議論の結論は，戦いの原則は最大限に用いられるべきではなく，むしろ最適に，すなわち相手との関係において最も有利な形で使用されるべきである。そのため，戦いの原則を最大限に活用することは，最小限にしか用いない場合とほぼ同様に危険になろう。

原則を使用する上でのもうひとつの実際的な問題は何か。もし戦いの原則が有効であり，戦争での勝利につながるとしよう。こうなると原則は，主として原則を用いない敵に対し，原則を用いるよう働き掛けるべきである，ということである。これは，ドイツの軍事理論家ベレンホルストが主張したことである。彼は，ジョミニの原則が主として有効であることを考慮しても，同じ方法で戦っている当事者同士が互いに打ち消し合い，それゆえ原則の効果が中和されると論じた。このような状況では兵数，兵士に宿る勇気や精神的な資質の欠如，または純粋な機会等の要素が決定的になる。しかし，これらの要因は，元来戦いの原則が克服し代替策となろうとしてきたという意味で，十分に逆説的である。ベレンホルストは，「蛮族」に対して戦いの原則をもって成功させてきたギリシャ人とローマ人の古代史を，この事例であると考えた。ギリシャ人やローマ人が相互に戦う内部紛争では，勇気と才能が決定的な役割を果たす傾向にあった。このため，戦いの原則の効果はないということが判明したのである。ベレンホルストは，同様のことが主としてナポレオン戦争の経験に基づくジョミニの原則にも当てはまると考えた。ナポレオンは，ジョミニの原則の唯一の提唱者であった限りにおいて成功を収めた。しかし，物量で優れた敵はすぐにナポレオンの技を学び，そのために最終的にナポレオンは勝利の機会を失うことになった（Gat 2001: 157; Paret 1976: 205）。第一次世界大戦における西部戦線での戦闘も，両者が似たような戦術を採用し，互いに決して突破を果たせなかった。このことは，ベレンホルストの考えが正しいことを補強するものと推察される。

ナポレオン・ボナパルト［Antoine-Jean Gros 画：Château de Versailles］

ベレンホルストとクラウゼヴィッツによって問題点が示されたにもかかわらず，多くの傑出した将軍や軍事理論家たちは，いかにして戦いの原則に関する議論を続けるのであろうか。ありそうな答えは，原則というものは容易に理解できる，というものだろう。さらに戦いの原則は，軍事組織の中核として教訓的かつ組織的な機能を果たすことになる。戦いの原則を用いることは，しばしば自己実現の特徴をとる。そこでは兵士と指揮官は原則が結果をもたらすと信じ，それゆえに彼らは成功をもたらすような行動をするのである。ここでいう成功とは，偶然性，技術的利点，または数的優位によって得られた結果に等しいものでありうる。

社会科学的説明のための理論としての戦いの原則

戦いの原則を，実場面において運用する困難さは回避できない。だとすれば，代わって戦いの原則を戦争の結果を説明する変数と解釈するべきであろうか。原則が説明のための理論として機能するには，いくつかの基本的な要件を満たす必要がある。第1に，独立変数たる原則と，従属変数たる戦争の結果との間には，明確な関係が存在しなければならない。想定される原因と，説明しようとしている効果との間に何ら関係がなければ，たとえば片方の紛争当事者による兵力の集中，といった選定された原因が誤りであると信じることには正当な理由が存在することになる。第2に，原則は戦争の結果に対する論理的なリンクを包含しなければならない。そうでなければ，たとえリンクが存在してもその接続状況はランダムになってしまうかもしれない。たとえば，今日ではコウノトリが赤ん坊を連れてくるといまだに信じている人は多くはいない。春のコウノトリの到来が，非常に多くの赤ん坊の誕生と同時に起こったとしても，である。原則はどの程度，これらの要件に合致するのであろうか。

戦いの原則に対する信奉と，戦争の結果との間に明確な関係があるか否か，という疑問に対する明確な答えは，体系的で実証的な調査によってのみ得ることができる。奇妙なことに，ジョン・キーガンが指摘しているように，この種の調査は決して行われたことがない（Keegan 1961: 66）。そのためキーガンは，戦いの原則はおそらく根拠のある確かなものですらない，と結論づけている。それゆえに，少なくとも20世紀の間，何世代にもわたる士官たちは，本書が知る限り，体系的に証明されていない原則に基づく訓練を受け，それらに信頼を置いてきた。戦いの原則が，戦争をどのように遂行するべきかという数多ある見解のうちのひとつを象徴する場合もある。時間と空間には，限りがある。そのため，実証的で体系的な研究を行うことは困難である。しかしながら，そのような調査のやり方については，少なくとも議論することはできる。

実証的な調査を行うためには，原則が測定可能であることが必要であろう。これは，将来の研究者が，戦いの原則に関連して真っ先に直面する問題である。本章の導入部において，戦いの原則の本質，内容，数，形態をめぐる広範な議論について説明した。この議論に基づき，原則の概念的精度に関する問題を取り扱うことができる。たとえば，兵力の集中とはどういう意味であろうか。いくつかの選択肢を挙げれば，効果，火力，兵員数，あるいは戦車の数に関する兵力の集中について，言及しているのであろうか。兵力の集中は，何に対して向けられるべきであろうか。ジョミニは「決勝点」を示唆する。しかし「決勝点」を構成するものは何であろうか。戦闘が終結した後でなければ決勝点が何であるかを知ることができないというのは，事実なのであろうか。兵力の集中は，それがどこに向けられたかにかかわらず，本質的に決勝点を創出するということは，おそらく全く事実であろう。この場合，指揮官が計画においてあるいは理論家が分析において目を向ける必要があるのは，実際の決勝点ではなく，戦闘によって創出された何か，である。集中の原則が示す兵力の集中が，どのようなタイプの集中であるのかを正確に知らなければならない。さもないと，その実証的妥当性を検証することは，明らかに困難になる。同様の議論は，残りの戦いの原則に関しても該当する。それは，アメリカの戦略理論家バーナード・ブロディによって主張された。ブロディは，戦いの原則が簡明でありまた普遍的であるとされているのは，「神の啓示，あるいは作戦における関心対象とするには広範すぎる一般性の程度」のいずれかの結果によることを示唆した（Brodie 1959: 23）。一言でいえば，現状において戦いの原則は一般的であるため，その普遍性を検証することはできない。そのため，原則は戦争の結果の説明としては，面白みのないものになってしまう。

それでは，戦いの原則と戦争の結果には関係があると主張することは可能なのであろうか。ここでは，原則を遵守すれば勝利し，原則を避けることが敗北につながるかどうか観察すべきである。原則と結果の連接を確実なものにするためには，逆の関係も成立する必要がある。すなわち，原則の不適用は勝利の達成を不可能にする。一方で，原則を厳格に適用することと敗北との間に相関関係が成立してはならない。キーガンとブロディの両人とも，実際に反対の例を論じている（Keegan 1961; Brodie 1959: 23-7）。両者は，軍事力が自国の資源を分割したため，兵力の集中と地域的優越が達成されなかったにもかかわらず，勝利を達成した例が数多くあると確信している。さらに，原則に従っていたにもかかわらず，戦闘で敗北した指揮官の例もある。それでも，原則を遵守し，勝利を達成した事例も存在する。しかしながら，反対の事例が生起したという事実は，原則と戦争の結果との関係が明確ではないことを意味する。これは，理論としての戦いの原則に問題をもたらす。

原則の内部論理にも問題がある。すでに述べたように，「目標」の原則，すなわち目標を定め堅持することと「柔軟」の原則は明らかに，完全に両立してはいない。同様に，「節用」の原則と「兵力の集中」の原則を調和させることは困難である。戦いの原則が説明のための理論としての機能を果たすことができるということは，原則同士の関係を単に論理的にだけではなく，むしろ，実証的に検証して解明することがきわめて単純に必要とされる。同様の問題として，原則同士のあらゆる可能な組み合わせのいずれが成功につながるかを定義することがあげられる。その立証の負担も，戦いの原則を支持する立場の者が負うのである。

戦いの原則を遵守することと，勝利との間の因果関係は明確ではない。この事実はまた，代わりの説明を検討する必要があることを意味する（Biddle 2004: 14-77 を参照）。因果関係を説明するうえでの原則の基本的な特性のひとつは，これらの原則は将軍が戦闘において隷下部隊をどう活用するかを基盤にしているということである。しかし，これだけが戦闘や戦役の結果に影響するわけではない。たとえば，2003 年のアメリカ主導の有志連合は，例え実際とは異なる形態で用いられたとしても，おそらくイラク軍を倒しただろう。いくぶん冗談めいてはいるが，小火器で武装した歩兵小隊が開けた土地において，航空支援を有する機械化師団に遭遇した場合，歩兵小隊がどれだけ努力を集中させたとしても，機械化師団に対し全く歯が立たないことは断言できるであろう。したがって，資源，物資及び技術は，戦争あるいは個々の戦いの結果において重要な役割を果たす。たとえば，ナポレオンは，「神は大軍に味方する」と簡潔に述べた。それゆえ，本章でこれまで述べてきたように，戦いの原則に対抗する説明は豊富にありそうである。

● 4　おわりに

あらゆる類型の戦争を勝ち抜くために軍隊が遵守するべき少数の指針を特定しようとする試みも，単一の変数を求めるための科学的調査も，すべての病気を治す万能薬を発見するための努力とは異なる。「戦いの原則」は，軍事理論の本質の二重性が関連する典型的な例である。つまり，ここでの二重性とは，戦争開始に関する規範のあり方と戦争遂行における説明である。本章では，戦いの原則に関するいくつかの重要な議論について述べてきた。原則の存在，内容，形態及び数は，理論家と実務家との間で議論されてきており，いまも引き続き議論されている。くわえて本章では，原則の思想史を論じることによって，原則の存在に関する考え方が時間と空間の中でどのように変化してきたのかを明らかにしようとした。もちろんこの試みは，これら原則が時代を超越し普遍的であるとして除外するものではない。原則の内容，形態及び数が変化するという事実は，知識の増加，言い換えれば，徐々に消滅していった原則が単に間違っていたことがわかったということを意味するかもしれない。しかし，このことを検証するためには，広範で体系的かつ実証的な研究が必要である。原則があいまいであるという批判に相当程度の妥当性があることは，これまでの議論からも明らかである。どのような方法であっても，なんらかの解釈が可能であるような普遍的な形態で表現された原則の，その永続的な価値は，おそらく，このように精緻さを大きく欠いたことによってもたらされた。しかし，この特性は，原則の妥当性を検証する上で，大きな障害が存在することを意味する。

戦いの原則の本質を説明のための理論あるいは軍事上の実践としてどのように解釈するべきか，という考察を本章で行った。これらを通じて，原則の存在に関する議論は，戦争を科学《サイエンス》とみなすべきか，術《アート》とみなすべきかをめぐる広範な議論にさかのぼることができることを明らかにした。あわせて本章では，孫子，ジョミニ及びクラウゼヴィッツなどの主要な軍事理論家が原則の是非にとらわれ，それゆえ戦争が術《アート》であるか科学《サイエンス》であるかという問いについてもとらわれてきたことを明らかにした。軍事理論家はこれらの立場の間で揺れ動き，ゆえに同じ知的問題に取り組むのである。とはいえ，最終的には異なる解決策に達するのであるが。

戦いの原則を理論として解釈するのか，実践として解釈するのかにかかわらず，戦争において原則を適用することには問題がある。実務家にとって，問題はとくに，「勝利の組み合わせ」を理解し，予測されることを避けるために，原則相互のバランスをとることである。原則のうち，いくつかは互いに直接対立している。逆説的ではあるが，論理的な意味では，原則に従うことが全く無用である場合，奇襲と柔軟の原則に従うことになる。理論家にとって，原則は概念上の精緻さを欠くがために，その重要性が不明瞭である。さらに，原則を厳守することと勝利すること，原則を無視することと敗北することの関係性が全く明確でない。このため，原則の説明力には疑義が生じうる。また，体系的な調査を可能にするために原則を運用するということになれば，ここにも大きな課題がある。このように戦いの原則に関する理論には，第１章で述べた軍事理論の４つのテーマが浸透しているのである。

実践面における問題に対する解決策は，おそらく戦いの原則はわれわれに従属するしかないようにすることであろう。もしわれわれ自身が原則に傾倒すれば，即座にわれわれは原則の虜囚になってしまうかもしれない。理論上の課題については，原則を測定可能とすることができるよう，原則の重要性を定義するための広範な作業が必要となる。それまでは，戦いの原則の遵守と戦争における勝利と敗北との間にどの程度の関係があるのかを明確に研究することはできないのである。

Q 論点

1．戦いの原則について述べることに，意味があるか。
2．戦いの原則は，戦争の術《アート》に関する知の結集をどの程度構成していると言えるか。
3．戦いの原則は，すべての軍種に共通するのか。
4．戦いの原則は，技術発展の影響をどの程度受けているか。
5．小国の戦いの原則と大国の戦いの原則との間に，何らかの違いはあるか。

第6章

統合作戦

●1　はじめに

現代の西洋諸国における戦闘とは，統合作戦による戦闘と同義である。すなわち，戦術レベルの戦闘によって戦略目的を達成しようとするさまざまな軍種がドクトリンをもとに組織され，統合部隊として運用される軍隊が行う戦闘のことである。「統合」という語は現在流行語になっているが，統合作戦（joint operation）は近年に始まった概念ではない（Beaumont 1993; Citino 2004）。アメリカの元陸軍元帥であり，その後大統領となったドワイト・アイゼンハワーは「陸，海，空で別々の戦争が行われることは今後永遠にない」と 1946 年に述べている（Murray 2002: 36）。また，統合作戦は 16 世紀まで生起しなかったものの，陸軍と海軍の協力はヨーロッパ諸国が，別々の軍種として陸軍と海軍を創設した時までさかのぼる（Glete 2000）。さらに，20 世紀には空軍が創設され，これによって陸軍－海軍，陸軍－空軍，海軍－空軍，陸軍－海軍－空軍といった，異なる 4 つの軍種の組み合わせによる統合作戦が可能となった。

統合作戦は，最も効果的な戦闘の方法である。さまざまな軍種を運用するということは，多くの行動で自由を得られる。くわえて，敵に対し，さまざまな戦闘で同時に対処を余儀なくさせる脅威を与える。しかしながら，統合作戦というものは，異なる文化，利得及び指揮系統に関して軍種間の協力が必要であり，逆にこれらの要因が統合作戦の足かせとなる可能性がある。つまり，統合作戦を計画することは簡単であるが，実現には困難を伴うということである。統合作戦の成功と失敗を示す双方の例は，歴史が示している（Murray 2002: 32）。第二次世界大戦において，ドイツは，とくに陸軍と空軍の戦術レベルでの連動に成功したが，空軍と海軍の連動は作戦レベルでそれほど成功しなかったといえる。太平洋での連合国軍による統合作戦，そして，その後に実施された西ヨーロッパでの統合作戦は，戦略レベルで成功したとされている。統合作戦は，戦略のどのレベルで最も成功を収めているのだろうか。また，統合作戦の理論において，どのような因果関係が注目に値するのだろうか。統合部隊または単一の軍種で戦略目標を最も効果的に達成するために，軍事作戦はどのように実行されるべきだろうか。

本章の目的は，統合作戦の理論を紹介することにある。第4章では，作戦術《オペレーショナル・アート》を概念的用語として扱った。本章では作戦術を，より本質的に考えていく。第4章では，正規の戦術的な戦闘に勝つことの重要性，すなわち戦闘の勝利が，有益な戦略的効果につながると述べた。本章では，統合作戦がどのように行われるのか，その理論を紹介する。本章では各軍種の作戦理論は扱わない。その代わり，各軍種の作戦理論は，第7章（陸上作戦），第8章（海上作戦），第9章（航空作戦）にて紹介する。したがって，たとえば，エアパワーを独立した軍事力として運用する理論は第9章に示す。本章では，空軍と陸軍がどのように協力するかといった理論について考えることとする。そのため，作戦術とその関連用語に関する議論は，後続の章でも続いていくことになる。

本章は，まず単一軍種による作戦と統合作戦を比較することを通じ，統合作戦の長所と短所に関して議論する。次に，陸軍－海軍，陸軍－空軍，海軍－空軍の3軍種の組み合わせを考慮しつつ統合作戦の理論を述べる。最後に，ネットワーク中心の戦闘（Network-Centric Warfare: NCW）といわゆる軍事における革命（Revolution in Military Affairs: RMA）によって3つの異なる軍種が協力した統合作戦について議論することにより，本章を締めくくる。

● 2　統合作戦か，それとも単一軍種による作戦か

統合作戦は，西洋諸国において軍事作戦の趨勢となっている。統合作戦において，軍種間の文化，指揮系統，技術的課題の相違から生じる軋轢は存在する。このため，統合作戦が軍事作戦における選択肢となっていることは，意外なことに思えるかもしれない。軍種間の構造的な相互運用性に関する課題が，意思決定と作戦効果の遅延を招き，悲惨な結果につながる可能性があるからである。そのうえ，すべての軍事作戦において統合作戦を必要とするわけではない。クラウゼヴィッツは，「戦争においては，すべてが大変に単純であるが，もっとも単純なことが困難なのである」と述べている（Clausewitz 1993: 138）。このような問題を抱えておきながら，なぜ統合作戦が重要視され，選択されるのか。

また，単一軍種よりも効果的とされる統合作戦の背景にある論理は何だろうか。

これらの問いに答えるためには，まず統合作戦と単一軍種による作戦をそれぞれ定義する必要がある。単一軍種による作戦とは，同一軍種の部隊によって遂行される作戦を指す。統合作戦とは，軍種の異なる複数の部隊によって遂行される作戦を指す。統合作戦によって，指揮官は割り当てられた作戦目標の達成に求められる能力を，それぞれの軍種から選択し，いくつもの相乗効果を創出することができる。これは，同じ目標を達成するために，個々の軍種の持つ能力を統一することができることを意味する。この考え方の重要な点は，統合作戦による相乗効果は，個々の軍種による効果の総和よりも大きいということである。ゆえに統合作戦は，戦略レベルまたは作戦レベルの目標を達成するために，異なる軍種間の協力から各軍種の長所と短所の最適な活用まですべて包含することになる。

統合作戦の持つ利点の基盤となる考え方は，「諸兵科連合理論（combined arms theory）」に見られる。この理論は戦術レベルにおいて発展し，統合作戦の背後にある論理的根拠として考えられてきた。諸兵科連合理論は，これまでの軍事史において頻繁に使われてきた。スウェーデン国王であり，陸軍司令官でもあったグスタフ・アドルフ（Gustavus Adolphus, 1594-1632）が，陸軍を再編し，歩兵隊，騎兵隊，砲兵隊を戦術レベルで組み合わせたことは，その一例である（Rothenberg 1985: 45-55）。諸兵科連合理論は18世紀にさらに発展し，その後ナポレオンによって巧みに導入されていった。ナポレオンは，戦役《キャンペーン》において機動，編成された部隊，異なる武器システムを連合させた（Paret 1986: 123-42）。ジョミニは著書『戦争概論（*Précisde l'art de la guerre*）』（1837-38年）において，その理論を詳述した（Jomini 1987: 543-52）。同書では，戦場で可能な限り最高の効果を発揮するため，歩兵隊，騎兵隊，砲兵隊のように異なる専門の部隊がどのように連合（combined）されたのかが述べられている。

19世紀の軍事作戦における統合とは，軍隊内における職種の幅広い統合ではあったが，軍隊の統合としては高いレベルにはなかった。その後徐々に，武器システムの効果を最大限に発揮するために，単一の軍種と武器の特性をふまえた作戦から，さらに大きな協力と統一された行動を要する作戦へと軍隊の指揮官の思考は移行していった。現代では，高度な装備や技術の導入が統合作戦の必要性をいっそう高めており，訓練，演習及び整備における専門性向上に寄与している（House 1984: 1）。

自身の著書『20世紀の諸兵科連合戦闘（*Combined Arms Warfare in the Twen-*

tieth Century)』において，アメリカ陸軍士官であったジョナサン・ハウスは，「諸兵科（combined arms）」という用語は，異なる装備，武器システム，または軍種が「兵員の生存と戦闘効果」を最大限に高める目的で協力する意味を持つ，と定義した（House 2001: 4）。あるシステムの強みは，ほかのシステムの弱点を補い，統合作戦でないと得られない相乗効果を生む。ハウスは統合作戦について，軍事目標を達成する効果的な方法だと主張する。しかしながら，連合作戦（combined operation）の考え方は，武器システムや装備面でもその論理を用いることができる。そのため，単なる統合作戦の考え方よりも適用の幅が広い。諸兵科連合理論の利点は，指揮官の行動の自由度と敵に与える脅威を共に増大させることにある。2つ以上の方法で攻撃された場合，攻撃がどのように展開されるか敵にとって不確実になり，敵が部隊を防護することがより難しくなる。また，諸兵科連合理論は被攻撃後の反撃の手段に選択肢を広げ，その反撃が今後軍事的任務を達成する行動方針に発展性をもたらす（House 2001: 1-10; Cedergren 2005 を参照）。

アメリカ陸軍士官のロバート・レオンハルトは，関連性のある3つの原則により，諸兵科連合理論が最もよく理解されるのではないかと提案している（Leonhard 1991: 93-4）。第1の原則は，統合作戦の各部隊がほかの部隊と異なる長所と短所を持っていることである。たとえば，歩兵部隊は掩蓋《えんがい》や不整地では機甲部隊よりも有利である。一方，開放された場所では機甲部隊が有利である。この原則は，複数の職種や軍種を統一された指揮下にある統合部隊として運用し，ある要素の弱点をほかの要素の強点で補うことができるようにすることである。歩兵部隊は，複数の掩蓋や不整地での戦闘において機甲部隊を防護し，その後，機甲部隊を用いれば敵陣に速やかに侵入することができる。したがって，全体として統合作戦は，各部隊の実力の単なる合計よりも，大きい効果を発揮することができる。

第2の原則は，敵のジレンマを作り出すというものである。諸兵科連合理論を適用することで，異なる装備が互いを補完することで，敵にジレンマを作り出す。すなわち，ある要素に対して防御することが，別の攻撃に対する脆弱性を創出するのである。たとえば，敵の機甲部隊が航空攻撃から身を守ることを考えるのであれば，標準的な手段であれば分散配置として掩蓋を築く。しかし，航空攻撃が地上の機甲部隊による攻撃と連合した場合，敵は部隊の分散（エアパワーの防御には有効であるが，機甲部隊には格好の餌食になる）または部隊の集中（機甲部隊の攻撃から防御できるが，敵のエアパワーにはいいカモになる）の選択を余儀なくされる（Leonhard 1991: 94-5）。

第3の原則は，敵を不利な場所に追い詰めるというものである。広大な戦場で敵の戦車と交戦するのではなく，たとえば，歩兵部隊が戦車など機甲部隊と交戦し破壊することができる場所に誘い込むように，敵との戦闘において自らに有利な地形へと誘導するというものである。当然，これは反対の場合でも同様に作用する。たとえば，機甲部隊が交戦できる広大な戦場へと敵の歩兵部隊を追いやることが挙げられる。つまり，その目指すところは，敵の弱点に対して自らの強みで対抗することである（Leonhard 1991: 96-7）。これは，防空戦にも見られる。まず第1段階でミサイルや特殊部隊を敵の防空システムの破壊に活用し，そして敵の部隊や軍事施設を防衛，防護する能力を減少させてから，こちらの航空部隊をより自由に展開させる。効率性，行動の自由，柔軟性は，軍の目的達成のために統合作戦を遂行する際の重要なポイントとなる。しかしながらこのポイントだけでは，より実用的な観点から陸，海，空軍をどのように組織し，展開させるのかに関しては十分にはわからない。以降の節では，陸軍－海軍，陸軍－空軍，海軍－空軍，そして最後に陸，海，空軍の3つすべてを統合した領域の統合作戦に関する理論を扱うものとする。

● 3 統合作戦――陸軍－海軍

陸上における作戦に海軍を用いることは，海戦が始まった時と同じくらい過去までさかのぼる。陸上作戦に海軍を用いる最良な事例は，敵の海岸へ上陸する作戦である。現在では，水陸両用作戦と呼ばれている。ほかの海軍力の使用例としては，後述する空母から投射されるエアパワーや，艦艇や潜水艦から敵の海岸線に艦砲射撃や精密誘導兵器により敵海岸の目標を攻撃することが挙げられる。これらの海軍力は，海軍外交の一部として用いられ（第8章を参照），陸上作戦を支援する（下記参照）。

およそ紀元前500年頃，すでにギリシャの諸都市は艦隊を用いてペルシャ陸軍の背後に部隊を上陸させていた。紀元前300年頃にローマとカルタゴの間で行われたポエニ戦争では，いくつかの上陸作戦が，戦争の帰趨に影響を与えている。第一次世界大戦中，重要な水陸両用作戦が実施された。そのうち，作戦の規模が最大であったものは，1915年から1916年の英仏連合軍によるオスマン帝国のガリポリへの侵攻であり，コンスタンティノープル，すなわち現在のイスタンブールを占領することを目的としていた。第二次世界大戦では，アメリカを中心とした同盟国による数々の上陸作戦が行われた。最もよく知られているのは1944年のノルマンディー上陸作戦であり，何十万人もの陸上部隊や何千もの艦艇や航空機が投入された（Bartlett 1983; Evans 1990; Lovering 2007）。新しい戦線の開拓，陸上作戦への戦術的支援，敵に不利な機動を強いるなど，水陸両用作戦の目的は数多く存在する（第8章を参照）。

敵海岸の標的に対して行われる海軍の艦砲射撃による集中砲火もまた，歴史的によく知られているとおりである。精密兵器の導入によって海上からの対地射撃は，容易に敵の命を奪うことができるものになってきた。古典的な実例のひとつは，1960年代後半にヴェトナム戦争において，アメリカ海軍戦艦ニュージャージーが，ヴェトナム沿岸に砲撃をしたことが挙げられる。現代の事例としては，1991年の湾岸戦争と2003年のイラク戦争において，アメリカ海軍の潜水艦から発射された陸上標的に対する精密誘導ミサイルであるトマホークの使用が挙げられる（Marolda & Schneller 2001を参照）。本節では，陸上作戦の支援に使用される海からの対地射撃について取り上げる。軍隊の陸上作戦と直接関連しない，むしろ戦略的な目的を持つ対地射撃は第9章で扱い，海軍外交の支援として行われた対地射撃は第8章で扱う。

海軍－陸軍の諸兵科連合理論の分野で際立っている2人の海洋思想家は，イギリスの海軍歴史家ジュリアン・S. コルベット（Julian S. Corbett, 1854-1922）とイギリスの陸軍少将チャールズ・E. コールウェル（Charles E. Callwell, 1859-1928）である。20世紀初頭にコルベットは，海戦と陸戦は密接に関連しているものの，海戦が陸戦に代わって戦争全体を左右することはほとんどなかったことを指摘した。また，18世紀と19世紀に大陸国家との戦争でイギリスに成功をもたらしたのは，海戦と陸戦のユニークかつ現実的な組み合わせであるとコルベットは主張した。この種の戦争は，比較的限られた戦力で戦略的利益を得る不均衡性をもたらした。さらに，この場合，コストのかかる総力戦ではなく，制限戦争となる可能性が大きくなることもコルベットは主張した。コルベットによれば，陸軍及び海軍による統合作戦を行う場合，異なる軍種間の摩擦を避けることが重要である。海軍と陸軍は，脳で言えば「右脳と左脳」のような関係にあるべきである。右脳と左脳はある程度自己完結的で，それぞれが生存機能を持ち，独立した制御機能を有している。しかし，どちらも脳から分離することはできない。それぞれが組み合わさることで，所要の能力を発揮する。つまり，「行動が同期しなければ，陸軍と海軍による真の団結は不可能である。同期しないで遠征する軍は，艦隊によって運ばれた陸軍にすぎない」とコルベットは指摘する（Corbett 1988: 218-19; Widen 2012; Schurman 1981）。

コールウェルは，コルベットと同じくシーパワーの行使と陸上の軍事力が相互に依存していることに同意した。両者は，陸上作戦を遂行，継続するためのシーコントロール（海上支配）の重要性にも同意した。しかしながら，コールウェルが逆の関係も明確に成立すると主張している点は，コルベットと異なる（Callwell 1905: 444）。すなわち，陸軍が海軍に依存していることと同じように，海軍も基地の設置と維持，または敵の基地に脅威を与えるために陸軍に依存しているとコールウェルは主張する。この相互依存を可能な限り有効にするためには，「権限の調整，つまり作戦司令部と作戦を遂行する現地部隊との同期」が必要である。このコールウェルの主張に関する現代の事例としては，ドイツが第二次世界大戦中にソ連海軍部隊への対処を見据えて，バルト海沿岸及びドイツ占領下の黒海沿岸に建設した前進基地が挙げられる。1943年に戦争の形勢が変わった際，前進基地はソ連海軍の手に渡り，それが最終的なソ連の勝利へと貢献した。イギリスの海洋理論家ジェフリー・ティルが主張しているように，これは，国力と国力の波及に重要な手段とされるマハン（Alfred Thayer Mahan）のシーパワー論とは真逆に機能していることを示している（Till 2013: 107）。すなわち，ソ連／ロシアの場合は，ランドパワーにより国力と海への影響力をコントロールしているのである。

コールウェルの著書『軍事作戦と海上優勢――その関係と相互依存（*Military Operations and Maritime Preponderance: Their Relations and Interdependence*）』（1905年）について，イギリスの戦略家コリン・グレイは，統合の考えと戦争に関する唯一の古典的テキストとして評価している（Gray 1996b: xv）。同著には，水陸両用作戦に関する多くの独創的な考え方が含まれている。本章は，この点にさらに注目する。コールウェルの問題意識のひとつは，異なる軍種（当時は2つの軍種しかなかった）は平時に関係が疎遠になる傾向があることである。そのため，相互に役割と任務の認識が異なったり，相互の無知や敵対を引き起こしたり，最終的には戦時に軍種間の協力が重要な局面で摩擦や誤解を招いたりすることを指摘した。コールウェルによれば，陸軍と海軍の間に戦争での同期をもたらすためには，「平時における相互の信頼関係とそれぞれの軍種の機能に関する相互の理解」が必要である（Callwell 1905: 21-2）。コールウェルは，水陸両用作戦に必要な能力を持つ国々は多くの利点を持っていると主張している（Callwell 1905: 170）。しかし，水陸両用作戦には作戦を成功に導くための一定の前提条件が必要である。そのような作戦には，一定のリスクも伴う。

第1に，コールウェルは「敵軍に致命傷を負わせるための水陸両用作戦を遂行する軍隊の能力は，通常莫大なものだ」と主張する。敵に致命傷を与える純粋な海軍の能力というものは，非常に限られている。コールウェルによれば，戦争が海上において完結することはほとんどない。その上で，水陸両用作戦を遂行する部隊は，陸上の敵に脅威を与える，もしくは陸上の敵兵力を撃破するために必要とされることを主張した。コールウェルの著書が出版されてから，技術的な進歩が進み，20世紀初頭からは戦力投射能力が指数関数的に増強されているにもかかわらず，コールウェルの主張は今でもなお意義を失っていない。第2にコールウェルは，水陸両用戦が，純粋な陸上作戦よりも多くの優位性（第7章のジョミニの理論と比較して）を陸上の内陸部にもたらすだけでなく，敵への奇襲と戦闘における主導権の争奪にも優位をもたらす，と主張する。もちろんこれは，水陸両用戦部隊の上陸時間と場所が十分に秘匿されていることを前提としている（Callwell 1905: 263, 269, 283; Shy 1986: 169-70; Vego 2009: IV-68-69）。1915年のガリポリの戦いにおける上陸作戦は，戦術的にオスマン側の防御が欺かれていたにもかかわらず，戦略的な奇襲の欠如によってオスマン側が作戦を阻止した良い事例である（Till 2013: 195; また，Moorehead 2007; Carlyon 2003も参照）。前述したように，コールウェルは水陸両用作戦のリスクも認識していた。コールウェルは，海によって大きく隔てられた距離に起因する遅延が，しばしばリスクを生む問題となると結論づけた。この遅延は，上陸した部隊への再補給と部隊の維持に難題をもたらしたのである。敵が作戦を遅延させようとしたり，その質を低下させようとしている状況で大規模な上陸作戦の持続可能性を担保するには，絶対的な意味でも，また敵と比べて相対的にも，かなりの海上資源を必要とする。そのうえ，敵の防御態勢が強力な地点への上陸となると，いっそう作戦は困難となる（Callwell 1905: 244）。

どのような水陸両用作戦があり，このような作戦を実行するために現在では何が必要だろうか。ティルによれば，水陸両用作戦には次の4つの基本的なタイプがある（Till 2013: 189-90）。

- 水陸両用による強襲：敵地に拠点を獲得すること，敵地を制圧して軍事力を増強し，新しく正面を開くことを目指す。
- 水陸両用による奇襲：戦術的または作戦上の目的を達成するための一時的な拠点を獲得し，その後計画的な撤退を行う。
- 水陸両用による撤退：部隊を再編成するために，海軍部隊とともに戦闘地域から撤退，避難を行う。
- 水陸両用による陽動と示威：敵を欺くこと，ほかの場所に敵の軍隊を集結させることを目指す。

これらの4つのタイプを組み合わせて，作戦内で異なるフェーズを形成することができる。強襲，奇襲，そして撤退は陽動によって補完されるものであり，奇襲には，奇襲部隊を引き戻すために撤退の一部が通常含まれる。どのタイプの作戦が選択されるかは，全体的な目的と運用可能な戦力に依存する。たとえば，第二次世界大戦中1942年8月のフランスのディエップへの連合軍による奇襲は，1944年のノルマンディー上陸作戦のために収集された情報を用いて，ドイツ側の防御を探ることが目的であった。ディエップの戦いは，結果的には失敗に終わった作戦であった。カナダ軍によって主に実行されたディエップの戦いにおける奇襲では，連合軍はヨーロッパ大陸に全面的な侵攻をするほど強力ではなかったため，奇襲には十分な効果が求められることが判明した。この教訓から，ノルマンディー上陸作戦の一部にはフランス・カレーに対する陽動が含まれており，実際の上陸地点から多くのドイツ軍を撤退させることに寄与した（Holmes 2001: 260, 649–55; Zuehlke 2012; Beevor 2009を参照）。

ティルは，水陸両用作戦を成功させるためには，いくつかの作戦上の前提条件が整えられている必要があると指摘している（Till 2013: 190–7）。第1は，上陸場所ではその地域の海上優勢が必要なこと。海軍には敵の妨害から作戦全体を防護する任務が伴うことがその理由である。作戦の防護は，港における乗艦・搭載から，海上輸送，上陸作戦，継続的な作戦の支援，そして最終的には撤退までのすべてのフェーズに含まれる。1940年のノルウェーと1941年のクレタ島でのドイツの作戦が示しているように，エアパワーの支援によっても地域的な海上優勢が獲得できるかもしれない。第2は，作戦を成功させるためには慎重かつ包括的な準備が必要なこと。ノルマンディー上陸作戦の準備は，作戦が実施された1944年6月の数年前から始まっていた。第3は，上陸作戦はすべての軍種による作戦，すなわち統合作戦を伴わなければならないことである。第4は，作戦のスピードと奇襲である。最後に，防御側には海から攻めて来る攻撃側よりも優れた防御，機動防衛，陸上施設，陸上補給などの多くの利点があることを忘れないことが重要である。したがって，奇襲と同じく敵を上回る技術的優位，革新的優位があることは，つねに自軍に優勢に働く。

海軍－陸軍の統合作戦とこれまでに述べた諸兵科連合理論の関係から，どのような結論を導出することができるだろうか。レオンハルトの第1の原則にも組み込まれているように（Leonhard 1991），ある軍種がほかの軍種の弱点を補う強みになるというハウスの理論は，海軍－陸軍の統合作戦が陸軍に機動性と奇襲の成功を大きくもたらす傾向があることを示している（House 2001）。さらに，海軍は戦略的価値のある敵基地に，いっそう効果的に脅威を与えることができる。その上，陸軍は海軍から陸上からは得られない対地射撃や精密誘導兵器による支援の恩恵を受ける。レオンハルトの第2の原則（Leonhard 1991），すなわち，異なる軍種による補完が敵のジレンマを生み出すことは，さらなる研究を要する。水陸両用作戦では，上陸した部隊は海上輸送によってもたらされる奇襲と機動により優位性が得られる。このように敵はジレンマに追い込まれ，どこで強襲が起こるかがわからず防御に集中することができない。この良い事例として，イギリス海峡のイギリス側にいる3万人のイギリス軍兵士が30万人のナポレオン軍を動けなくすることができた際，ナポレオン軍はフランスの海岸線を守るための最善の場所はどこかわからなくなったことが挙げられる（Corbett 1988: 69-70）。レオンハルトの第3の原則，すなわち敵を不利な場所へと追いやることは，たとえば，防御側が優勢と考えられている上陸場所における海軍－陸軍の統合作戦に見ることができる。相対的に上陸作戦成功の可能性を高めることは可能だが，最高の上陸場所は無防備な場所だということは言うまでもない。しかしながら，実際の戦場においてそのような場所を見つけることは至難である。最後に，統合作戦の強みは，別々の軍種が効率的に協力してそれぞれの弱点を補完することを前提とする。しかし歴史は，これを達成することは時に困難であることをむしろ示している。

● 4　統合作戦――陸軍－空軍

大規模な空軍力を戦争で活用したのは，第一次世界大戦が初めてである。1917年にドイツは，ロンドンを爆撃した。そして，1918年に実施されたドイツの春期攻勢時のミカエル作戦（Operation Michael）は，史上初の陸軍と空軍の統合作戦となった。当然ながら，第一次世界大戦中の実績により，新しい軍種である空軍をどのように活用するのがベストなのか，議論が行われるようになった。今日まで続いている議論の主な論点は，戦略的に戦争の勝利という結果を獲得するために陸軍，海軍とは別にエアパワーを用いたい側と，主に陸上作戦を支援するためにエアパワーを用いたい側との間にある。ごくわずかな例外を除いて，後者の理論は陸軍士官が大半を占める司令部で発展した（たとえば，Vennesson 1995: 36-67）。逆に，前者のように独立して機能するエアパワーの理論は，空軍内の空軍を主力として運用する思考から発展した。後者のように陸上作戦を支援するエアパワーが戦闘の機動に寄与していることには，言及しておくべきだろう。

新たな軍種である空軍を陸軍と共に投入するという考えは，戦間期のヨーロッパにみられた。各国は，独立した戦略爆撃を強く支持した。それと同時に各国は，空軍の果たす支援的役割を好んだ。イタリアのアメデオ・メコッツィ（Amedeo Mecozzi, 1892-1971）将軍は，戦略爆撃ではなく地上戦を支援するためにエアパワーを集中すべきだと主張した。メコッツィは，同世代で彼よりも有名なジュリオ・ドゥーエ（Guilio Douhet）（第9章参照）とは対照的に，比較的少数の戦闘機で爆撃機から自国を防御することができるので，陸軍を支援するために残りのエアパワーを投入することができると主張した（Corum 1997: 160）。イギリスにおいて，フラー（John Frederick Charles Fuller）とリデルハート（Basil Henry Liddell Hart）は，空軍の支援を受けた機甲部隊（第7章も参照）が敵の戦列を突破し，敵陣の奥深くに侵入するために，空軍を用いることができるという考えを発展させた（Holden Reid 1998）。フラーとリデルハートが考えていたように，これにより掩蓋がもたらす消耗戦の膠着状態を避けることができる。

しかし，ドイツ，その後ソ連では，地上戦を支援するために最も効果的に用いられているエアパワーの考え方がドクトリンに成文化された。両国とも戦略爆撃を支持してはいた。しかし，ソ連では，地政学的位置，技術的問題，第一次世界大戦における作戦の経験，統合による軍事協力，スターリンによる粛清，そしてスペイン南北戦争の経験により，独立した作戦を遂行する空軍の考え方を抑圧する方向へと進んだ。1930年代のソ連において，戦略的エアパワーは，75名から80名のソ連軍最高位の司令部勤務者とともに，その偉大な提唱者の2人であるアレクサンダー・ラプチンスキー（Alexander N. Lapchinskii）とヴァシリ・チリピン（Vasili Chripin）によって活用された（Stockwell 1956: 12）。ベルサイユ条約により，ドイツは，第一次世界大戦後に空軍の保有を禁じられていた。しかしながら，空軍士官を参謀本部の幕僚に登用させることによって，第一次世界大戦の航空戦からの教訓を考察し，研究をすることができた。これは，ドイツ参謀本部の幕僚に統合的思考を自然に植え付けた。ほかの大国とは対照的に，ドイツでは空軍の役割が比較的強くなり，第一次世界大戦の終戦を迎える頃，ドイツ空軍は最も効果的に連合軍に抵抗した。ジェームス・コラムは，大戦中に空軍の果たす役割が強力な地位にあったため，エアパワーの理論家たちはイギリスとアメリカの両国でも，空軍の独立性を正当化する戦略爆撃を推奨する必要がなかったと主張している（Corum 1997: 169）。これは，空軍の組織的利益がエアパワーの理論の発展には関係ないことを意味した。

戦間期のドイツにおけるエアパワー理論の発展は，特定の理論家よりも参謀本部の幕僚たちが負っていた。ヘルムート・ウィルバーグ（Helmut Wilberg, 1880-1941）による第一次世界大戦中の航空戦に関する研究では，ドイツの戦術があらためて評価された。この研究では，航空優勢の重要性を高めるだけでなく，より強大な航空攻撃が魅力的なものとされた。電撃戦（*Blitzkrieg*）として知られる作戦概念の創始者のひとりであるハンス・ゼークト（Hans von Seeckt, 1866-1936）は，将来の戦争では電撃戦が中心的役割を果たすと考えた。ゼークトは，1914年から1918年の西部戦線の停滞を避けるために，機動を利用した軽量小型の機甲部隊（*Bewegung*）により，敵を包囲して打ち負かすべきだと主張した。この機甲部隊の運用についてゼークトは，エアパワーが敵の動員を撲滅，中断させたり，部隊を集中させたり，作戦エリアへの前進を有効にすることができる限り，エアパワーが中心的役割を果たすべきだと提言した。ゼークトによれば，エアパワーによる間接的な支援は，この後に続く敵の作戦を阻止する重要な役割を果たす。すなわち，敵の軍隊を増援や補給から隔離し，機動の自由度を制限して隔離するのである（Corum 1992; Buckley 1999: 84-7）。ゼークトはベルサイユ条約の規制を避けるためにソ連との交流を主導した。このソ連との交流の深化により，ドイツのパイロットがソ連空軍と協力して飛行することが可能となった。その結果として，ドイツは新しい装備と作戦概念の両方を実際に開発し，テストをする機会が持てたのである。

ドイツとの協力によって空軍に大きな影響を受けたソ連では，「縦深戦闘」の考え方が空軍と結び付いていった（第4章と第7章を参照）。1923年，ミハイル・フルンゼ（Michail Frunze, 1885-1925）将軍は，空軍の主な役割は陸上作戦を支援することだと主張した。しかし，アレクサンダー・ラプチンスキー（Alexander N. Lapchinskii, 1882-1938）将軍が，1920年代初めに，戦略爆撃が将来の戦争の帰趨を決定するだろうと予測しているように，ソ連軍自体は戦略爆撃を支持していた。1925年にフルンゼが謎の死を遂げた際は，トハチェフスキー（Mikhail N. Tukhachevsky）がその跡を継ぎ，すぐに「縦深戦闘」の考え方を開発し改良した。

トハチェフスキーの考え方で重要な点は，空軍が偵察と爆撃によって，陸軍のために敵の戦列に突破口を準備することであった。それに加えて，ゼークトの考えと同じく，エアパワーは作戦エリアの確保と当時まだ新しい概念であった空挺部隊の敵陣奥深くへの展開によって敵機甲部隊への増援を防止した（Corum 1997: 162-8; van Creveld 1994: 128-31）。ソ連の考え方で熟考されている特徴としては，エアパワーが作戦レベルにおいて，統合による交戦の原則の中心的要素を構成していたことである。よって，地域的な航空優勢を達成することが空軍の第1の任務となった。また，航空優勢の達成により，空軍は円滑に陸上作戦を支援することができた。トハチェフスキーの「縦深作戦」に関する理論は，ソ連軍のドクトリンに体系化されているにもかかわらず，第二次世界大戦の当初は，ソ連軍の作戦にほとんど反映されなかった。この理由としては，おそらく，1930年代後半に実施されたスターリンの粛正があると考えられる。その粛正の犠牲者となったのは，5人いたソ連軍元帥のうちの3人であり，トハチェフスキーはそのひとりであった。その後，第二次世界大戦において「縦深戦闘」の信憑性が増した。その恩恵は，政治的便宜のためにスターリン自身により普及された（Fast Scott & Scott 1982: 21-2）。

冷戦時代の西側諸国において，エアパワーは核兵器運搬のためのプラットフォームとされた。それにもかかわらず，冷戦時代を通じ近接航空支援や戦場航空阻止などの支援的役割を担うエアパワーの議論は引き続き衰えなかった。朝鮮戦争やヴェトナム戦争の経験は，エアパワーの発展が陸上部隊との連携に関連する考え方に大きな影響をもたらしたのである。

アメリカ陸軍はヴェトナム戦争後に装備，人事，予算にわたる組織的危機を経験していた。この状況を打開するため，新たな思想がいくつか生まれた。このうちのひとつは，陸軍と空軍がどのように軍事作戦に協力できるかということであった。このような思想は，1982年のエアランド・バトル・ドクトリン（第4章参照）に最も明確に表現された。そして基本的には，エアランド・バトルによって「機動戦」と「縦深戦闘」という用語が陸軍用語集に導入されたのである。この後，空軍と陸軍の協力についての再評価が継続して行われた。そこでは主に，ゼークトとトハチェフスキーの理論が用いられた。考えられるヨーロッパの戦争様相としては，まずアメリカ空軍により航空優勢を確保し，そのエアパワーによりソ連軍の第2及び第3梯団を攻撃することが考えられた。自軍が行動できる作戦領域を確保することで，米軍部隊はソ連軍の空襲や予備兵力から自由を得られる。ロバート・ペイプの「鎚と鉄床（hammer and anvil）」

理論は，陸軍と空軍を併用して最善の効果を得るための現代的表現である（Pape 1998, 2004）。これはエアパワーを，固い台の上でさまざまなものを叩く時に必要なハンマーに例えたものであり，また，陸軍がその台を提供するとしている。ペイプの理論は，戦間期に提唱されたゼークトとトハチェフスキーの基本的思想の大部分を，現代的に表現したものである。ペイプは，エアパワーは機甲部隊との戦闘において，2つの方法で突破を促進する重要な役割を果たすと述べている。第1は，敵の戦列への直接的な交戦である戦場阻止。第2は，敵のロジスティクスの漸減である。そして，いったん突破が達成されたならば，敵の予備兵力による友軍陸上部隊の側面への攻撃を妨げることになり，友軍陸上部隊の前進を支援することができる（Pape 1996, 2004）。

ペイプの理論の斬新な特徴は（Pape 2004），彼の論理そのものにあるのではない。むしろ，同理論の貢献は，個々の戦車を精密誘導兵器で攻撃できるエアパワーの能力を指摘したことであった。そのことにより，エアパワーが友軍機甲部隊の前進を支援できることが明示化された。とりわけペイプは，2001年以降のアフガニスタンでの戦争で，空軍と陸軍の役割が変化したことを示した。それは，空軍が陸軍を支援するのではなく，陸軍が空軍を支援するという主張である。さらに，エアパワーとともに用いられた特殊部隊の大々的な使用が，2001年のアフガニスタンでの戦争において最大の効果をもたらした。これは，諸外国への陸上作戦について，大規模な地上侵攻にかわる選択肢がアメリカにあることを示した。ほかの多数のエアパワー理論家とは対照的に，ペイプの理論は技術発展の特定の形式に基づく推論ではなく，経験的実証による理論的な主張に基づいたものであった。

要約すると，エアパワーがどのように陸軍と統合作戦を遂行することができるかをめぐる思想は，結局のところ戦間期以降大きく進歩していないと結論づけることができる。しかし，武器と技術の進歩と改良は，絨毯爆撃から精密誘導兵器による攻撃まで大きな変化をもたらした。現代の敵のジレンマは，統合部隊との交戦により，何をしても攻撃を受けるということである。2003年のイラク戦争の計画と実行に関する主要指導者のひとりであるアレン・ペック（Allen Peck）中将は，「陸軍部隊が敵を降伏させた。もし敵が集団だったならば，エアパワーによって敵を倒すことができただろう。もし敵が散在していたら，陸軍によって一掃することができただろう」と敵のジレンマに関する最高の表現をしている（Pape 2004: 128）。

これまでの考察から，諸兵科連合理論から陸軍と空軍による統合作戦をどのように解釈できるだろうか。陸軍部隊は，敵を拘束して陸上の戦況をコントロールする能力がある。空軍部隊は機動性と火力により，敵陣深い要所で交戦する能力がある。そのため，ランドパワーとエアパワーの統合作戦地域を限定し，自軍の突破口となる地域では敵陸上部隊の増援を防ぐことができる。陸軍と空軍が統合作戦を遂行する能力，とくに敵のジレンマを作り敵への脅威を増大させる能力は，先のペックが最もよく表現している。それは，敵陣の要所は空から攻撃され，分散した敵は陸軍によって容易に撃破されるということである。どのように敵が行動しても，敵はジレンマに悩まされ，不利な場所や困難な状況に追い込まれるだろう。

● 5　統合作戦――海軍－空軍

前節では，1920年代から1930年代にかけて，主にドイツとソ連で陸軍と空軍による統合作戦の新しい概念とドクトリンがどのように開発され，スペイン内戦と第二次世界大戦中にどのように導入されたかを俯瞰した。海軍と空軍の統合作戦に関しても，その概念と思想は陸軍－海軍の統合作戦と同時に発展し，それは第二次世界大戦中の海戦やその後のシーパワーの発達に大きな影響を及ぼした（Hezlet 1970）。アメリカ空軍のウィリアム・ミッチェル（William Mitchell, 1879-1936）将軍は対空，対潜脅威に弱い大型戦艦の時代は，1920年代半ばにすでに過ぎ去ったと述べた。そして戦艦は，もはや外洋でのみ作戦遂行可能であり，航空機の行動範囲内におけるシーコントロールに関しては航空機に任せる時代になったとした（Mitchell 1999: 428）。多くの人が，ミッチェルの楽観主義に疑念を抱いていた。しかし，ドイツが行った1940年のノルウェーの戦いと1941年のクレタ島の戦い，同じく1941年の日本海軍による真珠湾攻撃や，1942年のアメリカ海軍によるミッドウェー海戦での勝利により，現代の軍事思想家は，海上における戦闘の新しい根本的な変化を認識した（Brodie 1943: 50-64, 175-214）。では，エアパワーはどのように海における戦争に影響を与えたのだろうか。そして，現代にどのような結果をもたらしたのだろうか。

1920年代から1930年代の間，エアパワーは海上での戦争を大幅に変更するまでには至らなかった。海上において，エアパワーに広い行動範囲や高い性能は必要とされなかった。また，爆撃の威力や精度も高いものではなかった。レーダーが登場する前の航空機は，当初偵察のために設計され，護衛，前方監視のプラットフォームとして用いられた。航空機がさらに防御性が高く，速く，そして優れた兵器となってからは，地上配備型及び艦載型航空機は大型艦艇にとって深刻な脅威となった。第二次世界大戦を通じて，海上作戦におけるエアパワーの戦術的，作戦的運用は変化，発展し，飛躍的な成長を遂げた。外洋における戦争を支配する兵器のプラットフォームとして，戦艦に代わり空母が運用されるようになってきたのである。しかしその一方で，防空用の軽巡洋艦，対潜用の駆逐艦，掃海艇，偵察や情報収集用の潜水艦など，空母を護衛するために多数の艦艇が必要とされることとなった（Hughes Jr. 2000: 90-5; Till 2013: 140-1; van Creveld 1989: 211-14）。

1941年の真珠湾攻撃と1942年のミッドウェー海戦という2つの事象において，戦力投射と海戦における空母と艦載機の有効性が証明された。真珠湾攻撃では，空母6隻，戦艦2隻及び巡洋艦等によって構成された日本の機動部隊が，わずか数時間でアメリカの8隻の戦艦を沈没させ，もしくは被害を与え，くわえて地上に駐機中であったほぼすべての航空機186機を破壊した。奇襲は日本海軍の350機の艦載機によって実施され，日本海軍の真珠湾の攻撃目標は，航空機が発艦した空母から約400キロメートルも離れていた。日本の損害は航空機29機であり，潜水艦は6隻，そのうち5隻は特殊潜航艇であった。真珠湾攻撃は空母と艦載機の統合，つまり敵国の沿岸に対する海からの戦力投射の価値を証明した（Holmes 2001: 696）。

ミッドウェー海戦は，第二次世界大戦の中で最も有名な海戦である。この海戦は，太平洋で攻勢を強めていた日本にとって，転換点となった。数的には日本とアメリカの海軍は均衡していたにもかかわらず，アメリカは空母1隻を失ったのに対し，日本は空母4隻を失った。双方の戦闘艦艇は，戦闘中に互いに完全に接敵することを避け，主として艦載機による海軍の航空部隊間で戦ったことは注目に値する（Holmes 2001: 583-4）。この例は，空母の脆弱性と，以前では考えられない範囲で大型艦艇を撃沈することができる海軍航空機の潜在的能力を示している。ミッドウェー海戦から今日に至っても，空母は海上における戦闘を支配するプラットフォームである。

しかしながら，沿岸海域では，空母に明確な役割はない。なぜなら，空母よりも地上配備の空軍やミサイルのほうが安価で安全，かつより効果的であるからである。多くの地上配備型航空機の機種は，空母の飛行甲板における離陸や着陸には適していない。その代わり，地上配備型爆撃機はかなり多量の爆弾を搭載できる。しかし，地上配備型爆撃機の行動範囲は作戦基地に縛られるため，空母のような柔軟性を欠くこととなる。空母の戦力投射能力は，世界中に国益を有する大国間に広く普及している（Grove 1990: 138-9; Till 2013: 125-8）。

ミッドウェー海戦で沈んだ日本海軍の空母・赤城

軍事思想家は，エアパワーが海戦に及ぼす影響をどのように評価してきたのだろうか。ソ連海軍のセルゲイ・ゴルシコフ提督は，第二次世界大戦以降の海軍航空機について，「海上における武力衝突の最も重要な手段である」と1970年代に記した（Gorshkov 1979: 229）。さらに，ゴルシコフは，核兵器や精密誘導兵器の出現により，静的目標への攻撃がいっそう効果的となり，海軍航空機による艦艇，潜水艦，部隊や補給品の輸送，その他海上の機動可能なターゲットに対する直接攻撃に役割を拡大してきたと主張した。

グローブは，シーパワーとエアパワーは密接に関連していると述べている。海上をベースとするプラットフォームは，最も柔軟かつ強力な方法のひとつとして，航空機やミサイルのようなエアパワーを運用してきた。地上配備型の海軍航空機にさまざまな利点はあるが，航空部隊間の官僚的及び組織的境界に関する論争のために，作戦上の問題がたびたび生起している。グローブ（Grove 1990: 138-139）は次のように述べている。

> 海上への地上配備型エアパワーの潜在能力は，十分に活用されていないことが多い。海軍は，航空機による作戦を遂行する能力に限界がある。海と陸の境界が基本的な組織の区分として使われる場合が，通常は喜ばしい。すなわち，航空機は海軍により海上で，空軍により陸上で運用されるように，である。

しかしながら，歴史的には，海と陸の境界が基本的な組織の区分として使われてはいないことが示されてきた。

グレイは，シーパワーが陸軍を効果的に運用してきたのと同様に，エアパワーは海軍を効果的に運用してきたと主張している。グレイは，日本海軍による真珠湾攻撃をエアパワーが海軍の効果を高めた最もわかりやすい例とし，これこそが海軍航空機を機能させる方法と考えた。実際にシーコントロールとエアパワーの投射は，航空機から巡航ミサイルまで運用することによる脅威を効果的に発揮する。海軍による射撃と魚雷攻撃は依然として効果的であるが，最大の脅威は空からもたらされる。したがって，グレイは，エアパワーとシーパワーが融合したと結論づけた（Gray 1999: 235）。そして「シーパワーとエアパワーの戦術的，作戦的，そして戦略的関係は密接であり，空軍－海軍の統合戦，海軍－空軍の統合戦に関する議論は誤解を招きかねない。シーパワーとエアパワーは相互依存しているのである」と述べた。グレイの主張は，コールウェルとコルベットの陸軍－海軍の統合戦と多くの類似点がある。

シーパワーとエアパワーの統合によって，制海権と制空権の標準的な理論的概念はどのように影響を受けたのだろうか。制海権と制空権の細部分析は第8章と第9章で行い，この章では両者の理論的関係性について扱う。シーコントロールはシーレーン（sea-lines of communication: SLOC）のコントロールを確立するものとして理解でき，航空優勢は空域をコントロールするものとして理解できる。したがって，これらのシーレーン上の空域をコントロールすることなく海上交通を確立し，維持することが可能かどうかについて疑問が生じる。おそらく航空優勢がなければ，シーコントロールを確立しているとはいえないだろう。第二次世界大戦の経験に基づき，多くの軍事理論家は，「シーレーン上の空域のコントロールなしに海上交通を確立，維持することは可能か」という問いには「ノー」，「航空優勢がなければ，シーコントロールを確立しているとは言えないのか」という問いには，「イエス」と答えるだろう。

アメリカの海軍思想家ミラン・ベゴは，『海峡における海軍戦略（*Naval Strategy and Operations in Narrow Seas*）』という著書の中で航空優勢とシーコントロールに関する疑問を論述した。同書でベゴは，第二次世界大戦以降，航空優勢が海戦の帰趨を決定づける要因であったと主張している。ベゴによれば，これはとくに狭い海峡，すなわちイギリス海峡のようなそれぞれの陸岸からコントロールできる水域において，航空優勢が海戦の帰趨を決定づける要因となっていたとする（Vego 2003a: 7, 123-4）。近代的な軍用機は，広大な行動範囲，持続性，より速いスピードを有している。このため，大部分の海が，海軍と地上配備型の空軍による連合作戦に適している。その結果，ベゴは空からの監視や攻撃が不可能な海域はほとんどないと主張する。したがって，狭い海峡における航空優勢をめぐる争いは，沿岸地域上空の航空優勢をめぐる争いに例えられる。海峡の上空域のコントロールが，シーコントロールを達成するためには必要不可欠である。その海域で航空優勢があれば，艦隊は作戦を継続することができる。

ベゴは，1940年のノルウェー，1941年のクレタ島に対するドイツの攻撃について，地域的な航空優勢が近隣海域で地域的なシーコントロールにつながった作戦として例示している。ノルウェーの場合は，イギリス海軍が制海権を持っていたにもかかわらず，ドイツ軍はスカゲラク海峡全体に渡って軍隊を輸送することに成功し，ノルウェー海岸の数カ所に上陸した。そしてベゴは，戦略的な奇襲，航空優勢，スカゲラク海峡西側の機雷敷設がドイツ軍のシーコントロールを補い，ドイツ軍が軍隊の輸送に成功したと主張している。さらに，ベゴは，1941年のクレタ島の例は，地域的なシーコントロールを持たない軍隊が，空と海からのみアクセス可能な「島」へ初めて攻撃した事例であったため，軍事史におけるユニークな事例だと述べている（Vego 2003a: 124, 188）。この理由から，シーコントロールは通常航空優勢に依存し，この2つは完全に統合されていると結論づけている。シーコントロールは，必然的に航空優勢を含んでいる。このため海戦と海上作戦において，シーコントロールと航空優勢の2つは，分離して考えることはできないのである。

最近では，アメリカの海軍と空軍の統合海空作戦に関して，さらなる議論が繰り広げられている。1980年代のエアランド・バトルのドクトリンを踏まえつつ，中国とイランが長期的な脅威であるとの見積もりを反映し，アメリカ空軍とアメリカ海軍はエアシーバトル・ドクトリンを共同で開発した。このドクトリンは，武力衝突している状況で，西太平洋とペルシャ湾へのアクセスを確保し，これらの地域におけるアメリカの海からの戦力投射能力を維持することを目的としている。そしてこのドクトリンは，精密誘導兵器によって大量同時ミサイル攻撃の競争に勝利し，敵のシステムを混乱させ，破壊するための基礎的考え方を提供している。敵の戦闘ネットワークの偵察，早期の長距離攻撃，そして地理的に分散した軍隊が，時期を調整して部隊を集中させる。作戦と火力を調整しながら物理的手段と非物理的手段の両方を使用することにより，アメリカの作戦目的を達成するとされる（van Tol et al. 2010）。

本章の冒頭で説明したように，統合作戦の理論的側面から検討してみると，シーパワーとエアパワーの統合は運用上の利点があるといえる。第1に，エアパワーは海軍の火力を増強するだけでなく，その機動性と行動範囲を拡大させる。逆説的に，海軍力は地理的に固定されている脆弱な陸上基地に依存しないため，エアパワーの機動性と柔軟性を高める。第2に，エアパワーは敵の海において脅威を増大させる。そのため，敵に対水上脅威や対潜脅威だけでなく対空脅威を考慮する必要が出てくる。したがって，海での戦闘は3次元になる。

最後に，地上配備型の航空機の脅威は，敵の艦艇部隊を沿岸の作戦から遠ざけることが多い。このため，艦艇や攻撃型潜水艦と組み合わせることで，外洋でも敵に対する脅威を高める相乗効果を発揮する。

● 6 統合された戦闘空間——統合作戦としての軍事における革命

これまでのところ統合作戦に関して，陸軍－海軍，陸軍－空軍，そして海軍－空軍の2軍種間の観点から議論してきた。具体的には，主に概念の誕生と進展という歴史的な背景に焦点を当ててきた。陸軍－海軍の統合作戦は，これまでの戦闘にも多くみられたものであるが，陸軍－空軍，海軍－空軍の統合作戦は20世紀前半の発展がもたらした産物である。陸軍，海軍そして空軍を含む統合作戦は，20世紀の大部分にわたって存在してきた。そして，ここ数十年で技術の発展が進むにつれて，ますます軍種間の関連性は高まっている。本章の冒頭で述べたように，現代の西洋諸国の戦闘は統合戦闘であるといっても過言ではない。新しい武器技術，センサー技術，コンピュータ技術，電気通信技術は戦闘空間を一体化し，情報の重要性は，火力や機動と同等にまで高められた。結果として，陸軍，海軍，空軍の伝統的な境界は，ゆっくりと，そして確実に消失している。本節では，1990年代初頭になされた技術革新の提唱から，「サイバー戦」の出現に至るまで，この現象，すなわち軍種間の境界が消失していっていることについて説明する。

1990年代初め，西側諸国とりわけアメリカでは，「軍事における革命（Revolution in Military Affairs: RMA）」について議論され始めた（Toffler & Toffler 1993; Gray 2002; Adamsky 2010; Lomov 2002）。その考え方は，1970年代のソ連の軍事思想に由来する。そして，現代の情報技術と高いセンサー能力による新世代の精密誘導武器がもたらした「現代戦における革命」は，1990年代初頭の機動部隊の電撃戦（*Blitzkrieg*），空母，核兵器などの導入に匹敵する，といわれている。新技術によって，長距離にある標的をほぼリアルタイムで発見し，正確に捉えることが可能となった。これらの理論の経験的な根拠は，ヴェトナムにおけるアメリカの戦闘，1973年の第四次中東戦争，1982年のフォークランド戦争の分析によるものである。1991年の湾岸戦争において，アメリカ主導の有志連合軍は，イラクを打倒した。湾岸戦争の圧倒的な成功の後，この議論は深まっていく。このときのイラクは冷戦時代のソ連の武器を装備し，ソ連のドクトリンにより訓練されていた（O'Hanlon 2000: 7-9）。

クウェートを解放することを目的とした湾岸戦争において，イラク軍による陸上からの攻撃を避けるために，アメリカの爆撃機は通常3000メートル以上を飛行していた。それにもかかわらず，米軍は2000台から3000台のイラク軍装甲車を破壊することに成功した。米軍の精密誘導兵器による攻撃成功確率は，20パーセントから30パーセントであった。この数字は，攻撃の成功として以前から求められているレベルよりも，相当に高いものだった。これと比較として，タミ・ビドルは，第二次世界大戦中のアメリカによる昼間の「精密」爆撃でさえ，多くの建造物が連なる工場や装甲車といったターゲットの数キロメートル以内に数パーセントの爆撃という低確率であり，イギリスによる夜間の区域爆撃ではさらにその確率が低かったと述べている（Biddle 2002）。さらに1991年には，イラク軍は掩蓋化されていたにもかかわらず，そしてイラク軍が戦争の大部分で陸上では優位に立っていたにもかかわらず，イラクの戦車やその他の車両は連合軍に発見され，攻撃された。アメリカ主導の有志連合軍の機甲部隊も同様に敵の攻撃に成功した。米軍の戦車が砂嵐に頻繁に遭遇して移動を余儀なくされた状況であったにもかかわらず，大半のイラク軍の戦車は2000メートルから3000メートルの射程で攻撃を受けた。アメリカの統計によれば，攻撃が命中した確率は約85パーセントであった。イスラエルの発表によれば，最終的にイラクとアメリカの50：1の犠牲者数の比率は，イスラエル国防軍がアラブ隣国に対して侵攻した時の犠牲者数の5倍を軽く超えていた（O'Hanlon 2000: 10）。とくにアメリカで支持された結論は，現代の戦闘において革命が差し迫っているというものだった。

1991年のイラク軍装甲車に対する連合軍空軍の捕捉率は，セルビア人が戦車を隠して防護することができた1999年のコソボ紛争の後，とくに疑問が呈された。最も重要なことは，エアパワーによって破壊されたターゲット数を地上以外で確認することは困難だということである。旧ユーゴスラビアと比較すると，湾岸戦争で破壊されたイラク軍の装甲車数と航空攻撃の命中確率は，現在では誇張されたものであったと推定されている（Nardulli 2002: 44-56）。しかし，軍事における革命（RMA）に直面した経験的証拠に関する関心が高まったことは，アメリカや多数の西側諸国におけるRMAの楽観主義に大きく影響を与えるものではなかった。

早い段階から，軍隊内でRMAをどのように定義し，理解するべきかについて，アメリカでは皆が同様の問題認識を共有していた。そして国防総省は，RMAを一般的に定義し，将来を見据えたドクトリンであるジョイント・ビジ

RMAによって進化した米海軍艦艇戦闘指揮所（空母エンタープライズ内，2003年）［Mate Rob Gaston 撮影：U. S. Navy］

ョン2010（1996年）とジョイント・ビジョン2020（2000年）にRMAを取り入れた。後者のジョイント・ビジョン 2020では，米軍の将来の目標を描写して一連の作戦概念を示した。それは，RMAの基礎として解釈することができるものである。まず「優勢な機動」とは，統合作戦に基づき，戦闘領域における決定的なスピードと優れたテンポで有利な立場を獲得する能力だと説明している。「精密攻撃」とは，目標となる敵を発見，監視，捕捉し，攻撃に最適なシステムを選択して使用し，所望の効果を達成するために，バランスのとれた兵器システムを運用する能力である。「焦点を絞ったロジスティクス」とは，統合部隊が適切な部隊と装備を獲得し，そして適切な場所，時間，量の保守整備を確保する能力とされる。「全次元の保護」とは，作戦遂行に必要な部隊や装備を保護する能力である（O'Hanlon 2000: 2; Joint Chief of Staff 2000)。これに加えて，「情報優位」とは，一定の情報の趨勢をまとめて処理する能力である一方，敵が同じようにすることを防ぐことを意味する。そして，「意思決定の優位性」は，敵よりも早く優れた決定をする能力を示しており，ジョイント・ビジョン2020において強調されている（Joint Chief of Staff 2000)。これらの目標は，いくつかの前提に基づいていた。第1に，コンピュータと電子機器は，兵器システムと戦闘方法の大幅な進歩を可能にし続けた。これは主に，情報管理，情報ネットワーク，通信技術，ミサイル，その他の先進的な軍需品や装備の能力に関係していた。第2に，センサーの能力が大幅に改善され，戦闘空間を監視する能力が向上した。第3に，車両，船舶，ミサイル，航空機の軽量化，燃料効率の向上，高速化に加えて，これらの探知が困難となり，軍隊を迅速に配備し，戦闘の効果を高めることを可能にしてきた。最後に，今後ますます宇宙，レーザー，及び先進的な生物剤に使用される新しいタイプの兵器が開発され，各軍種にも導入されると見られる（O'Hanlon 2000: 2-3）。

これまで述べてきた戦争の性質の変化に対する批判は，主に学界から始まった。アメリカの軍事専門家であるマイケル・オハンロンは，RMA は技術的な仮定が曖昧な説得力の弱い仮説であり，まだアメリカにおいて確証があるとは言えないものだと見ていた。さらに，オハンロンはこのような革命は今後数十年の間に起こるとしても，所与の楽観的な予測よりも実現するまでにかなりの時間を要するものである一方，急速に進化するようなものでもあるだろうと主張した。歴史的な比較として，オハンロンは 1930 年代と 1940 年代の機械化，空母機動部隊，レーダーによる防空，そして核兵器による作戦概念の発展は，1990 年代の場合よりもいっそう早く，さらに広範囲な発展だったと述べた（O' Hanlon 2000: 192-3）。さらに，有名な軍事アナリストであるスティーヴン・ビドルは，RMA の概念にさらなる批判を加えた。ビドルは，20 世紀における技術の進歩によって，戦争がより複雑になったことを示唆した。ある国家は，他国よりもこの複雑さの管理に成功してきた。そして，それによって 20 世紀の兵器の進歩に対して国家を防衛する能力は高まった。たとえばアメリカのように，このような複雑さを運用することができる軍事力を持つ国家が，1991 年のイラクのようにそこまで大きな軍事力を持たない国家と対峙したとき，技術の進歩が戦闘空間に大きな格差をもたらした。ビドルは，敵対する 2 つの国家が互角に争う際，戦争の複雑さを扱う上で RMA の利点はほとんどないと主張した（Biddle 1998: 4）。したがって，ビドルは戦闘の性質の革命的な発展はまだ起きていないと結論づけた。RMA 支持者の最も楽観的な予測はまだ実現していないが，この 10 年間，イラクとアフガニスタンで一連の発展があったことは紛れもない事実であり，多くの者が戦争の実施に技術の影響があることを目撃した。つまり，初期の RMA 支持者と初期の RMA 反対者の両方とも，それぞれの主張を誇張していたのかもしれない。しかし，おそらく最も重要なことは，戦術レベル，戦略レベルへの RMA の効果は，予測されたようにまっすぐに得られるとは限らないということである。たとえば，アフガニスタンとパキスタンの北西辺境地域に沿った現在の米軍無人機による攻撃作戦は，タリバンとアルカイダの指揮統制の構造に摩擦を生むという戦術的な効果があるのかどうか，さらに，それが蓄積されて，戦略レベルにも効果があったのかどうか，全く不確実である。実行されている戦役の方法ややり方が，タリバンの反応などに限って言えば，予期できない効果につながる可能性はある。

RMA は，いわゆるプラットフォーム中心の戦争から，ネットワークベースの戦闘への道筋として述べられている。この違いは，主に意思決定を下す情報がどこから来るのかに関係している。「プラットフォーム中心の戦闘」では，情報は主に航空機，艦船，車両などのプラットフォームから得られる。ここでいう「プラットフォーム」とは，たとえば艦船だけでなく，人間や軍人の集団を含む幅広い意味で解釈されるべきである。また，決定を下すのは，現場の部隊指揮官である。「ネットワークベースの戦闘」では，個々のプラットフォームのセンサーではなく，ネットワークにより結ばれたプラットフォームとセンサーに基づき意思決定される。センサーはネットワークに情報を提供する。つまり，データを収集し，得たデータを別のプラットフォームに提供するのである。そして，各プラットフォームは，ネットワークの情報にアクセスできる。つまり，各プラットフォームはネットワークによって結ばれた共同のセンサーからの情報に依存している。そのため，各プラットフォームは，必ずしも独自のセンサーを必要としない。このようにして，ネットワーク中心の戦士は「全戦闘空間への意識」を持ち，すべての情報を同時に共有することができ，理論的には，いっそう効果的な機動と目標の捕捉につながる（Arntzen & Grotan 2011）。

今日，完全にネットワークベースの防衛を構築している国家はない。しかし，多くの国家がこれを達成しようとしていることは，注目に値する。ネットワークベースの防衛は，一般にビジネスにおける「経営理念」という表現と同じように，目指すべき現実を達成するために解決しなければならない問題や課題を含む一連の仮説に基づいている（Arntzen & Grotan 2011: 257）。このような問題の例としては，システムの異なる要素がデータをどのように共有するのか，異なる人々がこの情報をどのように入手するのか，同じ方法で皆がどのように解釈するのかが挙げられる。さらに，情報に意味を持たせるためにネット上で情報をどのように整理すべきか。そして，ネット上の誰もがこの情報にアクセスできることを考慮し，いったん共有された状況認識を容易に改善するためには，どのように発展したネットワークを活用するべきか。こういったことが問題の例として挙げられる（Brehmer 2002: 85-6）。このような問題が解決できるかどうかは，将来にならないとわからない。

RMA は，軍事思想にどのように適合するのだろうか。RMA 支持者はクラウゼヴィッツの理論の一部を批判する傾向がある。そのような批判はクラウゼヴィッツの「戦場の霧」と「摩擦」から離れて，新技術によって不確実性と戦闘空間のカオスが急進的に減少したことを主張するものである。そして，将来の紛争の勝者は情報優位，いわゆる「優勢な戦闘空間意識」を有する者であるといわれる（O'Hanlon 2000: 8-9）。このような視点の一例として，アメリカ海軍のウィリアム・A. オーウェンズ提督は，著書『戦場の霧を晴らす（*Lifting the Fog of War*）』（2001年）において，RMAの基礎となる新しい技術が戦闘に革命を起こすと主張した。オーウェンズは次のように述べている。

> 将来の指揮官は，コンピュータの画面上に表示された戦場全体の3次元画像，センサーのネットワークによって作成された画像，無人航空機及び偵察機，そして地上の特殊作戦軍などのリアルタイムな情報に即時アクセスをすることができる。将来の指揮官は，たとえ敵部隊が夜間や悪天候，そして山や樹木の下に隠れることにより活動を隠したとしても，敵部隊の正確な位置と活動を知ることができるだろう。
>
> （Owens 2001: 14）

どのようにして「摩擦」や「戦場の霧」が完全に，あるいは部分的に戦闘空間から排除されるかという問題は，現在未解決である。クラウゼヴィッツの言う「戦争の空気」（Clausewitz 1993: 138-40, 158-63），すなわち危険，恐怖，身体的努力，不確実性といった要素を含まない戦争を想像することは難しいかもしれない。それゆえ，RMAに関する議論がこれまで20年近く継続中であっても，依然として反対派と支持派の両方が存在する状況なのだろう（Cebrowski & Garstka 1998; Vego 2003b）。

戦闘における通信技術とコンピュータへの関心の高まりは，サイバー空間での戦闘に議論を巻き起こした。サイバー空間を空，海，陸の領域と同じ位置に昇格させ，そして軍をサイバー軍を含む構造へと変えるべきだと述べる者もいる。一方で，サイバー空間における戦闘の思想を完全に退ける者もいる（たとえば，Libicki 2012; Rid 2013; Stone 2013）。米軍は，2009年に戦略軍のもとで新たにサイバー軍を創設した。このことは，サイバー空間の重要性が増していることを認識したからと考えられる。サイバー戦は，可能な限り敵に関する情報を得るために，敵の情報管理システムを破壊し，混乱させる。それと同時に，サイバー戦により敵に友軍と敵軍の状態を知る機会を断つ。サイバー戦の戦略的論理は，エアパワーの理論における「斬首の論理」に似ている（第9章参照）。自軍の情報管理のために敵のシステムを混乱させることによって，効果的に敵を盲目にする。盲目にすることで敵を無防備なターゲットとする。敵を盲目にする手段として，敵のコンピュータやネットワークを破壊，シャットダウンをすることがすべてではない。敵のシステムに過負荷を与えることで混乱させ，情報処理能力を失わせることも効果的である（Libicki 2007）。銀行システム，発電所，下水道，メディア，政府機関に対する意図的なサイバー攻撃が，外国軍隊による攻撃か，または反体制派のハッカーによるいたずらかどうかを判断するのは難しい。このため，サイバー戦は，戦争と平和の区別を曖昧なものにしている（Arquilla & Ronfeldt 2001; Betz 2012; Betz 2011）。したがって，敵の性質や意図についての不確実性が高まるなか，戦略的な考察がますます困難になっているのである（Libicki 2009）。

より統合された戦闘空間の理論は，どのように諸兵科連合理論と関連しているのだろうか。第1に，RMA とネットワークベースの防衛に関する考え方の中で，統合作戦はほとんど不可避なことは明らかである。ネットワークの全体的なポイントは，各要素が大規模なシステム内で連携して動作することである。ネットワークは，時間と場所で弱くなる部分と強くなる部分から構成される。そして，システム全体でネットワークの強度を保っている。第2に，敵の活動や配備に関する情報は即時に伝送されて自軍の行動へと移る。このため，統合された戦闘空間は，情報優位を持たない侵略者に幅広く多次元的な脅威を創り出す。第3に，機動，精密攻撃，情報操作，防衛及び意志決定能力の優位は，敵を攻撃する場所の選択に多大な好機をもたらす。つまり，侵略者をあらゆる状況で不利な立場に置くことができる。一方で，敵が対称的な条件での戦闘を避け，その代わりに，型にはまらない方法，または非対称的な方法の戦闘をとれば，敵が成功と優越を費用対効果の面で実現しうるということになる。

● 7　おわりに

本章の目的は，統合作戦のさまざまな理論を紹介することにあった。その中では，諸兵科連合戦闘の包括的な理論が提示され，陸軍－海軍，陸軍－空軍，海軍－空軍，陸軍－海軍－空軍の組み合わせに見られる統合作戦の考え方が示された。諸兵科連合理論は，各要素と全体効果を最大限に高めるために，異なる兵器システム，武器，職種を一緒に運用する必要があるという原則に基づいている。諸兵科連合理論は，戦闘のすべてのレベル，すなわち戦術レベル，作戦レベル，そして戦略レベルに適用される。そしてこの理論は，主に３つの要素で構成されている。第１に，統合作戦は，ある部分の弱点を別の部分の強みが補うという効果を生む。第２に，敵により多くの部隊の機能を考えさせるとともに，より大きなリスクへの対処を強要する。そのため，統合作戦は敵に対して多くのジレンマと脅威を創り出す。第３に，統合作戦は敵軍を不利な状況，不利な場所へと追いやり，自軍の優位を獲得するための多くの好機をもたらす。

諸兵科連合理論は，統合作戦に関するほとんどの思想に通じている。この理論は本質的には規範的なものであり，間接的に説明されるものにすぎない。本章では，統合作戦，すなわち，これまで述べてきた陸軍－海軍，陸軍－空軍，海軍－空軍による統合作戦にはどんな利点があり，どのようにして戦争に勝つのかについて述べてきた。この主張は，体系的な分析ではなく，むしろ経験的な例を基礎にしている。諸兵科連合理論の焦点は統合作戦の利点にあり，統合作戦の潜在的な問題を深く議論するものではない。統合作戦がつねに潜在的問題を含んでいることを考えると，このことは注目すべきところかもしれない。最も深刻なことは，効率を図り部隊を運用する必要がある反面，統合作戦の調整と計画に多くの時間を要する可能性がある，という点である。このことは，統合作戦が逆効果となる可能性を有する。統合作戦の異なる部隊が共同運用に慣れていけば，そうしたリスクは軽減される。したがって，継続的な統合作戦の訓練と演習は，統合作戦時の摩擦を軽減することができる。しかしながら，おそらくそうしたリスクを完全に排除するわけではない。

作戦を指揮する指揮官が以下の３つの要素に従って戦闘に勝利する多大なチャンスを得ていることを示せば，諸兵科連合理論は，戦闘の勝敗を説明できることを間接的に示していることになる。しかしながら，そのような推論を実証するための具体的な変数を定式化することには，問題がともなう。理論の形式が明確ではないからである。この問題は，理論的に３つの要素がどのように相互に作用し，相互に影響を及ぼすかを分析することを困難にしている。これは，さらなる研究に値する。これまで本章では，統合作戦の考え方と，異なる軍種間の部隊の統合によって軍事作戦を実行する際に生じる好機と問題を考察してきた。これに対し，次章以降の３つの章では，陸，海，空軍の単一軍種の理論を見ていく。これらの単一軍種の理論は，統合作戦を補完するものであることに留意する必要がある。

Q 論点

1．統合作戦，または単一軍種による作戦の遂行には，どのような利点があるか。
2．統合作戦における軍種間の組織的な摩擦を，どの程度まで減らすことが可能か。
3．統合作戦に対する関心の高まりは，どの程度技術の進歩に起因するか。
4．宇宙空間や情報に関する作戦は，どのようにして統合作戦に影響を与えるのか。
5．小さな国家が統合作戦を検討することは，大国が検討するよりも重要か。
6．サイバー戦争は現実か，フィクションか，または未来の戦闘か。

第7章

陸上作戦

●1 はじめに

歴史的に，陸上作戦を扱った多くの理論が存在してきた。このことは，陸上での戦いが戦争を決定付けていたという歴史的重要性を考えると自然な流れである。フラーとリデルハートの両者が主張するように，たとえ空軍と海軍が，戦争全体における重要性を増したとしても，いまだ戦争における最終的な勝利は陸軍に依存している（Holden Reid 1998: 209）。シーパワーの理論家であるコーベットでさえ，人々が陸地に居住しているため戦争は海よりも陸において決着が着くと認めている（Corbett 1988: 15-16）。同様にエアパワーの理論家であるロバート・ペイプも，戦闘ではエアパワーは重要な要素ではあるが，戦争はいまだ陸で決着が着くと認めている（Pape 2004: 119）。このような主張は，陸上作戦を軍事理論の中で独特な地位に位置付けている。この位置付けに，問題があるわけではない。しかしその結果，陸上作戦を扱った理論が，しばしば戦争の一般理論と同一視されたり，あるいはそう扱われることの原因となっている。前章（統合作戦）において，多くの理論家がシーパワーとエアパワーを主として陸上戦役《キャンペーン》の支援要素と捉えていたことを明らかにした。これは多くの軍事理論家にとって，意識的か無意識的かにかかわらず，彼らの戦争に関する研究において陸上作戦が強く意識されていることを示している。

この 20 年間，陸上における戦いは，1991 年と 2003 年のイラクでの戦いのように大規模に機械化されたものだけでなく，1994 年のソマリアや 2001 年以降のアフガニスタンでの低強度紛争や対ゲリラ戦までを含むようになった。陸上の戦闘を航空作戦や海上作戦と比べて異なるものにしているのは，陸上作戦の特質とされる地形との密接な関係と，人々の間で往々にして戦闘が生起するという事実である。この陸上作戦の特異な環境は，戦いに制約を課すが，同時にそれらを効果的に利用する機会を提供する。これに密接に関係する争点として，たとえば機動戦理論における時間と機動を強調することや，それらをどのように火力と防御に結合するかというものがある。それゆえ陸上作戦の理論は，時間，空間，火力，機動，防御のさまざまな組み合わせ方，と理解されている(Fuller1931: 2-4; Kiras 2002; Leonhard 1994; Biddle 2004)。では，これらの要素同士の因果関係とはどのようなものだろうか。どのように，そしてなぜ，たとえば時間と空間が交換され，機動力と火力はつり合いを保つのであろうか。

本章の目的は，現代の陸上作戦理論を紹介することである。陸上作戦についての軍事理論は，きわめて広範である。そのため本章では，時間，空間，火力，機動，防御の適切なバランスを見つけようとする陸上戦特有の試みに関するすべての理論を網羅するものではないことを，あらかじめ述べておきたい。なお，本章は三部構成からなる。最初の部分は，陸上作戦の概念とその手段と目的についての包括的な議論を紹介する。そしてまた，先に述べた5つの基本的側面あるいは要素の相反する関係についても紹介する。2つ目の部分では，国家間戦争の文脈で陸上作戦の理論を取り扱う。この部分では，機動戦と消耗戦を2つの異なる論理構造として比較し，ドイツ及びソ連／ロシアの機動戦学派という，2つの実践的な適用例を紹介する。ただしここでは，これら2つの実践的な概念は，応用であり，どのように機動戦が行われてきたかのニュアンスに対する洞察を与えるにとどまることに留意いただきたい。3つ目の部分では，小規模戦争と反乱の理論を紹介する。この部分では，3つの異なるアクター（主体）の関係，つまり独立運動と植民地勢力，反政府勢力と政府，そして内戦と国際的介入部隊を扱う理論に言及する。

● 2　陸上作戦——概念，目的，手段

陸上作戦は，敵を撃破するために土地を確保，支配し，場合によっては占領，防護するようにデザインされる。後者は，心理的な意味での敵の意思または物理的な意味での敵戦力への攻撃によって達成される。陸上作戦において土地の支配というものは，きわめて重要な意味を有する。なぜなら，それは土地というものが，人々が生活し，彼らに食料やさまざまな物資を供給するインフラや，生産能力の多くが存在する場所であるからである。さらにその他の領域を活動の場とする軍隊（たとえば，海軍や空軍）ですら，通常根拠地の設置や補給を陸上の拠点に依存しているからである。そのため土地を支配しておくこととは，自軍や重大なインフラ設備または人々を守ることである。つまり土地の支配は，

陸軍が作戦支援を根拠地に依存している性質上，将来の陸上作戦の成功のために必須のものともいえる。そしてそのための手段は，主に陸軍，すなわち陸上で行動する戦力である（Evans 2004: 3-6）。ただしこれらとそれに関連する概念については，研究の余地があることをあらためて述べる必要がある。それは歴史上，陸上での戦闘に付随してきた重要性を考えると不思議に思えるかもしれない。この疑問についてのひとつの説明は，戦争を研究する多くの人々が，陸上作戦を一般的な用語のみで研究し，それを盲目的に一般的な戦闘として認識しているということである。この認識は，陸上戦に関する特定の課題についての概念レベルについてほとんど検討されていないことにつながっている。しかしながら，陸上作戦には，それに関する歴史的分析と歴史を通じた研究の発達についての蓄積が存在する（たとえば，Tuck 2008; Bellamy 1990; Browning 2002; Chandler 2000）。

第1章で示されたテーマのひとつによると，陸上作戦とは陸上の領域（ドメイン）に関連する軍事力の行使として表現することができる（Johnsen 2004: 5-9を参照）。それは強制（brute force），すなわち敵の物理的な捕獲または破壊，または抑圧（coercion），すなわち強制的に敵をある地域から退去させ，または重要な軍事的能力を放棄させるという意味を含む，とも解釈できる。それはまた抑止（deterrence），すなわち，敵が我が領土を目的とする陸上作戦を控えるように強いることも含む。たとえば平和維持活動は，紛争中の勢力に占領や領土の侵略を思いとどまらせる試みとして，説明することができる（Bellamy 1997; Parsons 1995; Crocker et al. 1996）。

陸上作戦における要素の重要性，つまり時間，空間，火力，機動，防御は，攻勢作戦と防勢作戦の関係についての簡単な議論によって，さらに詳しく説明できる。クラウゼヴィッツによれば，たとえば，ある人間の攻撃は，他人にとっての防御となり，攻撃と防御には相互作用が存在することを指摘している（Clausewitz 1993: 357-69; 次も参照，Aron 1985: 146-53; Heuser 2002: 90-102）。彼はまた，当時議論を呼び，そしていまだにほかの軍事理論家たちとは対照的な意見であるが，攻撃はより弱い戦争の形態であり，防御はより強い形態であると述べている（Sumida 2008）。攻撃と防御の相互作用は，しばしば技術やほかの要因，たとえばより良い性能で，より速い輸送手段（機動力），より管理しやすく効率的な兵器（火力），より良い通信機材（時間），そしてより強力な要塞化，つまりより厚い装甲（防御）というものに依存している（Sumida 2008）。

攻勢は，主導権を握り攻撃することによって，兵士の士気におおむね効果的な影響を与えることから有利である。攻撃側はまた，戦闘における時間と空間を自由に選択することができる。一方防御側は，目標の制圧よりも，通常それを維持するほうが簡単であるという事実において有利である。防御側はまた，地形や防御陣地を活用することもできる。歴史的には防衛がより有利な戦略であるとされてきた。攻撃が成功するためには，攻撃側が防御側に対し戦力比で3：1以上優勢である必要があると言われている。さらに兵士たちは，地形やインフラ設備，気候条件が重要な要因であるとともに摩擦でもある環境で戦う。最後に，部隊と兵士たちの移動や機動性においては，時間という要素が重要な意味を持つ。クラウゼヴィッツは，攻撃はそれが開始された時点からその勢いが弱まり始めるという弱点を内包している，と指摘した（Clausewitz, 1993: 528）。すなわち攻撃側は攻勢終末点を迎え，その力が弱まることで反撃に対して脆弱になる。また陸上戦闘においては，攻撃と防御の間には二律背反の関係が存在している。たとえば，攻撃側は時間と場所の選択の可能性によって，防御側の防御地形の利点を相殺することができる。さらに火力は，一般的に移動中よりも固定されているほうが強力である。そのため戦場での機動は，戦力の集中と迅速な機動によって火力不足を補うという意味がある。攻撃側の指揮官は，敵がより脆弱な地点において味方がより効果を発揮するようにするため，空間と火力が時間と機動に交換できる任務において，仮定ではあるがその適否を判断することができる。

5つの要素に基づく陸上作戦の分析は，ジョミニの軍事思想の一部と比較することもできる（Jomini 1987）。ジョミニは，19世紀初頭に発表した主要な論文において，戦争において最も優先すべき原則は，敵の脇腹，つまり弱点に我が戦力の大部分を集中させることである，と述べている。彼はさらに多くの作戦概念，とくに最も重要な概念である，内線及び外線作戦の関係について述べている。ジョミニは，自軍を内線作戦で運用し，敵が外線作戦をとらざるを得ないようにすることが，おそらく指揮官の最も重要な課題であると述べた。内線作戦の運用の利点は，これが外線作戦とは対照的に，自己の戦力分散を防ぐことができるということである。また内線作戦は，これらの戦力を維持，支援する能力を強化し，移動速度を向上させ，決定的な地点での戦力集中を可能とするものである。その結果，敵のより小規模かつ分散した兵力に対して，より大規模な兵力を投入することができる。ジョミニは，敵の二重包囲に対し正反対の方法を提唱した（Jomini 1987: 473）。巧みな戦略的機動を行い，可能な限り自軍の混乱を最小限に抑えた側面攻撃により，決勝点での局地的な戦術的優勢を達成することを提唱したのである。言い換えれば，ジョミニは，機動と時間というものは，空間，火力，そして防御以上の価値がある，と考えたのである。たしかに，敵の弱点に対するこの戦力集中は，攻撃部隊の劣勢な火力と地形の防御力を補う手段でもあった。クラウゼヴィッツとジョミニのこれら軍事思想の例は，陸上作戦における５つの要素の機能を説明している。これらは，対ゲリラ戦争と対反乱作戦の理論と同じように機動戦と消耗戦の理論に応用する際には，留意する必要がある。

● 3　機動戦と消耗戦の理論

この節では，陸上作戦に関するいくつかの現代の理論を紹介する。まずは理念的な形，すなわち現実を反映したものというよりも理論体系としての機動戦と消耗戦についての議論から始める。その後，理論の中身に微妙な違いがあることを示すために，ドイツとソ連／ロシアの機動戦学派における機動戦理論の２つの適用について示す。

理念型としての機動戦と消耗戦

間接的方法と直接的方法（第４章参照）の理論的分裂の影響によって，1970年代後半以降，機動戦と消耗戦の間に生じていた，それらと類似の特徴が見出せるようになった（たとえば，Mearsheimer 1983; Lind 1985; Luttwak 1987; Leonhard 1991; Hooker Jr. 1993)。間接的方法や直接的方法と同様に，機動戦と消耗戦は，空間と時間にさまざまな程度で依存している。そのため，ほとんどの戦闘や戦役，戦争が両方の要素を含む論理構造として理解されるべきである。さらに，「工業化された戦争」と呼ばれることもある消耗戦は，1980年代に機動戦の支持者によって発明された。消耗戦は，彼ら自身の機動戦理論を定義するための対立概念として，生みだされたのである。したがって，消耗戦はそれを信奉していると自ら述べる人間がほとんどおらず，多くの点で風刺や批判対象として存在する概念である。とはいえ，ドイツの軍事歴史家のハンス・デルブリュック（Hans Delbrück, 1848-1929）の *Ermattungsstrategie*（消耗戦略）は，消耗主義の支持者も存在することを示している（Craig 1986: 341-3)。また，より最近では米元陸軍大佐ラルフ・ピーターズもそうである（たとえば Peters 2004)。それにもかかわらず，この概念は現代の陸上戦において求められるものを理解するのに，有用な価値がある。

エドワード・ルトワック（DLuttwak 撮影）

ルトワックの言葉を借りると，消耗戦とは，「工業化という手段」によって行われるものである（Luttwak 1987: 92）。そこでは，敵は主に一連の目標とみなされ，勝利は「圧倒的火力と物量の累積効果」によって達成される。これは，最終的には，敵の総合的な戦力の除去，または敵の退却または降伏という目標につながるものである。ルトワックは，消耗戦の要素が大きくなるほど，目標識別，火力，機動力，そして補給のためのテクニックはより一般的になるであろう，と述べている。さらに消耗戦の思考法は，反復的かつ機械的な戦術的意思決定に結びつきやすい。このため，消耗戦は作戦的な思考法をあまり必要としなくなる。消耗戦では，優勢な火力が敵の防御地点や都市などを目標の射程内に配置することができる場合，火力が必要な質的及び量的能力を保有している場合，敵が目的を達成するために戦力を集中させなければならない場合（たとえば，ゲリラ戦などではめったに生起しない），そして物的優位性を維持できる場合において勝利は確実なものとなる。この戦闘の概念では，暗黙的に敵の対抗手段は避けるべきではなく，むしろ受けて立たなければならないことを示している。これをルトワックは，敵を消耗させる優勢な能力が消耗戦における勝利の条件である，と述べている（Luttwak 1987: 92）。そのためこの戦闘方法では，敵の戦力に関連する人命や物理的損失という観点から，簡単に勝利することはまれである。

さらにルトワックは，歴史上狡猾さや欺瞞の要素を完全に欠いた純粋な形での消耗戦は一度もなかった，としている。したがって，戦争は純粋に工業的なプロセスに収斂したことはない。しかしながらルトワックは，主に消耗によって特徴づけられた戦争の例が存在するとしている。ここでルトワックは，その例として主に第一次世界大戦中の西部戦線の塹壕戦を挙げている（Luttwak 1987: 92-3）。そこでは，戦闘はしばしば比較的対称的な砲兵火力の集中によって支配されていた。彼はまた，1940 年の夏に航空戦を絶えず求め続け，イギリス空軍を徐々に撃滅しようとしていたドイツ空軍について言及している。これは，ドイツ国防軍最高司令部が，ドイツ空軍の物的優位性と，イギリス空軍の戦闘能力を低下させる彼らの能力について，判断を誤ったことを示している。

ルトワックはまた，消耗戦のアンチテーゼをも述べている。これは，「連携機動」と呼ばれる概念で，より一般的には機動戦として知られているものである。このタイプの戦闘では，行動は目標の性質に関連している。それは物理的に敵を破壊するのではなく，「システムの機能不全」によって，敵の戦闘効果を低下させることを目的とするものである。敵の戦闘システムを指揮系統，ドクトリンと訓練，兵力構成，兵力配置，技術支援によって構成されていると理解することによって，戦闘を敵戦力の破壊以外の方法で捉えることが可能になる。機動戦を採用している部隊は，敵の強みを探し出して攻撃するのではない。むしろ，たとえ敵の弱点が本質的に物理的，精神的，技術的，または組織的なものであっても，敵の強みを避け，自己の強点を敵のそれら弱点に集中させようとする（Luttwak 1987: 93-4）。

したがって，間接的アプローチ（第 4 章参照）についてのリデルハートの議論は，機動戦に関する現代的な考えの重要な基礎となるものである。リデルハートは，敵後方への攻撃と間接的な方法が，その後の作戦のために必要な敵の物理的混乱や心理的動揺を達成できると主張した。したがって，リデルハートによれば決戦は，その開始前から結論が出ているのである（Holden Reid 1998: 47）。ルトワック（Luttwak 1987: 93-4）は，消耗戦は基本的に物理的プロセスであり，それは保有する戦力と投入された努力との比例によって結果は保証されるとしている。ただし，このような作戦は，物理的優位性がなければ達成されない。一方機動戦は，成功のためには，敵の弱点を特定する正確さ，達成された奇襲の程度，及び行動の正確さに依存する。

その結果，機動戦は投入戦力に比べてより大きな結果をもたらす。あわせて，通常劣勢な部隊が優勢な敵戦力に対し勝利し，撤収することができる。しかしそれはまた，兵力が劣勢な側が適切な方法で行動しない場合，あるいは予想より強い抵抗にあった場合，機動戦は完全に失敗する可能性があることを意味する。つまり，消耗戦はその成功を累積的に蓄積していく一方で，失敗も段階的となる傾向があるが，機動戦の失敗は，比較的限られた手段で成功できるのと同じくらい，迅速かつ劇的に生起する。つまり，一度の単純なミスが，作戦全体を危険にさらしてしまうのである。したがって，ルトワックは，消耗戦は高コストと低リスクを特徴とし，機動戦は低コストと高リスクをその特徴としていると指摘している（Luttwak 1987: 94-5）。

この問題を解決するひとつの結論は，機動戦が成功するためには，敵の弱点を正確に把握し，すばやいテンポでその弱点を利用するための高レベルでの主導性と行動の正確さが必要とされる，ということである。機動戦の概念では，質と量を交換することはできず，部隊の精強さは部隊が十分に訓練され戦闘能力がある場合にのみ活用できる。また極端に大きな大部隊では，奇襲とスピードを達成する能力が妨げられるであろう。敵が接触してきたり兵力を集中するような場所では，敵の強みは通常は作戦レベルでは見逃されていても，直接的手法が戦術的レベルで適用される可能性が高い（Luttwk 1987: 94-5）。消耗戦の場合と同様に，ルトワックは純粋な機動戦というものは存在しない，としている。なぜなら，両理論ともひとつのスペクトラムに存在するため，それらのバランスはその時々で一方からもう一方へと変化するからである。彼はまた，機動戦指向になればなるほど，作戦レベルで機動戦を適用する重要性がますます増加すると述べている。ルトワックは，高度な機動戦により遂行された戦争の例を示し，ポーランド，ノルウェー，デンマーク，フランス，ソ連に対する1942年までのドイツの電撃戦について述べている（Luttwak 1987: 95-6）。朝鮮戦争における北朝鮮軍の侵攻を遮断した，1950年の仁川上陸作戦でのアメリカ陸軍ダグラス・マッカーサー元帥の反攻もまた，そのような戦闘様相の一例でもある。

ルトワックは，客観的にも主観的にも自分たちが敵より物理的に強大であると認識している国々は，消耗戦に固執する傾向があるとしている。善かれ悪しかれ，自分たちが物理的に弱者であると認識している人間は，代わりに敵の弱点に焦点を当てる。すなわち，機動戦を追求しようとする。しかし，1944年の夏のノルマンディー上陸後のドイツに対する攻勢作戦におけるジョージ・パットン大将や，1950年の朝鮮戦争におけるマッカーサー元帥のような個性や状況によって時々は例外もある。さらに，相対的な戦力の認識は，敵と敵自身の戦力に対する認識に部分的に依存する。たとえば，イスラエルは，1967年の六日間戦争（第三次中東戦争）では機動戦を採用したが，物理的優位性を認めたため，作戦成功後に方針を変えた。1973年の第四次中東戦争は，少なくとも当初は消耗戦としてより特徴づけられた（Luttwak 1987: 97-8; Kesseli 2001も参照）。したがって，作戦コンセプトの選択は，事前に決まってもいなければ，一定でもない。それは，同じ陸軍であってもさまざまなのである。

消耗戦と機動戦は，単に戦略の作戦レベルにのみ存在するわけではないことをここで強調しておきたい。一方でルトワックは，機動戦は作戦レベルにおいて最も大きな影響を与えるとする（Luttwak 1987: 98-9, 108-9）。機動戦の概念は作戦レベルにおいて最も重要な影響を持つからである。これは消耗戦が，劣った形態の戦争であることを意味するものではない。物理的破壊に焦点を当てることは，任務に直接比例して，どんな成果にもコストを要する，という意味である。明らかに，機動戦によって戦術レベル，作戦レベルの両次元において迅速かつ安価な勝利を得ることができれば有益である。しかしながら，政治家及び軍事指導者が，機動戦こそが万能薬であると信じるのは危険である。戦争での勝利は，容易に達成されることは滅多にない。もし2つの交戦国が比較的同等の戦力で，お互いに防御する意図を持っていれば，それは容易に消耗戦につながる可能性がある。その一方で，イギリスの軍事歴史家，ヒュー・ストローンは，2つの作戦概念を評価し，ルトワックとは異なる結論に達している。ストローンは，消耗戦はむしろ機動戦の失敗（たとえば，第一次世界大戦中の西部戦線）の結果であるとしている。彼は，これら2つの概念が同じ戦争のレベルに属さないことを示唆している。消耗戦は，物理的破壊が目標である戦術レベルに属する手段である。一方，機動戦は作戦レベルに属し，敵より賢明に思考し，内線作戦による機動や包囲によって，敵の意思と結束を粉砕できる。ストローンによれば，消耗戦と機動戦は，対立するものではなく，併存し密接に関連している手段である（Strachan 2001: 80-99）。

この機動と消耗という2分法による理解は，理念型というものが知性を磨くだけでなく，戦争や戦闘についての理論的かつ抽象的な議論における因果関係を洗練するという点で重要である。さらに機動と消耗の概念は，利用可能な広範な経験知を分析し，分類するための道具でもある。他方で，機動戦と消耗戦の概念には，問題もある。第1に，この2分法が戦争のどのレベルで適切に作用するかはわからないことである。機動は本質的に作戦レベルでより重要であるのか，消耗は戦術レベルや戦略レベルにおいて本質的により重要であるのか，あるいは機動と消耗は両方とも同等なのか，という問題である。第2に，海上と航空の領域における戦略レベルと戦術レベルとの間の違いは，陸上戦より小さい。したがって，海上で航空の作戦レベルにおける限られた差は，機動戦の実施に影響を与えるものである。したがって，海軍及び空軍の機動戦と消耗戦との区別について議論することは，有用ではないのかもしれない。第3に，伝統的な国家間戦争以外の戦争において，機動戦と消耗戦を区別することは，問題となりうる。たとえば，ゲリラ戦とテロリズムを消耗戦と機動戦のいずれかに分類することは，それらが両者の要素を含んでいるように見えることから難しい。ゲリラ戦は通常，機動戦を示す間接的な方法によって，特徴づけられる。同時にゲリラ戦の目的は，時間の経過とともに継続的な攻撃によって，政権の正統性を徐々に侵食し，磨耗させることである，と一般に理解されている。後者は，ゲリラ戦争がむしろ消耗戦としての性質を持つことを示している。

機動戦の実践

本項では，機動戦の２つの経験的相違を明らかにする。機動戦理論がどのように理解され，経験的に適用されたのか，その型が存在することを示すことによって，これらの理論に重要なニュアンスがあることを示す。ドイツとソ連両方の機動戦理論家たちが，機動戦の概念におけるエアパワーの重要性を強調していることも注目に値する（Corum 1992; Citino 1999; Condell & Zabecki 2001; Lind 1985; Leonhard 1991; Fast Scott & Scott1982; Harrison 2001; Glantz 1991a; 1991b; Simpkin 1985 を参照）。最後に，ドイツとソ連／ロシアの機動戦理論に注目するものの，英米における軍事的議論においても同様のニュアンスの違いを見出せることにも注目すべきである。アメリカでの軍事的議論では，細部に至るまで機動戦をより実戦的に適応するために何がいえるかについて，とくに1991年の湾岸戦争によって機が熟したといってよい（Ullman & Wade 1996）。

フラーとリデルハートは，イギリス陸軍の機械化の加速と陸空軍間の協力深化の必要性について述べた（Fuller 1926; Liddel Hart 1932, 1929）。しかし，これらの思想は，イギリス軍のドクトリンと組織にさほど影響を与えることはなかった。フラーは，将来の戦争の中心的役割を担うのは，小規模な機械化部隊であると主張した。これらの部隊は，敵戦線の後方まで縦深突破することができる。いったん補給と増援のための敵の後方連絡線が断たれると，味方部隊は身動きのとれない敵戦力に対してその戦力を集中させ，勝利を達成できる。一方，リデルハートは，機動の重要性を強調するための間接的アプローチの戦略を概説している（Holden Reid 1998; Bond & Alexander 1986; Gat 2001: 531-60, 666-95; Danchev 1998; Bond 1977; Holden Reid 1987 を参照）。フラーとリデルハートは，陸軍の機械化の目的について多少異なる見解を持っていた。フラーは，決戦での勝利を達成するため，よく準備されたより効果的な部隊を作ることを試みた。またリデルハートは，部隊が間接的な方法や機械化，そして機動を通じて，実際の戦闘開始前から決戦に勝利することができると述べた（Holden Reid 1998: 13-32）。このように，これらの両者の戦いに関する思想は，機動戦についての現代の認識と似ている。機動戦に関するドイツとソ連での議論は，イギリスの議論とは無関係ではあったが類似している。しかしイギリスとは異なり，ドイツとソ連では理論に関する議論が広範な軍の組織的変化につながった。

ドイツ機動戦学派のスティーヴン・ビドルは，機動戦を第一次大戦時のドイツの経験から大きく影響を受け続けている「現代的システム」と述べている（Biddle 2004）。具体的には，第一次世界大戦の終結に向けて，両陣営は西側戦線での膠着状態を打開する新しい方法，つまり連合国側は戦車を開発し，ドイツ軍は新たに突撃部隊による浸透戦術を試みた（Gudmundsson 1995; Childs 1999; Biddle 2004）。戦術的な成功にもかかわらず，ドイツ軍はこの新しい戦術を上位の次元である作戦レベルでの成功に結び付けることができなかった。しかし，この苦い経験は将来のための種としてまかれ，20年後ドイツ国防軍は戦術的イノベーションの恩恵を享受することになる。ドイツは第一次世界大戦後，これら突撃部隊と浸透という2つの方法を統合し始め，戦術爆撃と組み合わせることで新たな機動戦（*Bewegungskrieg*）（1939年にポーランドとの戦争でその効果が明らかになった，電撃戦（*Blitzkrieg*）と呼ばれる文字通り「機動戦」）を生み出した。この概念は，リデルハートが表現したように，攻撃は丘の向こう側から流れる水，つまり最も高い部分（最も強い敵の位置）は迂回され，低い部分（最も弱い敵の位置）は水没し，その間に小さな島が形成されるというものである。攻撃兵力は，敵の重要な抵抗拠点や施設を破壊し，攻撃側の第2波が残存した敵の抵抗を制圧すると考えられた。戦術爆撃機が砲兵火力の機動と前方展開の役割を果たす一方で，戦車は敵の戦線を突破するために槍の穂先として運用された。この用兵思想によりドイツは，少なくとも第二次世界大戦当初，東西両戦線で大きな勝利を収めることになる。

ドイツ機動戦学派に関する最近の研究者のひとりであるウィリアム・S. リンドは，機動戦は「軍事における柔道」の一種であると指摘している。それはつまり賢く戦うこと，すなわち敵を力ではなく技で倒す方法という意味である。彼にとって，機動という用語は単に運動すること以上のものである。それはつねに敵より速く行動し，そして最終的に敵の組織的戦闘力を奪うことにより，敵に対し優位になる方法である（Lind 1985: 2-6）。リンドはこれを実証するために，アメリカ空軍大佐ジョン・ボイド（1927-97）のOODA（観察，判断，決定，行動）ループのモデルを，機動戦理論に取り入れた。このボイドのモデルは，朝鮮戦争での戦闘機パイロットとしての彼の経験によるものであった。ボイドが彼のモデルを使用して解明しようとした問題は，米軍戦闘機は，一般的に技術水準が劣っていたにもかかわらず，なぜ中国と北朝鮮のミグ戦闘機を倒すことができたのか，というものである。彼は，紛争や戦争における個人の行動は，観察・判断・決定・行動の繰り返しのサイクルであると捉えることができると認識した。ボイドは，このように敵よりも速い意思決定サイクルを行える個人または組織は，戦場において決定的に優位に立つと結論づけた。これは朝鮮戦争での空中戦においても当てはまる。米軍機のパイロットは操縦席からの視認性に恵まれ，交戦中に敵よりもすばやくある動作から別の動作に切り替えることができた。この結果，米軍機は敵機よりも優れた速度，上昇能力，旋回能力を維持することができた。OODA ループを繰り返すことですばやく反応できるパイロットは，最終的に敵の行動を次第に周回遅れにして，敵を困難な状況に追い込むことができた。両者の差は着実に大きくなり，意思決定の遅いほうは，最終的に崩壊につながる絶望的な状況に陥った（Lind 1985: 2-7; Hammond 2001; Coram 2002; Osinga 2007 を参照）。リンドは，機動戦の目的は，敵よりも速くボイドの意思決定サイクルを回すことであり，機動戦指向の軍には3つの基本要件があることを示唆した（Lind 1985: 6-8）。第1に，分散指揮型の軍だけが，そのような意思決定サイクルを十分に速く回すことができる。第2に，機動戦を行う者は誰であれ，戦場での混乱と不規則性を受け入れ，それらの要因自体を敵に対する相対的な優位性確保に利用する必要がある。第3に，敵が自分たちの次の行動を予測するのを防ぐために，すべての行動の「雛形，対処要領，及び習慣化」は避けなければならない。したがってリンドによると，原則とは固定の型に従うことではない。数多くの軍事史を研究することが決定的に有効となりうるのである。戦いには主導性，多様性，そして絶え間のないイノベーションが最も重要である。

したがって戦術は，基本計画が検討された後に通過しなければならない3つの「フィルター」を含む心理的なプロセスで構成される。第1に，下級指揮官への委任を中心とする任務指揮（または訓令戦術，第4章を参照）は，ボイドのサイクルを迅速に回すために必要な分散指揮の程度を確保するため，指揮官にとって重要な手段である。任務指揮とは，部下が任務を達成するための戦力を割り当てられ，何を達成すべきかを示されてはいる。しかし，どのようにそれを達成するかまでは指示されない，というものである。具体的方法は，意思決定を行う下級指揮官に任せられている。このシステムは，可能であれば主導権を握ることができる下級指揮官を育成する，と考えられている。任務遂行中の部下は，指揮官の意図と示された目標に従って行動する。下級指揮官は，任務達成のために何が必要であり，どのようにしてこれらの目標を達成するかを自分で決める裁量が与えられている。そのため，このようなシステムでは，錯誤に対する許容度が高くなければならない。成果が芳しくない部隊の主導性を罰することは，すべての部隊の主導性を阻害するだろうとリンドは主張する（Lind 1985: 13-17）。その代わりに，行動の適否に対する検証は，むしろ指揮官の意図と，目標達成への貢献によって行われる。第2に，戦力の集中が必要である（リンドは重心（*Schwerpunkt*）という用語を用いている）。これは，陸上の特定の場所であってもよいし，部隊そのものでもよいが，時間に関連するものである。それは，決定的な結果が得られると指揮官が認識している場である。ある部隊が主要な任務を指定されている場合，ほかのすべての部隊はそれを支援すべきである。これは，数としては兵力が少ない側にとってとくに重要であり，依然として局地的な優勢を確保することにつながる（Lind 1985: 17-18）。第3に，どこに戦力を集中すべきかを知るためには，強みと弱点（リンドは「面と隙間」という用語を使用している）を特定しなければならない。小隊，中隊，または大隊の指揮官にとって，敵の弱点は，敵の配備された兵力の隙間である。この隙間を特定する方法は，威力偵察である。偵察の役割は，敵の強みと弱点を探し出し，主要な攻撃の方向を判断することである。部隊が戦線の突破口を広げることに成功した際には，さらに前方に進んで後方の敵を攻撃するために，戦線後方の地域を活用するべきである。同時に，戦闘偵察部隊は，抵抗が最も少ない経路を探し続ける。この偵察兵力は「敵戦線周辺の主力部隊と，敵の拠点奥深くにまですでに侵入している部隊」を先導する（Lind 1985: 18-19）。

一方，ソ連／ロシアの機動戦学派は，トハチェフスキーやトリアンダフィーロフという軍事理論家たちが，機械化された戦争のための新しい概念を作った戦間期にその起源を辿ることができる。ソ連／ロシア機動戦学派はドイツの学派と多くの共通点があるが，違いもある（Leonhard 1991: 52-54）。第1に，ソ連／ロシア学派は，任務指揮ではなくより詳細な命令を部下に下す方式を採用した。これは，旧ソ連に存在していた政治情勢だけでなく，当時の赤軍の比較的低い教育訓練水準によっても部分的に説明できるであろう。現場レベルでの主導性と積極性を発揮する指揮官を善しとしない帝政ロシア軍の遺産は，ソ連／ロシア機動戦学派が任務指揮型の戦術を受け入れなかったことにつながった。現場への詳細な命令は，個々の主導性を置き換える効果を持ち，代わりに指揮官は，敵の抵抗の程度にかかわらず，与えられた命令をひたすら遂行することが期待されていた。第2に，作戦開始前の徹底した準備の重要性を強調したことである。この考えは，共産主義の「科学的」思考の副産物であるとされた慎重かつ詳細な計画が，実際の戦闘が始まる前であっても，任務成功を保証するものであるという考えに基づくものであった。ソ連軍の指揮官は，決定を実行し，モスクワが設定した目標を達成することが期待されているのであり，敵の抵抗の程度にかかわらず，慎重に作戦準備をすることが重要とされた。これには，慎重な偵察任務，演習，保全・欺瞞の作戦が含まれていた。それは戦闘が始まる前に，ロジスティクス上の支援と火力支援が事前の計画に従って行われることも意味した。計画実行の際，どのような現場レベルでの柔軟性も，ドイツ学派とは異なり，許容されていなかった。もし，ソ連軍の指揮官が行動力と主導性を示すのであれば，それは計画段階または計画実行前に行われなければならなかった。そのため，ソ連軍のシステムでは，主導性は作戦レベルにおいて発揮された。第3に，ソ連／ロシア機動戦学派は，作戦の縦深性を強く強調した。この要因は，おそらくロシアの大草原における地理的条件と戦争の経験によるものであろう。

このタイプの戦闘では，主に戦術レベルではなく作戦レベル及び戦略レベルに焦点を当てている。そこで考えるべきことは，戦力を可能な限り速い速度で，敵戦線後方にできるだけ深く侵入させることによって，それぞれの突破口を最大化することである。これは「縦深攻撃」または「縦深作戦」と呼ばれている（Leonhard 1991: 52-6）。縦深作戦を容易にするために，しばしば部隊には，敵を足止めし戦線に突破口を開く正規部隊と，突破を活用する能力を持つ特別な後続部隊が必要とされる。このことは，異なる方法で編成され，そのドクトリンも異なる2つの部隊が別々に配備されることを必要とするものであった。前者は，われわれが以前に消耗戦と呼んでいたものに対処するために配備されなければならない。しかし，後続部隊は，迅速な機動，すなわち機動戦が可能な部隊でなければならない。さらにドイツ機動戦学派は，勢い《モーメンタム》にはあまり注意を払わなかった。ドイツ学派での教育では，機動戦を行うためのペースとスピードを重視していた一方で，ソ連／ロシア学派は物理的な勢いをより強調した。このようにして，イニシアチブを自らに有利なように変えることができる。軍事的にいえば，これは，戦力の数が保有部隊の戦闘力として定義される，ということを意味した。また速度は，時間の経過による部隊位置の変化として定義される（Leonhard 1991: 57-8; Simpkin 1985: 93-115）。

物理的な点からの議論に基づき，戦いのモーメンタムを改善するという目的のため，イギリス陸軍准将リチャード・F. シンプキンは，現代の軍隊にとって，戦力を集中させるよりも，前進速度を上げるほうが好ましいと結論づけた。彼はまた，敵縦深への突破が成功するならば，敵を足止めする戦力は敵の2倍の速度でなければならず，一方で敵後方深くまで侵入する後続部隊は，敵の4倍の速度で移動する必要があることを示そうとした。これはソ連軍の指揮官が，反撃を好む理由のひとつといわれており，だからこそ反撃の相対的な衝撃力を増やすために先行する敵軍の行動を利用するといわれている。最後にシンプキンは，機動戦の重要な要素として「テンポ」の分析を行った。その上で，部隊の物理的なスピードは，しばしばテンポと表現されるもののひとつの要素にすぎないことを強調した。そして部隊の作戦レベルでの戦闘効率を決定するもうひとつの重要な要素は，いかに早く司令部が任務を分析し，意思決定を行い，そして命令を行動に移すかに帰結する（Leonhard 1991: 57-8; Simpkin 1985: 93-115）。

● 4 「小規模戦争」と反乱における陸上作戦の理論

ゲリラ戦は，現代的な現象であるとは言いがたい。ドイツの軍事史家であるワーナー・ハウルウェグはゲリラ戦の起源は古代にまでさかのぼるとしている（Hahlweg 1968: 25）。イアン・ベケットは，この種の戦いの最も古い記録は紀元前1500年であったとしている（Beckett 2001: 1; Asprey 1975; Moran 2001も参照）。それ以来ゲリラ戦は，さまざまなアクターが陸上の支配をめぐる政治的，軍事的目的を達成しようする上で，重要な役割を果たしてきた。その基本的な特徴は，耐久性であるといえる。ゲリラは，その土地に関する知識を活用し，遠く困難な地形において拠点を確立し，主要な戦闘方法として移動と襲撃を用いる。そのことで，弱い存在であっても，見た目はより強力で優秀な装備を持つ敵に対して勝利することができる。本節では，これまでの大規模な国家間戦争における陸上作戦の理論ではなく，3つに分類される「小規模戦争（small wars）」について論じる。すなわち，(1) 民族解放運動と植民地宗主国との戦い，(2) 反政府勢力と政府の戦い，そして (3) 内戦当事者とそれに対する国際的介入の戦いである。この構図はまた，小規模戦争と反乱に関する3つの学派とほぼ符合するものである。反乱理論は，たとえば植民地主義の経験的な事例から自動的に発展すると簡単に仮定することは困難なのだが，それは規範的な枠組みが文脈によって異なるというだけではなく，これらアクターの組み合わせの違いにも理由を求められる。そしてこのことは、現在の文脈にも容易に敷衍することができる。ステイシス・カリヴァスが論じているように，われわれが小規模戦争を理解し，対処するための概念や方法は，その前後の文脈によって左右されるのである（Kalyvas 2012: 202-19）。

「小規模戦争」を理論化する3つの全学派で中心となっているのは，正統性の概念である。政治学において，正統性とは「本質的に争われる概念」として最もよく表現することができる（Holsti 1996: 82-98; Matheson 1987; Hurd 2007; Clark 2005; Lake 2009）。それは，この概念の解釈が，それ自身の中でわれわれの問いと解釈を形成することを意味する。たとえば正統性は，関係する契約上の意味（被統治者層に安全や幸福など本質的な恩恵を提供する場合，民衆はその対象に支配権を付与する）で理解されるべきであろうか，あるいは，別の方法で理解すべきだろうか。あるいは，正統性を概念化するために，この概念により定性的にアプローチし，「受容」から「同意」及び「支援」への振れ幅（スペクトラム）を作り出すべきだろうか。また論点のもうひとつの問題は，正統性が何に基づいているか，である。それは，単に合理的な需要と供給の関係によるものなのか，あるいは正統性を成立させうる集団の結束を形成する上で重要な観念上の絆（たとえば，宗教，ナショナリズム，政治的イデオロギー）なのだろうか。それとも正統性とは，性別や家族，あるいは親族間の結束によるものなのであろうか。正統性の最終的な特質は，明らかにその集団の特徴や結束，問題となる被統治者の階層に関係している。要するに，「統治への同意」は，被統治者が民族集団であるか，比較的均質な社会経済集団であるか，それともより異質な集団であるかというような前提によって異なるのだろうか。アクターが同じ社会政治圏に属しているのか，それとも政治的環境の外にいるのかによって，正統性を得ることの難しさは変わるのだろうか。それとも特定の戦略に同意すべき異なる集団同士でトレードオフがあるのだろうか。国連安保理決議は，介入対象となる人々において，介入に地域的正統性を付与することができるか，あるいはその決議は，現地住民による決定ではないため，その地域での正統性を妨げるのだろうか（もちろん介入兵力に国内支援を提供することは可能であるが）。

さらに，小規模戦争や反乱に関する事実上すべての研究において，正統性は同じ政治的空間や権力を争うゼロサムゲームにおいて通貨（価値交換媒体）とみなされている。軍事的な計画段階においては，小規模戦争は主にそれに従事する部隊が同じ重心，すなわち民衆の支援を共有するという事実によって，通常の国家間戦争と区別される。この共通の出発点は，民衆の「人心」が批判的であり，反乱や対反乱作戦が，通常の戦争とは逆にその90パーセントは政治的側面で10パーセントが軍事的側面であるという，幅広い理論家たちの間での似たような主張に帰結する（Kilcullen 2009; Rich & Duyvesteyn 2012）。

このような戦いがゼロサムゲームとなるのは，民衆が同時に複数の集団に同意することができないからだけでなく，武装した暴力が社会を分裂させ，人々に政治的忠誠を強いるからである。ゼロサムという理解は，イデオロギー的対立において，一方の集団が支持を失った場合，もう一方がその支持を勝ち取ることを意味する。たとえば，民間人に対する残虐行為に関与することは，さまざまな理由から問題となる。それは，より明確な道徳的・法的・政治的な意味合いに加えて，われわれが支援を求める相手を大量殺戮するという明らかに戦略上の欠点であるからである。それにもかかわらず，民間人は，いまだ攻撃の目標にされる。カリヴァス（Kalyvas 2006）は，民間人を攻撃目標にすることは，係争地域の支配を失うことにつながると，最も重要な点として強調している。政府当局や反政府勢力が係争地域に移動すると，彼らは相手の協力者を標的にする。敵と味方が，同じ重心を共有するということは，敵が正統性を得ることを妨害または否定することが比較的容易であることを意味する。たとえば，支配権が，安全の提供者としての国家と密接に関連している場合を考えてみよう。反政府運動がわずかに攻撃をしてそれが大々的に報じられたら，それが彼ら民衆自身に対する攻撃であっても，国家は市民を守ることができなかったため，政府の正統性はさらに損なわれる。昔話のように「1000の小さな傷によってゴリアテという巨人に出血を強いる」という戦略は，政府の行き過ぎた強硬手段という過剰反応を引き起こし，その結果さらに民衆を，一見弱いとされる反乱軍側に追いやる。ここで本書はようやく，さまざまなアクターの集まりと，戦争のダイナミクスをより把握するために発展した理論の中で，この論理がどのような役割を果たすかに目を向けていくのである。

植民地の小規模戦争：小規模戦争理論の第1の学派

小規模戦争の理論の第1の学派は，植民地主義と植民地独立闘争に密接に結びついている。これにはいくつかの意味がある。たとえば，植民地体制を維持するために植民地政府において発展した慣習が，今日でも規範的，あるいは政治的に受け入れられたかどうかは定かではない。したがって，たとえ植民地での対反乱作戦における勝利の理論が成功に結びついても失敗に結びついても，今日ではその意味は逆かもしれない。さらに多くの理論上の議論が，正統性の概念を中心に扱っていても，それは若干異なって理解されている。この正統性が指し示す対象は，現在われわれが学説として理解している正統性の意味とは異なる。

ゲリラ（guerrilla），という言葉はスペイン語に由来する。これは，文字通り「小規模戦争」を意味する。この用語は，1808年から1814年までのスペインに駐屯するナポレオン軍に対する，スペイン人たちの反乱から使用され始めた。ベケットによると，ゲリラ戦争の理論は，20世紀初頭まで主な軍事理論の一部にはならなかった（Beckett 2001: 12）。そのため，伝統的理論家の間で，この形態の戦争をより理解するための理論的発展はほとんどなかった。たとえば，クラウゼヴィッツの『戦争論』では，全体の約1パーセントの部分でしかゲリラ戦争や「武装した民衆」について述べていない（Clausewitz 1993: 578-84; Hahlweg 1986: 127-33; 次も参照，Duyvesteyn 2004）。

代わりに理論化の最初の学派は，植民地戦争の経験を持つ者，いわゆる「帝国の警察」から起こった（Moreman 1997）。その方法をより理解しやすくするために，いわゆる民族解放戦争におけるゲリラ戦は，主としてその政治的文脈に照らして理解されるべきである。これらの紛争の主な特徴は，一方では外国の植民地支配からの独立であり，他方では海外支配体制の維持であった。したがって政治的文脈においては，特定の地理的空間と，その住民に対する支配権が紛争の中心であった。国家経済の中で資源を配分するという観点からは，イデオロギー的傾向に関連する正統性の主張はそれほど重要ではなかった。つまり，たとえば1945年の日本の連合国への降伏に伴う中国の独立の動きは，主に農業改革や課税水準に関連するものではなく，基本的に独立した中国という政体の創造に関するものであった。したがって，政治的文脈によっては，反乱と対反乱用の特定の戦略を作ることが可能になる。そしてそれは反乱の直接的原因が資源配分に関係していたとしても，反政府勢力が民族解放／独立の観点から紛争規定するとすぐに，特定の対反乱戦略の実行可能性は低下する。

コールウェル（Callwell 1896）とロレンス（Lawrence 1922）の作品は植民地時代とその価値に大きく影響されていた。彼らの作品には，イギリスの初期の対反乱思想が適切に取り込まれていた。コールウェルは，ゲリラにとっての地形の重要性と，長期にわたる紛争が，いかにして現地勢力に利益をもたらすかを強調した。ゲリラを制圧するためにコールウェルは，攻勢的な行動とゲリラとの戦闘による接触を維持する必要性を強調した（Callwell 1996: 85-96）。同時に，「安全」地域や要塞というシステムを通して，ゲリラの行動の自由を否定した。このようにして，優れた機動性と地元に関する知識というゲリラの利点を否定することで，ゲリラの逃げ道を排除することができた。同様に，アラビアのロレンスとして広く知られているロレンスは，機動力，安全な拠点，正統性，そして時間を最大限に活用したゲリラ戦の側面が，戦争をゲリラ側に有利にすると主張した（Lawrence 1997）。ロレンスによると，それはゲリラが拠点を確保し民衆の支持を得るために必要とするのと同様に，植民地当局にとっても同様に重要だった。このようにして，植民地当局はゲリラとより効果的に戦うために必要な前提条件であるゲリラと民衆の分離を行うべきである，とした。1948年から1960年までのマラヤ危機の際には，イギリス政府はこのアプローチを進め，ゲリラが民衆の支援を受けるのを防ぎつつ（新しく建設された村落と国境の厳格な封鎖を通じて），マレーシア独立という政治的解決策に到達した。この戦略的譲歩と戦術的機動というアプローチによって，宗主国に対する反乱への民衆の支持を失わせ，最終的にゲリラ側が敗北した（Thompson 1966; Mockaitis 1990; Mockaitis 1995; Nagl 2002; Record 2007; Corum 2008）。しばしば，この反乱対処におけるイギリス方式は，「最小限の実力行使」というアプローチとして，そして抑圧と対称的な立場として評価されている（たとえば，Kitson 1971）。これは，しばしばイギリス方式の反乱対処が，武力行使をほとんど含まない，という憶説につながった。ただし，最近複数の研究者がこの急速に広まっていた神話を崩壊させた。実情としてイギリスの植民地政策は，現地住民に対する抑圧，拷問，残虐行為を含んでいたことを明らかにしている（Bennett 2013; Mumford 2011）。

フランス政府も，ゲリラの動向にうまく対処するためには，政治的，経済的，軍事的な取り組みを連携させなければならないことを早期に認識していた。しかしさまざまな理由から，初期のイギリスの理論家よりも，軍事的側面を強調する傾向があった。1840年代，ナポレオンがスペインで失敗した戦役を目の当たりにしたトーマス・ロバート・ブーゴー（Thomas-Robert Bugeaud, 1784-1849）は，フランスの植民地戦略である「徐々に浸透する作戦（tache d' huile）」（文字通り「油のしみ」）を発展させた。それは，よく守られた安全な拠点からフランスの帝国を徐々に拡大するという考えに基づくものであった。フランス軍がアルジェリアにおいて大都市を支配していたにもかかわらず，フランスは，1840年代のアルジェリアでは戦争に失敗した。この不満の中でブーゴーはこの襲撃方法を成功のツールとした。実際には，この襲撃はフランス軍がアラブ人民衆に対して所望のどんな残虐行為（それは作物を破壊し，牛と山羊を屠殺し，広範な略奪を通じて，ゲリラへの公の支援を瓦解させると同時に，重大な補給品がゲリラに届くのを防ぐというという方法によって）も実行できることを意味した。フランスは，この確実なアプローチによって初期の成功を満喫することができた（Porch 1986）。しかしフランスの作戦は，アルジェリアの独立まで連綿と続く新たな反乱を引き起こし，政情を不安定化させた。そしてフランスは，1947 年から 1954 年のヴェトナムにおけるインドシナ戦争で同じ戦略を試みた際，民衆を分割しようとする彼らの試みは失敗した。くわえて，少数の戦略拠点から軍事的に敵を撃退することにも失敗した（Beckett 2001: 110-17）。このインドシナにおけるフランスの失敗は，1954 年から 1962 年にかけてのアルジェリアでの戦争において，新たな戦略導入への道を開いた。すなわち，革命戦争（*guerre révolutionnaire*）である。新しい戦略は，反乱における最初の段階をゲリラの最も弱い段階として捉えるものである。その結果，革命戦争でのゲリラとの戦いの中における重要要素のひとつとして，民衆をゲリラから分離しゲリラの募集と支援を防ぐことが強調された。これは，鎮圧兵力を堅固な「自警村」へ再配置する総合的なプログラムによって達成されるものであった。軍事的には，新しい戦略は巡回やゲリラの自由の移動を制限しようとする試み，また組織的な拷問による情報収集に依存するものであった。これについてベケットは，革命戦争は軍事的には成功であったが，最終的にはアルジェリア戦争がフランス政府にとって過度の政治的及び経済的コストを招いた，と述べた（Beckett 2001）。そして，アルジェリアに駐留していたフランス人士官たちによるシャルル・ド・ゴール大統領へのクーデターが失敗した後，アルジェリアのゲリラとの交渉が開始された。この後，間もなく 1962 年に，アルジェリアにおけるフランスの植民地支配が終了した（Horne 1977; Trinquier 1964; Galula 2006）。

民族解放戦争の理論においては，革命闘争に関する毛沢東（1893-1976）の理論が特別な地位を占めている。われわれはすでに第 3 章で毛沢東思想のある要素を論じてきたが，ここで再度彼の理論に立ち戻る必要があるだろう。毛沢東の革命闘争理論の 3 つの段階，すなわち戦略的防御，戦略的均衡，戦略的攻撃は，時間，正統性，力関係，地理的条件の変化に基づく革命蜂起のさまざまな状況を反映していた。毛沢東は，ゲリラ戦とは，最終的に強力な集団を打ち破らなければならない通常兵力に付随するものであり，そのために必要な手段である，と主張した。武力によって相手を倒すという究極の目的は，たとえば，大規模な通常戦に関するクラウゼヴィッツの理論と考えを共有していることを意味する（Peralta 1990）。伝統的にゲリラ戦術と呼ばれてきたものは，毛沢東によれば手段に過ぎず，戦争で勝利するために最も重要な要素ではない。彼の理解では，革命闘争はゲリラ戦と全くの同義ではない。彼は地理的な占領を避け，退却と継続的な待ち伏せ攻撃によって，徐々に撤退し完全な敗北を避けることができた。この戦術は，革命勢力側が新たな人員を動員し募集することができる，長期戦用に設計されたものである。この戦術を促進するために，毛沢東は，日本との戦いにおける戦役の国家主義的側面を強調し，共産主義イデオロギーに基づく社会経済改革を実施した。民衆の信頼を得る上で重要なのは，現政権に対抗する信頼できる代替案を提示することであった。そのため，中国共産党の支配地域において教育と医療という行政機能を構築することが重要であった（たとえば，Beckett 2001: 70-85; Kiras 2002; Taber 2002; Shy & Collier 1986）。これらすべては，フランスのヴェトナム専門家であるバーナード・フォールをして，次のように言わしめた。「国家が転覆しているというのは，戦いに敗れた時ではなく，その国を統治できていない時である」と（Fall 1998）。ヴェトナムにおいて，ヴォー・グエン・ザップは，毛沢東の理論とよく似た革命戦争の独自の理論を発展させた。ザップは，ゲリラ戦は単に通常戦に付け加えられたものであり，必要な戦力に達した時に通常戦が開始されるという考えを支持した。しかしながら，直線的に進めるよりも，ザップは革命戦争の３つの段階すべてを同時に遂行することを望んでいた（しかも，作戦戦域の異なる地域で）（Giap 1962; 1970）。

毛沢東［写真：The People's Republic of China Printing Office］

内乱と対反乱作戦：小規模戦争の２つ目の理論

小規模戦争の理論家における第２の学派は，正統性と残虐性の間に存在する一見永遠に思える議論に焦点を当てている。要するに，植民地戦争の間，議論の多くは反植民地勢力と戦うのに，どれだけの加害行為が必要であるかという問題をめぐって交わされた。ある人は，現在の問題に対処するため以上の戦力が将来の反乱を抑止し，それによって短期的な問題と長期的な問題の両方を解決すると示唆した人間もいた（たとえば，Merom 2003）。他方で，軍事力行使が最低限に抑えられ，法の支配が厳密に遵守されれば，民衆の人心を捉えることができると示唆した人もいた（たとえば，Arreguin-Toft 2005）。これら議論においては，双方の主張とも植民地を服従させるための解決方法の一部として，軍事力行使を当然のものとして理解していた点に留意することが重要である。その代わりに，この理論家たちの時代に変化していたのは，彼らが異なるアクターの組み合わせに焦点を当てたことであった。これらの理論は，植民地宗主国を分析から除外し，植民地問題を内的なものとして理解した。

革命戦争の理論に大きく影響を受けたことで，反植民地主義勢力は，政府転覆を試みる際，いくつか重要な要素を共有した戦略に従ったようであった。第1に，政府施設に対する軍事力行使により，反植民地主義勢力の人員募集の機会を損なってはならないというものである。反植民地主義勢力は，少なくとも当初は植民地政府より表向きは弱く，犠牲者による欠員の補充やその軍事力の強化は，彼らにとって不可欠である。したがって軍事力行使が，自らの人員補充を阻害するべきではないのである。

第2に，政府施設を目標とする場合，注意すべき点は，政府の公共財提供能力を妨害することにつながることである。政府が基本的な行政サービスを提供できないと民衆が認識した時，反植民地主義勢力は政治的課題を掲げ，自分たちの行政システムを示し，民衆に課税することができる（したがって歳入が増え，それはさらなる軍事力強化を可能にする）。そして反植民地主義勢力は，正統に民衆に対し基本的な行政サービスを提供し，その結果彼らの信頼と忠誠を勝ち取るのである。政府による反植民地主義勢力に対する攻撃は，民衆に安全を提供するという政府の主張を弱体化させる。そのためこの段階で，反植民地主義勢力の手段と目的が合致するのである。この基本的な観察は，フォコ（*Foco*）理論においてエルネスト・チェ・ゲバラ（Ernesto “Che” Guevara）によって利用された。すなわちゲリラは，自然に発生する大衆革命を予期した革命の先駆けとして行動すべきである，というものである。ゲバラは自身の解釈において，既存の公的支援よりも共通の反乱戦略により頼っていたことに注意することが重要である（Beckett 2001: 169–79; Shy & Collier 1986: 815–62; Guevara 1969; Molloy 2001）。むしろゲバラの考えは，政府の「真実の顔と腐敗の顔」が，最初のゲリラ攻撃に対する反応として過度の法執行と抑圧として現れたときに，人々が反乱に加わることを前提としていた。したがって，既存の支援を通じて攻撃が可能になるというよりも，民衆の支援はゲリラの攻撃の後に起こるのである。

第3に，反植民地主義勢力の目標設定は，政府の弱点に焦点を当てるべきである。より強力な政府軍と比較して，反乱運動は一見弱いという性質がある。そのため，ゲリラは，政府の弱点に対し攻撃を行いつつ，身軽に攻撃のための時間と場所を選択でき，逃れることができるという利点を最大限利用すべきである。これは明らかに，反乱理論が間接的アプローチというリデルハートの戦略に似ていることを示している。これは政府にとって，対処すべきいくつかのジレンマがあることを意味する。それは一方で，過度の抑圧と残虐行為では反乱を必ずしも失敗させることはできないというものである。そのようなやり方だと，ゲリラの描いた筋書きに陥ってしまうからである。しかし他方では，政府が受動的なままであれば，反植民地主義勢力は，政府は国民のことなど考えていないという彼らの主張を強化することになる。

第4に，反乱や統治の正統性を生みだすことは，植民地主義に対する戦いとは異なるものである。最も重要なのは，植民地支配からの独立ということを主張することによって忠誠を得ることは，不可能であるということである。政治的な文脈にもよるが，反乱分子はイデオロギーや民族的アイデンティティ（そしておそらく民族グループの既存の国家からの離脱）を訴えることで，引き続き次のような利益を得ることができる。つまり民族紛争は，国家と既存の国境や民衆との関係の問題である。イデオロギー的内部闘争は，国家の統治形態に関するものである。そのため民族的意味での戦いは，イデオロギー的な内戦とは多少異なる性質を持つ。両者の主な違いは，双方の当事者が同じ重心を共有していないことである。そのため民族紛争における戦いは，イデオロギー的な内部抗争において行われる戦いよりも，国家間の紛争に似ている。民衆による支援は，イデオロギー的紛争と同じ程度には影響を及ぼし得ないため，民族紛争の当事者は中立的でどちらにも属さない民衆の「人心」を勝ち取る必要はほとんどない。その理由は，当然ではあるが政治的意見を変えるのが容易なのとは対照的に，民族的アイデンティティを変えることは難しいからである。このような状況は，民族的アイデンティティが変化しうるものとして理解したとしても，真実である。民族間の暴力が社会を分断し，アイデンティティを容易に変えることができないことを示唆しているからである（Kaufmann 1996a, 1996b）。

民族紛争における戦略が，その民族の人口的及び地理的な分布に沿った領土を得るために軍事的手段を使用することを目的としている場合，「民族浄化」が民族紛争における作戦術の一部を形成するのは，しばしば理にかなっている

（道徳的には非難されるべきものだが）。つまり，戦術的な勝利を戦略的成功に導くのは，相手の民族が支配する地域に住む人々の人口「孤立地帯」を含むように自己の領土を拡大する一方で，相手の民族を支配地域から追放することである（Gow 2003: 172–98）。イデオロギー紛争では体制の方針に対する民衆の支持が考慮されるが，民族紛争における正統性の問題は，ホルスティがいうところの「水平的な正統性（horizontal legitimacy）」の欠如に特徴づけられる（Holsti 1996: 82–98）。つまり，国家は異なる政治的コミュニティで構成されていることが多く，これらのコミュニティが地理的境界に関して対立する場合，そこには水平的な正統性の問題が起こりがちである。したがって実際には，民衆の一部（コミュニティ）が同意しない国では，水平的な正統性が低いとみなされる。

国際化する内戦：小規模戦争理論の3つ目の学派

小規模戦争の理論化における第3の学派は，国内の紛争が大部分を占める武力紛争への外国からの介入事例を中心に議論している。しかし，そこには重要な点として，植民地主義的な関心は存在しない。これは正統性のための論争において，新しい様相を呈する。反政府勢力は植民地独立戦争の時と同じように，正統性の主張においてナショナリズムを使用するのに対し，国際的な軍事力の存在に依存している現地政府は，反政府勢力と不平等な条件で競争しなければならない点に関しては，伝統的な内戦の勃発と同様の課題に直面する。反政府勢力は，現政府の正統性を否定するために単に治安や福祉，経済活動を妨害すればよい。しかし政府側は，公共財の提供という点でそれを保証する責任があるため，条件は不平等である。さらに国際介入部隊は，現地政府の正統性をどのように構築するのか，あるいはより程度は低くても彼ら自身にそれを行わせるか，という課題に直面している。当然のことながら，これは国際介入部隊にとって，植民地支配の維持を全体的な戦略目的としていた植民地での反乱への対処と似たものではない。これは一見アメリカのヴェトナム戦争を，イラクやアフガニスタンにおける戦争と全体的には同じように分類しているように見える。しかし，これら両者の場合において，アメリカの戦略には著しい類似点があるものの（たとえば，治安維持の責任を現地軍に徐々に移管する段階），必ずしもこれらの紛争が同様の対立原因や政治目的，または同様の手段を用いることを意味するものではない（Biddle 2006; Record & Terrill 2004; Brigham 2006; Gardner & Young 2007）。

ここ数十年の間，内戦はますます国際化している。民と軍，あるいは公的なものと私的なものという，それぞれの境界に対する西欧社会の理解をしばしば踏み越える多数のアクターが存在する点において，内戦はますます「複雑」であると理解されている。通常国際的な介入部隊は，民間軍事会社，非政府組織，国際組織，国家再編成ユニットと同じ作戦空間を共有している。この多すぎる組織に，統一指揮の欠如と反乱勢力に対して戦略目的を達成することの困難さを加えれば，「複雑さ」の概念は理解できる。複雑さは，現代の介入における非常に野心的な戦略目的の中にも見られる。すでに平和条約（すなわち平和維持）に同意している２つの紛争当事者を単に分離するだけでなく，現在の介入は，平和がないところでは平和を強制し，そのための必要な前提条件がなければ国家を建設するという，より広い目的を持つ傾向がある。このような状況下では，戦術，作戦，戦略の関係も複雑になる。

これらの複雑さをいくらか軽減するために，イヴァン・アレギン・トフトは，アクターの多様性とそれらの間の潜在的なトレードオフを強調する分析枠組みを提唱した（Arreguin-Toft 2007）。要するに，いかなる介入も，戦術レベルと戦略レベルの両方の観点から，５つの異なる対象視聴者（target audiences）に対して注意を払う必要がある，というものである。すなわち，介入部隊の国内世論，自軍の戦力，（国外及び国内の）中立の立場の人々，敵の戦力，そして敵の支持基盤である。それぞれの戦略は，それぞれの対象視聴者に対して相対的な有用性を保持している。しかし，すべてに対して最適な戦略は存在しない。たとえば，自らの軍事力の正統性を最大化しようとする戦略では，軍は部隊の安全確保に集中しようとする。そのような戦略では，遭遇した相手の意図が疑わしい時などはいつでも部隊は重武装化し空爆や砲撃を必要とする戦術を伴う。このような戦術はおそらく「友軍の」犠牲者の数を減らし，それゆえに自軍と国内支援の一部にとっては良いだろう。しかしながら，おそらく犠牲となる民間人の死傷者数は増える可能性がある。したがって，一部では評判が良いが，ほかの３つの対象視聴者の間ではますます評価されなくなるであろう。対象視聴者に対する分析を用いることによって，なぜ戦略がつねにその意図した結果をもたらさないかを説明することができる。ひとつには，たとえば，国家建設事業における介入部隊が直面する複雑さを理解することができる（たとえば，Angstrom & Duyvesteyn 2010）。一方では，国際介入部隊が地元の人々の信頼を得て反乱勢力に関する有用な情報を得るためには，そこでの自らの正統性を確立する必要がある。しかし他方では，国際介入部隊の正統性を確立すること自体が，現地政府の正統性に関する基盤を弱体化させることにもなる。

また対象視聴者の分析を用いることで，国連の平和維持活動と平和執行の戦略的な論理を描くことも可能である。平和維持活動のための３つの伝統的な基準，つまり当事者の同意，公平性，そして自衛のためのみの武力の行使は，たとえばいくつかの対象視聴者からの正統性を最大化する戦略として理解できる。軍事戦略として見れば，平和維持とは平和協定の履行を監督することによって，それまでの紛争当事者が敵対行為を再開しないようにすることである。平和維持部隊は，当事者の間に自らを置き自衛権を使用することで，平和協定を破棄しようとする紛争当事者に対し，確実な脅威を与えることができる。しかしながらこれらの原則は，正統性の確立に関することでもある。介入国の国民は，国際介入部隊が形式上平和建設部隊となることにより，その作戦を支援することができる。また介入前に現地当局からの同意を得て，平和維持部隊は強い立場から始めることもできる。しかし，ほとんどの平和維持ミッションは成功するとしても，失敗もある（Fortna 2008; Daniel et al. 2008; Diehl & Druckman 2010）。これまで成功の程度は，政治的権限と委任された資源の欠如（Doyle & Sambanis 2006）や，組織上の問題（Autesserre 2010; Howard 2008），信頼できる関与の欠如（Howard 2008: 21-7），いわゆる平和の破壊者（spoilers）（Steadman 1997; Nilsson & Soderberg-Kovacs 2011），十分な兵員数の欠如と訓練の不足（Kreps 2010）等によって説明されてきた。ラーシュドッター（Larsdotter 2011）はまた，多くの研究が，別々の方法論と別々の評価基準で行われているため，結果の比較をさらに複雑にしている，と強調している。

通常の国家間の陸上作戦と同様に，外国からの対反乱作戦の戦術的成果については，数的優位性や技術的優位性，機動がどの程度寄与するかについての激しい議論がある。たとえば，西洋諸国の技術は，監視，通信，火力の面で彼らに優位をもたらし，その軍事力が敵に対して優位に立つこととなった。この技術的優位性は２つの方法で作用している。たとえばそれは，攻撃を通じて徐々に武装勢力を無力化しつつ，タリバンの指導力を破壊するための手段としての役割を果たした。とくに，指揮中枢に対するドローン攻撃は，指揮統制系統を混乱させることで，アフガニスタンとパキスタンの国境地域においてもタリバン勢力を機能不全にさせると考えられていた（Price 2012; Johnston 2012）。火力を強化するもうひとつの方法は，もちろん，より多くの「ブーツ・オン・ザ・グラウンド」によるものである。数的優位性は，イラクとアフガニスタンの両方で，いわゆる「兵力増派（surge）」と呼ばれる方法とより強力な現地軍を構築するという方法を通じて，中心的な考えでもあった（Grissom 2013）。しかし，イラクでの増派の効果は，一部から疑問を呈されている。米軍の兵力急増がイラクの治安の安定をもたらしたのではない。むしろ増派が行われたのは，とくにスンニ派とシーア派間の紛争において，現地の力学における勢力分布の変化が生じた時だったと指摘されている。そして，これらの変化によって，スンニ派がイラクの武装勢力に対してアメリカと手を取り合あうことになった。これは米軍の増派がイラクにおける治安向上の原因であったというよりも，単に関連要因であっただけ，ということを示している（Biddle et al. 2012）。メロムは，対反乱作戦においてより多くの部隊を使用する側である民主主義の性質そのものが，なぜ民主主義国家が国家間戦争に勝利する一方で，小規模戦争には敗北するのかを説明するという（Merom 2003; Brown et al. 2011 も参照）。それは人々は，敵が自らの国家の存在を脅かすと認識した場合，軍に動員されることに同意するという考えである。しかし，敵が地球の裏側で起こっている民族解放運動であれば，人々はこれらの紛争での勝利に必要な自国部隊による過剰な武力行使には同意しないだろう。また，戦時の組織的な学習や適応能力の程度が戦争に勝つために重要であることも示唆されている（たとえばNagl 2002; Ucko 2009; Simpson 2012; Egnell & Ucko 2013）。マックは，介入と非対称戦において重要な問題は，当事者たちがどのように戦うかを強調することではなく，彼らがそれぞれ異なる目的を持っていることであるとしている（Mack 1975）。介入する側は，戦争の遂行に，現地の当事者と同じ関心を持つことはないであろう。したがって現地勢力は，損失に対処し長期間にわたって努力を続けることによって，比較優位を獲得することができる。

アフガニスタンなどの現地住民の「人心」を勝ち取ること（すでに米軍に関与した人たちの支持を維持すること，中立的立場の人々の支持を高めようと説得すること，タリバンを支持する人々の考えを変えることを含む）は，理論的には簡単かもしれないが，明らかに問題を抱えている。そしてさまざまな戦略を支える理論は，内戦における介入の結果を明確に説明することはできない。また，正統性は測定するのも予測するのも難しいことが広く知られている。したがって戦略や戦術は，意図したものとは容易に別の結果となる。

● 5 おわりに

陸上作戦の理論は，調査や研究の広範な領域によって構成されている。本章で述べてきたことは，陸上作戦のすべての軍事理論を提示するのではない。むしろ，軍事的な陸上作戦に関する現在の理論的議論の概観に近いものである。本章では，現代の陸上作戦の理論を紹介し，これらの理論の構築が時間，空間，火力，機動，防御という固有の問題をどのように扱っているかを紹介することを試みた。前半では，主に国家間の文脈に関心を寄せる陸上作戦の理論を扱った。後半では，反政府勢力，政府，そして（ある場合には）介入部隊の間の相互作用が中心的な役割を果たすようなゲリラ戦と対反乱作戦に関する3つの学派について紹介した。また本章では，方法論的な課題についても議論している。たとえば，伝統的理論家の文脈の多くには，解釈の問題があることを指摘した。陸上戦と戦闘一般とを区別することは，必ずしも必要ではないと認識されている。そのため，これらの理論をさまざまな方法で解釈することは可能である。

しかし，説明のための軍事理論としての陸上作戦の理論は，戦争と戦闘の研究に貴重な貢献をしてきたといえる。機動戦と消耗戦という2つの論理上の構成概念は，戦争の異なる階層間の区別と組み合わさって，陸上作戦の複雑な関係の理解を容易にし，より利用しやすいものとしているからである。しかしながら，陸上作戦の理論には，機動戦により成功した戦争と消耗戦により失敗した戦争を同一視する傾向がある。文献により記された機動戦の例は，ほぼ独占的に機動戦を行った側の勝利で終わった戦争である。しかし，これらは戦争の結果を説明するものではなく，つねに単に回想として記されているものである。

陸上作戦に関する理論は，規範理論として，陸上作戦を遂行する際の関連要因について鋭い洞察を与えてくれている。5つの陸上戦の要素（時間，空間，火力，機動，防御）は，軍人が作戦を実行する際に直面するジレンマを説明する。空間はどの程度時間と交換でき，火力はどの程度機動と交換できるだろうか。このような推論は，受動的な敵の存在に基づいているのだろうか。敵のある要素から別の要素への関心の変化によって，どの程度自分の行動は中和されるだろうか。これら5つの要素は，陸上作戦におけるこれらのトレードオフの関係と限られた資源配分を理解する上で重要である。しかしながら，戦争に勝つ方法についての簡単で信頼できる答えは見つけることは難しい。だからこそ，陸上作戦はあまりにも複雑なのである。

Q 論点

1. さまざまな形態の陸上作戦において，時間と空間はどのように関係しているのだろうか。
2. ゲリラ戦よりも消耗戦において，民衆の支援は重要なのだろうか。
3. テロリズム，ゲリラ戦，内戦の違いは何だろうか。
4. 機動戦とゲリラ戦に任務指揮（mission-type command）は必要だろうか。
5. 機動戦や消耗戦について推論する際，小国にとって問題となるような，量に関する明らかにされていない仮説があるだろうか。
6. 機動戦と小規模戦争では，重心はどのように異なる役割を果たすのだろうか。

第8章
海上作戦

●1　はじめに

紀元前600年頃，中国の思想家老子は「水は最も柔弱なものであるが，堅強な者を攻めるのにこれほど強いものはない」と述べた。その数百年後にギリシャの将軍テミストクレスは「海洋を支配する者は，すべてを支配する」と述べ，1597年にイギリス・ルネサンスの哲学者フランシス・ベーコンは「海洋を支配する者には大いなる自由があり，望む範囲で戦争をすることができる」と結論づけた（Tangredi 2002: 117; Rodgers 1967; Harding 1999; Sondhaus 2001; Heinl 1966: 288 を参照）。現代の海洋関連の思想家たちは，上記の主張を大幅に修正することなく，むしろシーパワーの重要性をより強調している。地球表面の約70パーセントは海洋であり，容積・重量いずれの基準においても世界貿易の90パーセント以上は海運によって行われている。また，世界の主要都市と人口は沿岸地域に所在している。海洋がもたらす資源と交流は，人類の繁栄と陸上での生活に不可欠なものである。

そもそもシーパワーとは，どのようなものであり，ほかの軍事力とどのように関連しているものであろうか。また，シーパワーの目的と手段は何であろうか。そして海軍は，どのように活用され，どうすれば海戦に勝利できるのであろうか。本章の目的はシーパワーの理論を紹介するとともに，戦時と平時において海軍がどのように海上作戦に活用されるのかについて論述することにある（Till 2013; Lambert 2010; Tangredi 2002; Speller 2008 を参照）。ほかの章と同様に中心となるテーマは，規範的かつ説明的な軍事理論の二面性である。シーパワーの理論はどのように事象を説明し，海戦における勝利のためにどのような規範が示されているであろうか。本章はシーパワーの定義に関する議論に始まり，目的と手段，そして簡潔に他軍種との違いについて論述する。戦争は政治的手段として一般的に解釈されている。本章では通常，海軍外交（naval diplomacy）と称される海軍の平時での利用，及び政治目的における利用について述べていく。はじめの節では，シーパワーを政治的文脈から読み解いていく。その後，戦争における海軍の軍事利用について述べる。現代では「制海（command of the sea）」や「シーコントロール（海上支配）」といった古典的な海洋理論の中心概念により，その理解は容易になっている。これらの概念は海軍の主要任務とみなされ，戦争に勝利するという究極の戦略目標を実現するための重要な手段となる。その後の節においては，海上作戦における制海の確立，運用，そしてそれらへの抵抗がどのようになされているのかについて述べる。艦隊決戦と海上封鎖を制海の確立の方法として，海洋からの戦力投射と通商のためのシーレーン利用を，制海の運用の方法として論じる。最後に艦隊保全主義（fleet-in-being），交易戦争及び沿岸防衛理論を制海に抵抗する方法として論じる。

● 2　シーパワー

一般的にシーパワーは，広義（政治，経済，商業及び軍事的側面）と狭義（戦争における軍事力の使用）との両面から定義される。アルフレッド・セイヤー・マハンはシーパワーに関する古典的名著において，軍事力によって海洋を支配する海軍だけでなく，「自然かつ健全に発展した海軍に安全を保障された平時における交易や海運」も含むという有名な主張をしている（Mahan 1890: 28）。ここでは，経済・商業的側面が明確に主張されている。サム・タングレディは，シーパワーのより広範な定義を以下のように示している（Tangredi 2002: 114）。

> 国際的な海洋での経済活動や海洋資源の利用を目的とする国家の能力を，海洋や海域の管制のための海洋への軍事力投射能力や海軍による陸上への影響力の行使である「フロムザシー（from the sea）」の能力とを，組み合わせたもの。

タングレディの定義におけるシーパワーの概念では，海軍力を行使するのは戦時だけでない。平時において海軍を政治・外交の道具として使用し，国際的な交易や交流を管制する能力として説明されている。シーパワーの非軍事的側面や経済的側面には，沿岸の警備・警察活動，法執行，商業と貿易，港湾活動，石油や天然ガスといった海中資源や漁業のための活動が含まれる。

イギリスの学者エリック・グローブによる狭義のシーパワーの定義は，海上におけるまたは海上からの軍事力の形態という軍事的概念として示されている（Grove 1990: 3)。グローブによるシーパワーの定義では，戦時・平時の区別がない。また，経済的側面や非軍事的側面も含まれていない。本章では，シーパワーを戦時・平時における海軍の政治的・軍事的利用として捉える。シーパワーは政治的・軍事的目的のために戦時・平時を問わずに利用される資源であり，能力である。海洋の影響が大きい国家や国家的主体にとってのシーパワーは，その存在や政治的野心を体現しているかもしれない。海軍は，海上におけるまたは海上からの武装した艦船及び兵員（海軍艦艇，海兵隊等）を意味し，海上における艦艇（潜水艦等）及び海上または海岸線の上空における航空機（海軍航空隊）から構成される。

アルフレッド・セイヤー・マハン［J. E. Purdy 撮影：Library of Congress Prints and Photographs Division Washington, D. C.］

シーパワーを行使するためには，それが何のためにどのように使われるのか，つまり目的と手段を知る必要がある。要するに，戦略に関する理論が必要となる。マハン（Mahan 1991: 24）は「海軍戦略は戦時・平時を問わず，国家のシーパワーを築き，支援し，拡大するためのもの」としている。マハンにとっての海軍戦略は国家のシーパワーを支える手段であり，国家の安全と繁栄に資するものである。ジュリアン・コルベットは古典ともいうべき著書『海洋戦略の諸原則（*Some Principles of Maritime Strategy*)』（1911 年初版）において，海洋戦略と海軍戦略を区別した。海洋戦略は海洋が重要な局面である場合の戦争指導の原則であり，海軍の役割は全体戦略の中で他軍種との関連性をもって決定される。一方で海軍戦略は，海洋戦略の一部であり，海軍の利用法を決定するものとしている（Corbett 1988: 15; Widen 2012: 85–7 も参照)。コルベットによる海洋戦略は海洋が重要な局面となる戦争における国家としての軍隊の使用に対する全般的な概念である。海軍戦略は，全体戦略の中での海軍の単独使用に関するものとされている。コルベットが平時における政治的役割よりも，主として戦時におけるシーパワーの役割に主眼を置いていることは明白である。

シーパワーは，戦略上の選択肢に幅をもたせる。海洋における，海洋からの，さらには海洋に関連した軍事力の一部を表している。海軍における暴力の行使は，軍事的手段による敵軍の撃破，または敵軍からの防衛である。海軍の強制力は，軍事力を背景とした脅威により相手の意思を自己の利益に従わせるものである。海軍の抑止力は，海軍の活用により相手に自己の利益を脅かす行動を控えるよう説得する役割を有する。スウェーデンの海軍思想家ダニエル・ランキスト大佐（Daniel Landquist, 1891-1962）は，「戦略上の海軍の戦争は，陸上の戦争と違い，国際法上で誰も永久かつ完全には所有権を主張できない海域で行われてきた」と主張している（Landquist 1935: 20）。これらの海域には中立国の商船や軍艦も存在しており，海洋には所有者がいないという原則が戦時・平時を問わず適用されている。これが，「海洋の自由」という理念の基礎を構築している。マハンはこの理念を以下のように詩的に表現している（Mahan 1991: 27）。

> あらゆる方角に歩ける広い公園にも，ある理由から人々が踏み固めたいくつかの路がある。これらの路は貿易路と呼ばれる。貿易路が生まれてきた理由は世界の歴史から探し求めることができる。

たとえば海底の天然資源を利用する新技術によって，海洋の「領土化」への傾向は明らかに高まってきている。しかし，海洋の自由という理念は，いまだ影響力を有する。

海上作戦の現場は平面的な特徴を有し，陸上のような防御に適した地形や障害物を有さない（少なくとも公海には存在しない）。また，沿岸部，狭い海域，群島水域には，航行上の支障となる島や浅瀬が存在する。海戦と陸戦における戦場形態の違いは，戦闘における攻勢，守勢に関して論議を引き起こしてきた。さらに陸戦でしばしば見られるような狭い前線ではなく，海戦は広大な海域で行われる。このため海軍基地は作戦における進出地であり，退却地でもあるとみなせる（Landquist 1935: 124; Lindberg & Todd 2002 を参照）。

● 3 海軍外交

海軍外交は，「砲艦外交（gunboat diplomacy）」との表現を好む人もいるが，支配者により歴史において幅広く使われてきた。しかしながら，シーパワーの古典理論家の間ではあまり取り上げられてこなかった（Widen 2011: 717-21）。

たとえばマハンやコルベットは海軍外交を平時における外交手段としており，戦時におけるシーパワーにより重点を置いている。これらの「ギャップ」は，核時代における限定的な海軍作戦に価値を見出す現代の思想家たちにより，部分的に改善されてきている。核兵器の保有とエスカレーションの危険性により，戦争に至らせないための限定的な作戦の有用性は大きくなっている。たとえば，ゴルシコフは次のように主張している（Gorshkov 1979: 247-8）。

> 艦隊による示威行動は多くの場合，自らの政治的意思と軍事作戦を開始する脅しとともに圧力をかけることにより，武力衝突に至ることなく政治的目標を達成してきた。艦隊はつねに国家政策の道具であるとともに，平時の外交における重要な補助手段となる。

冷戦後はよりいっそう，海軍外交の範囲と必要性が増しており，英米の海洋ドクトリンにおいては正式化されている。アメリカ海軍と海兵隊が共同で 1990 年代中期に開発したドクトリンである「*Forward...From the Sea*」によれば，

> 海軍は，アメリカの外交政策にとって，不可欠かつ特別な手段である。とくに関心の高い国家や地域における定期的な寄港や，長年にわたる地域安全保障への支援を通じた大きな影響力により，アメリカ海軍はアメリカ外交の取り組みを強化している。

過去 15 年の国際環境の変化をもってしても，この戦略文書の妥当性は失われていない。海軍外交の理論は，どうであろうか。冷戦時代には，抑止（deterrence）と強制（coercion）に関する緻密な研究（たとえば，Schelling 1966; George & Smoke 1974）に続いて，新世代のシーパワーの理論家により海軍外交の研究が発展した（たとえば，Martin 1967; Cable 1971; Luttwak 1975; Booth 1977）。おそらく，これらの研究者の中で最も読まれているのは，イギリスの外交官ジェームス・ケーブルであろう。彼は「砲艦外交」を次のように定義している（Cable 1994: 14）。

> 国際紛争への支援または外国，自国の領域及び管轄領域内における国家にとっての利益の確保や損失回避を目的とした，戦争に至らせないための限定的な海軍の使用やその脅威。

ケーブルの砲艦外交に関する概念には，戦争以外の状況において，確固たる価値の防衛や損失の防止のために，限定的な海軍を使用すること，または使用するとの脅威を与えることが示唆されている。この場合の活動は，自国の領域における国外勢力との国際紛争に使用される。砲艦外交は，戦時と平時との間のグレーゾーンにおける活動である。それは海軍を手段として戦争には至らせずに政治的目的を果たすものである。ケーブルの主張は明確にクラウゼヴィッツの政治的手段としての戦争についての考えに追従している。ケーブルは砲艦外交を4種に分類している。

- 「決定的な力」：敵の資源の一部を奪い，既成事実の達成を図るもの。この対応は強引な手法に近い。ケーブルの強調する有名な例は，1968年に北朝鮮がアメリカの情報収集船プエブロ（USS Pueblo）を拿捕したことである。アメリカ政府は拿捕という既成事実により，北朝鮮と交渉したうえでの戦争（または戦争の脅威）か譲歩かの選択をせまられた（Cable 1994: 15-33)。
- 「意図的な力」：相手側の政策変更を促すために説得するもの（Cable 1994: 33)。1962年10月のキューバ危機は，海軍とその脅威により相手に行動の変化を強制しようとした有名な作戦例である。この事例は軍事力による強制と説得という側面を強調している。
- 「間接的影響力」：相手に特定の行動をとらすように誘導するものではなく，海軍のプレゼンスにより影響力を及ぼすもの（Cable 1994: 42)。この場合はより微妙な形での抑止が見受けられる。1980年から1988年のイラン・イラク戦争中におけるアメリカ海軍のペルシャ湾展開は，地域の海上輸送の保護だけでなく相手の敵対行為を制限することにより地域におけるアメリカの同盟国を守ることも目的とした作戦であった。
- 「発信力」：政策の印象を強化することを目的としているものの，その作戦によって何が想定されるかについては触れられていないもの。目的や公にされるミッションが多分に曖昧であるため，「意図的な力」とは異なる（Cable 1994: 15-64)。ここでは強引さ，強制力，説得という面は見られないが，微妙な抑止の可能性が存在する。たとえば，南米の国で軍事クーデターが発生した場合，翌日に出港した空母戦闘群が南方へ向かうということは，アメリカの政策と地域への関心を示す微妙なシグナルになる。

ケーブルによる分類には利点もあるが，不足点もある。利点は，海軍外交のさまざまな目的を明確に区別していることである。間違いなく個々の作戦にはそれぞれ段階があり，各種砲艦外交が独立して存在し，または併存している。しかし，ケーブルの概念的枠組みには，問題もある。第1に，このモデルは実際の海軍外交における異なる目的のみ引用しており，採用される手段は引用していない。たとえば，作戦における目標は手段を決定するのか，それとも逆なのか。第2に，このモデルは主体・客体に関して状況を単純に記述しており，相手側からの反撃の可能性や，それに続く相互作用について考慮していないという点で，いくぶん一面的である。

海軍外交は，どのような構成要素によって成立するのであろうか。それらの要素はどのように異なるのか。イギリスの学者ジェフリー・ティルによれば，海軍外交は海軍の遠征活動のひとつである。遠征活動には，領域の占領や占有だけでなく，飢饉，旱魃，病気といった自然災害の被害を受けている国家や国民を支援する人道的活動を目的とするものも含まれる。そのため，海軍外交は軍事戦略上の目的による脅威度の高い遠征作戦，抑止作戦や本格的な軍事作戦とは異なるものであるとティルは示唆している。また，何らかの行動を強制するのではない，ほかの国家や国民を助けることだけを目的とした純粋な人道支援活動とも異なる（Till 2013: 225-8）。

海軍外交は，主として重要な関心事が危機にある地域において海軍が駐留するという考えに基づいている。海軍のプレゼンスの価値は，潜在的な軍事力から成る。ティルによれば，海軍には他軍種には部分的にしかない，または全くない競争優位性が存在する。海軍は国際水域を移動できるので，陸上・航空戦力に比較し地元住民の反発が少ないと認識されている。さらに海軍の有する戦略的到達性，機動力や柔軟性が政治的道具として効果的である。そのためティルは以下のように述べている。

> 海洋プレゼンスの維持発展は，国家の政策的選択肢を増やし，戦略的利益を国外に示すことに貢献する。また，国家の優位性のための戦略的環境を形成する手段を提供し，それに続くべき活動を促進する効果がある（Till 2013: 229）。

ティルによれば，海軍艦艇の海上におけるプレゼンスは，次の3つにとっていい条件となる。①連合の形成：海外への寄港や訪問も含む。②画像収集（または情報収集）：海洋及び沿岸部における外国の活動に対するもの。最後に，

③強制：これは上で既述した通りである。多くの場合，海軍はこれらの活動を複数同時または順次に実施可能である（Till 2013: 221-51）。上記の3つに加え，国際海洋法の対象となる海域において自由航行の権利を主張する活動もある。

以上のように，海軍外交はほかの国の行動に影響を与える効果的な手段として機能する。しかし，このような手段を用いるうえで，実際上または理論上の問題も存在する。たとえばティルが指摘しているのは，国家または国家のような主体が相手に影響を及ぼそうとさまざまな外交活動を行っているため，その中で海軍外交が特定の事例においてどの程度成功したのかを証明することが困難なことである。さらに海軍外交は，単独では評価できないため，達成すべき目的との関係でみる必要がある，とティルは主張している。また，作戦レベルでは成功しても政治レベルでは失敗した事例や，その逆の事例もある。このため，目的と手段の調和が重要となる。最後にティルは，外交的な意味合いにおいて海上作戦に必要なものと，艦艇同士の海上戦闘に必要なものとのあいだで，しばしば葛藤が生じると議論している。それぞれの任務は本質的に異なり，それは海軍艦艇の設計と編成に反映されるため，「戦闘艦艇」と「警備艦艇」に最適な配分をすることはしばしば困難である。希少資源をめぐる争いは，永遠の課題である。したがって，海軍という手段を活用して政治的目的と軍事的目的を調整するための戦略が重要となる（Till 2013: 247-51）。

●4 制　海

制海（またはシーコントロール）は戦争全体におけるシーパワーの究極的目的を果たすための重要な手段である。このため制海は，海軍の作戦において主要な目的とみなされる（Landquist 1935: 28を参照）。コルベットはこの点を明確にして「海軍による戦争の目的は直接的，間接的手段を問わず，制海を獲得するか敵による制海の獲得を阻止することにある」と結論づけている（Corbett 1988: 91）。そのため制海は，戦略レベルにおいては手段の問題となるが，その一方で，作戦レベルや戦術レベルでは重要な目的となる（Till 2013: 157）。制海がもたらすのは海洋の所有権ではなく，シーレーンとしての利用可能性である（Landquist 1935: 23）。制海を獲得する価値は，陸上作戦においてしばしば求められるような物理的な征服ではなく，制海がどのような手段として役立ちうるかという点にかかっている。コルベットは制海について，「商業目的，軍事目的を問わず海上における交流を管制する手段であり，海戦の目的は陸上作戦のような領土の征服ではなく交流の管制にある」と結論づけている（Corbett 1988: 94）。カステックスはコルベットの考えに同意し，制海（カステックスはmastery of the seaと表現している）とは「海上における交流の必須部（essential maritime communications）」を管制することであると主張している（Castex 1994: 56）。

多くのシーパワーの理論家は，制海を絶対的概念ではなく，相対的概念とみなしている。たとえばカステックスは，「制海は絶対的ではなく相対的，不十分，かつ不完全なものである」と主張している（Castex 1994: 53）。コルベットは制海を全般的または局所的であり，恒久的または一時的なものであるが，絶対的なものでない，とする（Corbett 1988: 104-5; Widen 2012: 95-104も参照）。彼はしばしば制海を，時間的にも空間的にも限られた「実用的な命令」として論じている。このためコルベットは，海運と海軍の作戦が敵の攻撃から完全には安全ではないとしても，制海が有効であれば戦争の目的にとって効果的な脅威はない，としている。海洋の全般的な管制は，永続的または一時的なものであったが，その一方で地域的な管制は通常一時的なものであった。カステックスはこのことを簡潔にし，海洋の支配は地域的な管制と一時的な管制とに分けられると主張した（Castex 1994: 55-6）。コルベットは，一方の交戦当事者が海域の管制を失ったことが，自動的に相手が管制を得ることを意味するのではない，と慎重に指摘している。通常はだれも海洋の管制を得ておらず，制海はつねに争われてきた。この通常の競合状態こそ海軍戦略が主として関わってきたものである（Corbett 1988: 91）。

国家が享受する制海の程度は，海軍の能力（量的及び質的な意味において）だけではなく時間的・空間的要素にも左右される。元イギリス首相のウィンストン・チャーチル（Winston Churchill, 1874-1965）はこの微妙な違いを指摘している。

> 制海は，同時期または全期間を通じての海洋全体の支配を意味するのではない。自国の意思を他国より絶対的に主張できるよう特定の海域で作戦を実行し，間接的にすべての海域で自国の優位を形成する。
>
> （Tangredi 2002: 123）

したがってシーパワーは，重要な海上交通を管制する能力である。また，敵が同様の管制能力を確保することを防ぐ能力である。このことは，小規模な海軍でも地域的または一時的な管制を確立できることを意味している。

ここで，もうひとつの重要な海洋に関する概念である海洋の支配拒否（Sea denial）に目を向けてみよう。この概念は，「地域的な海洋の管制を確立することにより，相手側の海洋の利用を妨害する能力」として定義されている（Tangredi 2002: 123）。ティルは海洋の支配拒否は2つの方法で機能すると主張している。第1は制海の代替的使用であり，戦略的目的としての海洋の支配は必要としないが，敵が重要なシーレーンを使用するのを防ぎたい国家のための機能である。守勢的で沿岸防備に重点を置く多くの小国が，この考えをとる。第2は，制海を補完する，または全般的制海という野望に貢献する機能である。大規模な海軍を有する国家であっても，より重要となるシーコントロールを他国から確保するために，海洋の支配拒否を特定の地域または期間において利用する必要があるかもしれない。これは制海の間接的アプローチとみなすことができる。しかしながら，自国の重要な海上交通を制限する相手の能力に対抗することは，ティルによれば海洋の支配拒否ではなく制海への抵抗とされている（制海に抵抗する方法については以降を参照）（Till 2013: 152-4）。

● 5　制海を確立する方法

海軍には制海の確立方法として，本質的には艦隊決戦と海上封鎖という2種類の方法がある。ティルのようにこの区分の中に艦隊保全主義（fleet-in-being）まで含める主張もあるが（Till 2013），艦隊保全主義の防御的特性に鑑み，これは制海に抵抗する方法の節で扱うこととする。

艦隊決戦

マハンは，しばしば艦隊決戦（decisive battle）の重要性を説いた最も高名な提唱者とみなされている。マハンの考えでは，艦隊決戦は敵艦隊の撃滅を目的としており，制海の確立への最善の方法とされる。マハンは多数の著書のひとつにおいて，彼の信じた海戦の基本的原則について「防衛を保障するのは攻撃のみであり，決戦における攻撃目標は敵の組織化された力，すなわち敵艦隊である」と述べている（Mahan 1991: 297-8）。しかしながら彼は，決戦と個々の目的を持った海戦とを慎重に区別していた。戦闘に勝利することは，決定力を得るための手段でしかない。制海の確立は，それだけでは成し得ない。マハンの理想とする艦隊決戦は，ネルソンによる1798年のナイルの海戦及び1805

年のトラファルガー海戦における勝利である。両海戦の勝利は重要であり，作戦レベルではイギリスの優勢を決定づけるとともに，戦略的なレベルでは間接的にナポレオンに対する陸戦の結果を決定づけた。

ティルは，トラファルガーの海戦よりナイルの海戦の影響がより強大であったとみなしている（Till 2013: 158-62)。トラファルガーの海戦は事実上，フランスによるイギリス侵攻計画を阻止したが，最終的に1815年にワーテルローの戦いにおいてナポレオンが敗れたのには，主としてほかの要因が存在する。ティルは，海戦の結果は相手の戦略的地政学上の情勢（geostrategic situation）を変化させる決定的要因となる可能性がある，と主張している。そのような海戦の例として，日本海海戦（1905年），ユトランド沖海戦（1916年），ミッドウェー海戦（1942年）を挙げている。これらの海戦は，長期間にわたる戦争において重要な転換点であった。もしも，これらの海戦の結果が異なっていた場合，作戦・戦略いずれのレベルにおいても重大な結果をもたらしたことは想像にかたくない（Till 2013: 159; 以下も参照，Keegan 1989; Hough 1999; Robinson 1942; Fioravanzo 1979; Palmer 2005; Stavridis & Mack 1999)。

一方でコルベットは，海軍部内に見られがちな艦隊決戦への固定観念には懐疑的であった。彼は，敵主力艦隊との艦隊決戦に制海の確立を求める方法は，3つの理由から誤りであると結論づけた。第1は，艦隊決戦の実行上の困難性である。決定的な勝利はある種の優越性，すなわち地勢的有利，優れた艦船や武器，作戦・戦術上の優れた技量，優秀な乗員や数的優位等に依存している。これらの要素は，たいていの弱者側の部隊にとっては自明であり，自発的に戦闘を求める意欲を減らす結果となってきた（Till 2013: 160-1; Corbett 1988: 178)。この理由から，強者が対立を深めようとすればするほど，弱者は戦いを避けようとする傾向が生まれた。決戦をするよりも，戦闘を避けるほうが簡単である。したがって海戦の多くは，ほとんどが大々的な衝突を起こさない，いたちごっこのような争いとなった。

第2に，敵の主力艦隊に会敵させるために自国の海軍を集中させることは時間的にも空間的にもほとんど不可能であるため，海戦は決定的な戦いには至らないとコルベットは主張している。艦船には建造中であったり，修理中であったり，移動中であったり，ほかの場所で他任務に従事しているものもあるからである。1805年のトラファルガー海戦こそが理想的な艦隊決戦としてしばしば描かれているが，実際に破壊された艦船はナポレオン（フランス）海軍にとってわずかなものであった。また，海戦に参加したイギリス海軍の兵力も，全艦船の6分の1でしかなかった。その結果，大海戦で敗北した側にも戦力の交代，再配備及び再整備の十分な機会があり，1回の艦隊決戦にすべてを求めるのは危険である。海軍の戦いにおける決定要素は1回の戦闘結果より，長期間の消耗による累計のほうが影響は大きい（Till 2013: 160-2）。

第3に，海軍には，艦隊決戦以外にも達成しなければならない目標が存在する，とコルベットは主張している。戦時の海軍は，しばしば制海を確立するための艦隊決戦への兵力投入と，輸送船団の護衛や陸軍に対する作戦支援との間で調和を図ることが求められる。とくに後者の任務は，戦争全体における勝利に対して高い貢献を果たしている。コルベットは，艦隊決戦は多くの場合において好まれるがリスクと困難を伴うものであり，そのため，細心の注意を払うとともにほかの重要な目標を犠牲にすることがないようにするべきであると主張している（Corbett 1988: 171-6）。

海上封鎖

海上封鎖（blockade）は海上における戦争で頻繁に使用される方法である（Till 2013: 178-83; Davis & Engerman 2006）。ここでは敵の物資や補給路を遮断する商業的封鎖と，軍事的目的を有する軍事的封鎖を区別することが重要となる。実際，両者は関連性を有するが，分析のためには区別しておく必要がある。商業的封鎖は本章で後にさらに詳しく説明するが，主として制海を運用する方法である。対して軍事的封鎖は，制海を確立しようとする時に使用される。ティルによれば軍事的封鎖は「海洋を自由に使おうとする被封鎖側の海軍の能力に対する実効上の干渉による妨害」を通常は目的としている（Till 2013: 178）。仮に軍事的封鎖が成功し，敵側による自国への妨害能力が無力化されれば，封鎖線のぎりぎりの限界まで制海が確立され，ほかの（封鎖線の維持と無関係な）自国艦船はその状況を有効利用できる。ティルは軍事的封鎖の一般的利点として，被封鎖側が海軍力を集中させる能力を低下させつつ，敵の位置をより正確に知ることができると主張している（Till 2013: 183-5; Corbett 1988: 177-9も参照）。

また，近海封鎖と遠洋封鎖という区分も一般的に使用される。近海封鎖とは，敵海軍基地の近傍において，永続的に自国の艦船により実施する封鎖である。遠洋封鎖とは，主として遠方から敵の活動を監視することであり，周辺海域における海上管制に一定の疑義が生じた場合に，時折敵基地に近接する形のものである。近海封鎖は魚雷，機雷，基地航空隊や誘導兵器が登場するまでは一般的であった。しかし，これらの兵器の発達に伴いその危険性が増大した。近海封鎖と遠洋封鎖の違いは主として程度の問題であり，敵基地への逆接性に加え，敵が基地を離れた時にどの程度敵と接触しうるかにもよる（Vego 2003a: 157-67）。

ティルによれば遠洋封鎖と比較し近海封鎖の利点は，敵の位置及び動静を把握しやすいことである。さらに敵の訓練を妨害することで，敵の能力を低下させる効果が期待できる。この敵艦隊の行動に対する制限は，敵艦隊の士気に悪影響を及ぼす傾向がある。ティルは，1941年から1944年にかけてのソ連海軍バルチック艦隊の苦境を例としている。この期間中ソ連海軍はドイツ陸軍及びドイツ艦隊による作戦の進展により，バルト海の拠点であるフィンランド湾から水上艦艇による作戦行動をほとんどとることができなかった。最後に近海封鎖は，封鎖側の戦力の距離的な近さのため，敵が外海へ出ることを困難にするという利点がある（Till 2013: 179-80）。

遠洋封鎖の利点は，封鎖側部隊の基地からの距離が非常に離れているため，（整備，補給，燃料等といった）艦船，航空機，乗員の労苦が一部軽減できる点である。さらに遠洋封鎖では，この特殊な任務で新たに必要とされる資源はほとんどなく，ほかの場所や目的のために資源を割り当てることが可能となる。近海封鎖では，敵側が放棄せざるを得なかったであろうよりもより多くの資源を維持させてしまう危険性がある。これは，実際には封鎖された兵力は，艦隊保全主義上の兵力として機能することを意味する（制海への抵抗については後述の節を参照）。封鎖側の主目的が，敵兵力を封じ込めることよりも艦隊決戦に敵兵力をおびき出すことにある場合は，遠洋封鎖のほうが望ましい。最終的に，遠洋封鎖は封鎖されている敵からの奇襲，襲撃，致命的作戦といった脅威の危険性を減少させる傾向がある（Till 2013: 180）。

海上封鎖を，制海の確立方法として分類することには多少問題がある。これは海上封鎖が，制海の運用方法としても使われるためである。現実的に効果的な海上封鎖には，ある程度の制海が必要である。海上封鎖という概念は，原因と結果の両方になると思われるため，論理的に不十分なものとなる。海上封鎖は，制海に抵抗する方法としても使用されるかもしれない。しかし，その効果は局所的かつ一時的なものになる可能性が高い。例として，ドイツが両大戦中に潜水艦によりイギリスに対して禁輸措置を試みたことが挙げられる。また，艦隊決戦と制海の確立との間の因果関係についても問題がある。制海は艦艇決戦の結果となるだけでなく，時として前提条件にもなる。ここに制海は原因にも結果にもなる傾向があるため，論理的な意味において問題となる。

6　制海を運用する方法

制海を確立する目的は，制海がより高度な戦略的利益にかなう可能性があるとともに，敵が同様の利益を得ることを防ぐためでもある。一般的に制海は，次の2つの方法により運用される。ひとつは軍事力の投射能力であり，これには水陸両用作戦の実施，敵沿岸部への砲撃，平和維持活動及びさまざまな形態での抑止が含まれる。もうひとつは海上を通じて物資，兵力，戦略的資源を輸送する能力である。

海洋からの戦力投射

ティル（Till 2013: 184）は，シーパワーを「陸上における事象に直接影響を及ぼすための海軍の使用」と定義している。彼の主張によれば，そのような作戦には全地域の占領を目的とする大規模な侵攻から小規模の襲撃までの幅広い作戦及び海軍や水陸両用作戦部隊を用いた沿岸砲撃を含むものである。沿岸砲撃については，本章の前半で論じた海軍外交の一部にもなりうる。海洋からの戦力投射は，実際の目的，作戦の種類，意図する戦略的効果に応じて変化する（Vego 2003a: 184-5; Till 2013: 184）。

コルベットは，そもそも海軍を保有して制海を獲得する最も重要な理由を，まさしくそのような戦力投射能力のためである，と主張している。戦力投射能力は，敵の弱点を突く機会をもたらすため，戦争において決定的な要素となる事例が歴史上多く存在した。一方で，コルベットの描くような決定的な水陸両用作戦は稀にしか起こらず，とくに現代の科学技術の発達は，そのような任務の遂行をより困難にしている，といった反論もある（Till 2013: 62-3, 184）。ゴルシコフはコルベットの主張をより先鋭化し，陸上に対して影響を及ぼす能力こそが海上作戦の究極的な目的であり，海軍の最も有効的な活用方法であるとした。また，陸上における断固たる行動のほうが，海上におけるそれより重要であり，それは海上における決定力は陸上における決定力への条件にすぎないからである，と主張している（Gorshkov 1979: 214）。陸上における決戦のために直接使用される海軍部隊は，敵の艦隊を迂回する必要はない。

しかしながら，戦争に勝利するための海洋からの戦力投射の価値は，単純には答えが出せない問題である。第1の理由として，直近の状況に依存するとともに，戦力投射がどのような文脈で採用されたかにもよるからである。戦争の種類や地理的要件はどのようなものであろうか。第2の理由として，海洋からの戦力投射は戦術レベルや作戦レベルでは有効であっても，戦略レベルでは有効でない可能性がある。ヴェトナム戦争におけるアメリカが，よい例である。米軍は多かれ少なかれ海上及び航空優勢を保持していた。しかし，このことは戦略的には決定的な影響力とはなっていなかった。第3の理由として，相手の海洋志向傾向が強ければ強いほど，海洋からの戦力投射はより効果的となるからである（Till 2013: 185）。たとえば，ドイツによるイギリスへの両大戦における戦役《キャンペーン》は，海上における戦いにより決定づけられた要素が大きい。しかしながら，ソ連に対する戦役では決定的な要素にはならなかった。

前述のように海洋からの戦力投射は，さまざまな方法で実施可能である。この方法の選択は，すぐれて任務の目的に依存している。各任務には，同時または順次進行するべき複数の目的があり，実行上及び概念レベルという2つの次元において問題となる。海洋からの戦力投射の第1の目的は，紛争を決着させることである。過去の事例としては，第二次世界大戦中の太平洋におけるアメリカの対日戦争及び1982年のイギリスによるフォークランド諸島奪回作戦が挙げられる。この種の作戦における広範かつ野心的な目的は使用する手段にも影響し，それは広範かつ多岐に渡る傾向がある。海洋からの戦力投射の第2の目的は，作戦における戦線の新たな形態を生み出すことである。たとえば1940年4月のドイツ軍によるノルウェーとデンマークへの侵攻，1944年6月の連合軍によるノルマンディー上陸作戦が例として挙げられる。ここでの考えは，新たな戦場において軍事作戦を開始することで敵軍を分断，混乱させるという積極的手段により，戦略的状況を変えるというものである（Till 2013: 186-7; 次も参照，Bartlett 1983; Alexander & Bartlett 1995; Lovering 2007）。

海洋からの戦力投射の第3の目的は，陸上部隊への直接支援である。このような作戦は，第二次世界大戦中のドイツとソ連による東部戦線の中でしばしば実施された。たとえばソ連海軍は小規模部隊での運用方針を発達させた。この方針で，しばしばドイツの防衛的拠点を奇襲するとともに，海上から直接戦闘を極力避けつつ敵を包囲するための戦術的上陸襲撃を実施した。海洋からの戦力投射の第4の目的は，水陸両用作戦により敵軍隊を不利な立場に陥らせることである。これは通常力の変位（force displacement）と呼ばれる。コルベットは，このような作戦に対する防衛は，この作戦を実行するよりも多くの兵力を必要とするため，不均衡な戦略効果を生じる可能性がある，と主張している。19世紀初頭，イギリス海峡を挟んで対峙した3万人のイギリス軍に対して，フランス軍は30万人を沿岸防備に充てた。この状況を，ナポレオンが嘆いたのは有名な史実である。ナポレオンからすれば沿岸防衛に充てている膨大な戦力は，他の地で他の敵と戦う戦力として大いに必要としていたからである。海洋からの戦力投射の他の目的としては，敵領土内の経済的重要箇所を制圧する経済戦争や，戦略上重要となる敵海軍基地や港湾を攻撃すること，さらには，政治的圧力を加える手段として役立つというものがある（Vego 2003a: 267-70; Till 2013: 186-9; Corbett 1988: 60-71）。

シーレーン

前述のように，海上輸送能力は，制海の行使にあたり重要な能力である。シーレーンを利用するとともに敵の利用を拒否する能力は，海洋における戦力投射といった純軍事的なものから海運までの幅広い目的にとって，決定的に重要なものである。マハン（Mahan 1991: 27-31）によれば，貿易と海運は国力や国家の繁栄の基礎であるだけでなく，航海や貿易に対する武装保護に見られるように，まさに海軍が必要とされた理由そのものである。そのため，海上交通に対する防護及び攻撃の方法は，すべての海洋戦略の理論において重要なものである（制海に抵抗する方法については次節を参照）。海軍思想家たちが長年にわたり苦労してきた重要な問題は，シーレーンの保護とその維持である。シーレーンのどの範囲まで，またどのくらいの船舶を，保護するべきなのであろうか。マハンは，シーレーンを保護するための必要条件とは，敵の艦隊及び海上封鎖に対して艦隊決戦によって勝利し，制海を獲得することである，と主張した。そのような手法による関連海域によって，多くの競争相手は，海上で護衛にあたる軍艦や商船に対して必要とされる攻撃からの保護を与えることが不可能となった（Mahan 1991: 185-98; Till 2013: 216-18）。

商船の保護に対する競合的考えとして，軍艦は商船に集中するのではなく，むしろ重要なシーレーンや特定の戦略的海域を哨戒し保護するべき，というものがある。これらの哨戒艦艇には，敵の船舶を探し出して破壊する任務が充てられている。このような戦術は，特定の時期や期間に限定されるものではなく，戦争の全期間を通じて継続されていた。このようにして，恒久的な保護海域が設定され，商船は平時有事を問わず使用することができた（Till 2013: 217-18）。コルベットはこのような考えの提唱者であり，船団護送方式には批判的であった。コルベットは，20世紀初頭における船舶や電気通信の技術的進歩は，公海上における攻撃からの船舶保護の可能性を高めたと主張している（Corbett

1988: 264-70)。また，船団護送方式には，財政的及び戦略的な欠点があると批判している。しかし，両世界大戦における船団護送方式の発展は，コルベットよりマハンの主張が正しかったことを証明している。

第一次世界大戦前半及び第二次世界大戦初期においては，船団護衛及び対潜部隊は貧弱な結果しか出せていなかった。しかし，両大戦を通じて被害を軽減するための努力が繰り返され，船団護送方式が劇的な効果を生じさせた場合もあった。ドイツ海軍は潜水艦による「狼群戦術（wolf-pack tactics）」を用いたが，連合国の航空戦力による護衛の進歩，効果的なレーダー及び改良された対潜兵器がドイツの戦術を無効化していった。たとえばグローブは，両大戦における枢軸国による護送船団への攻撃は，ほとんどが潜水艦側の敗北へとつながった，と主張している（Grove 1990: 11-12, 17-19）。

20 世紀前半の史実はシーレーンの直接保護よりも船団護衛方式の利点を実証したが，これはつねに変化する状況に依存していた。より「攻勢的な手法」によるシーレーン防衛を唱える主張が第二次世界大戦から数十年後には起こり，冷戦期を通じて論じられてきた。この主張が出てきた背景には，高速化及び装備改良された上に外部からの支援で以前より水上目標を発見しやすくなった潜水艦の存在がある。改良されたソーナーシステムは船団の追跡を容易にし，より効果的な武器を装備した高速潜水艦は水上部隊と協同して大きな攻撃効果を得られるようになった。ひとつのことにすべてを投じるようなことは困難となり，船団護送方式への批判が高まった。以上のように，シーレーンの直接保護と船団護衛方式との間の優越性は，絶え間ない変化やその時々の状況に縛られるとともに，不確実な要素に依存しているため永遠の課題となる（Till 2013: 217-18）。

● 7　制海に抵抗する方法

艦隊決戦やさまざまな形態での海上封鎖が制海の確立方法であるならば，艦隊保全主義や交易戦争及び沿岸防御は敵の制海に対して挑戦し，抵抗する方法である。これらの方法について以下で説明し，評価する。

艦隊保全主義

艦隊保全主義（fleet-in-being）は，敵海軍による制海の戦略的価値を減らすことを目的とする海戦における防勢的手法である。この手法は，一般的に劣勢な海軍が利用してきたものである。しかし，たとえば他の海域で攻勢的作戦にさらされたため，一時的または局所的に弱体化している強大な海軍においても利用できる。艦隊保全主義を利用している海軍は，優勢な相手との艦隊決戦を避けようとする。しかしながら，艦隊の大きな存在感や卓越した機動により相手を脅かし，その脅威が相手の戦力の多くを呪縛し敵対的活動の中断や抑制を強要することができる。そのような行動は，しばしば海上封鎖に対する反応として現れた。この方法は，大規模な水陸両用作戦の実施を抑止または遅延させることに役立つ。さらには，制海を確立しようとする艦隊に対し，相手にとって不利な配備を強制する（Vego 2003a: 207-8; Till 2013: 173-4）。

艦隊保全主義という用語は，フィリップ・H. コロンの著作で述べられた，イギリス海軍史の中で称賛されている出来事に由来している（Colomb 1990）。英蘭連合海軍の指揮官である海軍大将トリントン卿は1690年6月にワイト島付近において優勢なフランス軍の艦隊と上陸部隊に遭遇した際に，攻撃よりもむしろ戦闘を避け援軍を待つことを上官に進言した。彼の進言はあまりにも消極的なものとして却下され，次の戦い（ビーチーヘッドの海戦）において完全な敗北を喫した。その後の軍法会議において，トリントン卿は自身の慎重な手法を擁護し，それが作戦全体の目的すなわちフランス側のイギリス本土上陸を阻止することに対して貢献するものであったと主張した。彼は「私がつねづね主張しているように，艦隊を保持している限り（we had a fleet in being）敵はあえて挑戦的な行動はしてこないであろう」と答弁している。議会が設置した裁判においてもトリントン卿のこの主張はある程度受け入れられ，少なくとも形式上は無罪となった。しかし，事実としてトリントン卿が現役に復帰できなかったことは，彼の行動が同時代の者たちからどのように認識されていたかを物語っているであろう（Colomb 1990: 140-62; Corbett 1988: 37-8, 212-20; Till 2013: 173-4; Widen 2012: 132-4）。

コロンが艦隊保全主義の原理を分析して以降，艦隊保全主義の軍事的価値はつねに議論の対象となってきた。コロンはトリントン卿の行動の正しさを認め，イギリス艦隊が存在している限りフランス軍によるイギリス着上陸は不可能であったと主張している（Colomb 1990: 12, 154）。反対にマハンは，トリントン卿の艦隊保全主義に基づく戦略は，フランス軍のイギリス侵攻を防ぐためには必要なものではなかったと主張している。マハンの考えるイギリス本土着上陸が実施されなかった主たる要因は，フランス軍の指揮官であるトゥルビル提督の無能さ及びフランス艦隊が着上陸作戦を成功させるだけの十分な兵員を乗せていなかったことにあった。しかし，マハンは，劣勢な海軍にとって艦隊保全主義に基づく戦略にはいくぶん価値があると見ており（Mahan 1991: 194, 247)，作戦の本質が攻勢的でありかつ敵を混乱させようとしながら戦力の分散を避けている限りは有効と考えていた（Till 2013: 174-5)。コルベットはトリントン卿の行動が正しかったと感じており，この事例は守備態勢の利点を明確に示したものとしている（Corbett 1988: 212)。しかし，コルベットはマハンと同様にコロンの受動的姿勢には反対し，適切な防衛戦略として，「単に存在するのではなく活発な活動を伴う，積極的艦隊保全主義」を提唱した。カステックスは，イギリスが侵攻されなかった理由は，トリントン卿の艦隊保全主義に基づく戦略ではなく，フランス側の無能さによるものというマハンの考えに同調している（Castex 1994: 338-45)。カステックスは，艦隊は積極的に敵に対して使われずとも，存在するだけで敵の艦隊による制海に影響を及ぼすという考えに批判的だった。

第二次大戦期の古典的な例として，ドイツ海軍の戦艦ティルピッツが実施した 1942 年初頭からの艦隊保全主義があり，それは 1944 年 11 月にイギリス軍爆撃機によって撃沈されるまで行われた。ノルウェー沿岸の多数の基地から出撃したティルピッツと護衛艦艇の存在は，ソ連のムルマンスクからアルハンゲリスクを結ぶ航路上におけるイギリス及び連合軍側の輸送船団にとって，継続的な脅威となった（Lunde 2010; Haarr 2010)。ドイツは，ティルピッツの存在感と，連合国側の輸送船団に対する積極的な運用により，自身の兵力よりはるかに多くかつ連合国側がほかの局面において必要としている海軍力，すなわち艦艇，航空機及び資源をくぎ付けにした（Friedman 2001: 84-5; Zetterling & Tamelander 2009; O'Hara 2011)。要するに，多くの海軍理論家によれば艦隊保全主義に基づく戦略の価値は，主として艦隊をどの程度まで積極的に運用したかにかかっていると結論づけられる。艦隊保全主義に基づく戦略は，十分な戦力を蓄え敵軍に艦隊決戦を挑むまでの間における，反撃を主体とする守勢的戦略または一時的な戦略である。しかしながら，艦隊の存在の大きさが艦隊保全主義にとって有効であるのかについては議論の余地がある。

交易戦争

敵の制海に挑戦し抵抗するもうひとつの一般的方法とは，フランス語で *guerre de course* と呼称される交易戦争（war on commerce）である。この方法は，劣勢な海軍に対して海上封鎖をしかける傾向にある優勢な海運に対する，当然の反応といえる。相手の商業活動や経済を弱体化することは，相手の戦争遂行能力を低下させることとなる。また，優勢な相手の船舶や海上交通線への攻撃による，ある種の非対称戦争は多くの劣勢側の海軍が使用した。主として経済問題により戦争が引き起こされ勝敗が決せられた場合は，交易戦争こそが劣勢側の自然な救済策であった。

交易戦争を最初に理論化しようとしたのは，フランスの青年学派（*Jeune École*）であった。交易戦争の概念は，多くの艦艇の火力が増強されるとともに新技術（魚雷，機雷，そして後年には潜水艦）が導入されていく中で19世紀後半に出現した。実際のところ交易戦争は，劣勢な海軍にとって相手の制海に挑戦する費用対効果が高い手段を発見するための試みであった。小型の艦艇（はじめは水雷艇，後には潜水艦）を沿岸に展開して海洋に集中することにより沿岸における優位性を生じさせようとした。また，新しい兵器をできる限り多くの種類の艦艇に搭載することが試みられた。水雷艇や潜水艦は，相手の沿岸部や海上交通線に対する攻撃にも使用することができた（Röksund 2007; Wedin 2007）。

青年学派の思想家は，交易戦争が戦争の適切な形態になりうると考えていた。その理由は交易戦争が，イギリス（後にはアメリカも）のような海洋国家（または帝国）の力を支える経済及び交易の構造に対して直接打撃を与えるからである。19世紀後半の兵器技術の発達は交易戦争の議論に対する信頼性を高め，多くの海洋思想家が戦艦を含む大型艦艇に対する脅威が大幅に増加していることに同意した。青年学派の後継者たちはイギリスとの戦争において，たとえば交易戦争を通じてイギリスを飢えさせるだけで勝てるとは考えていなかった。むしろ，船舶と貿易に依存している国のシーレーンに対する水雷艇を主とした攻撃が，民衆や貿易利益集団にパニックを引き起こし，相手国政府に対して早急な和平を強要すると考えた（Till 2013: 68-70）。この考えは明らかに初期のエアパワーの思想家が唱えた，戦争の初期段階において民間人を標的に爆撃することが即時に爆撃を受けた側の政府に和平を強要させることにつながる，という思想に類似している。

青年学派は，19世紀後半から20世紀初頭の多くのヨーロッパの海軍思想家に影響を与えた。彼らの影響力はすぐに低下したが，ドイツ，ソ連，スウェーデンにおいては依然として影響力を残していた。青年学派の思想に対する関心が低下したのには，いくつかの理由がある。とりわけこの理論における仮定としての技術的前提が，疑わしいものとなってしまったからである。水雷艇は，大型艦艇にとって水雷艇偏重主義者が期待するほど脅威ではなかった。これは水雷艇の耐洋性が低く，無線機の発達が艦隊の脆弱性を減らし，水雷艇に対抗する艦艇が新しく開発され，さらに魚雷攻撃を台無しにするほど船舶の設計が改善されたことによる（Till 2013: 66–70）。

しかしながら交易戦争は，劣勢な海軍にとって引き続き魅力的な考えであった。交易戦争という戦争形態は，主として防勢より攻勢のほうが海上における戦争での強力な形態であるという考えに基づいている。これは交易戦争を仕掛ける側が防勢側の財政に，不釣り合いなほど大きな影響を及ぼすことを意味している。商船に対する攻撃は，それによって被攻撃側が船舶と海上交通を守り，艦隊決戦に対して戦力を集中させることが阻害されるため，優勢な側の海軍力を分割する効果的な方法であると考えられてきた（Till 2013: 214）。コスト効率化の観点からは，ゴルシコフが第二次世界大戦の経験をもとに，費やした資源と労力に比して不釣り合いなほどドイツの潜水艦作戦は大きな効果をもたらしたと主張している（Gorshkov 1979: 118–20; Vego 1992も参照）。ゴルシコフによれば大西洋やその他の海域における商船の撃沈及び対潜部隊の活動といった連合国側のコストは，ドイツの潜水艦作戦のコストよりもはるかに高かった。

交易戦争の有効性と価値は，これまでも熱心に議論されてきている。第1の問題として，戦争にはさまざまな分野での遂行努力があり，戦争全体において，その一分野である交易戦争の効果だけを分離して分析すること自体困難である。第2の問題として，交易戦争は戦術及び作戦レベルでは比較的効果が高いが，戦略レベルではむしろ効果的ではない。両世界大戦におけるドイツの潜水艦戦が，この点を示している。結果的に連合国側は，ドイツ側が連合国商船を沈めるよりも早いペースで商船を建造した。交易戦争は戦術・作戦レベルでは比較的効果が低いが，戦略レベルでは決定的な効果をもたらすと思われるかもしれない。これらの問題はすべて，事象を評価することの困難性に帰結する。したがって，交易戦争の普遍的な価値は，単に見定めることが難しいだけでなく現在の軍事技術といった諸所の要因にも左右される。武器，ソーナー，レーダーの技術革新は，交易戦争のあり方に大きな影響を及ぼす可能性がある。

大部分の古典的海軍思想家は，交易戦争によって戦争に勝利する可能性について懐疑的であった。そこでの主な議論は，強大な海軍国はしばしば交易戦争による損失に対し，それを埋め合わせるだけの膨大な資源を持ち合わせていたか，という点であった。いずれにしても，真に効果的な商船への攻撃は，最も野蛮かつ非道徳な方法で行われなければならなかった。このことは，攻撃側にとって確実に裏目に出る結果となった。例としては，1917年のドイツによる無制限潜水艦戦の採用が，アメリカの第一次世界大戦への参戦を招いたことがあげられる。しかしながら，最も重要な議論は，マハンとコルベットの両者が認めるものであった。つまり，制海を維持し続けた側がつねに優勢となり，最終的には勝利するということである（Till 2013: 214–15）。

そのほかの反論として，フランスの思想家カステックスは青年学派を批判して異論を展開した（Castex 1994: 357–84）。交易戦争は，陸上と航空の支援が必要であり戦争全体に決定的な影響を及ぼすとしたのである。カステックスは，海上交通と貿易のみをターゲットとした場合の交易戦争は失敗する，と主張している。この主張にゴルシコフも同意し，これこそが第二次世界大戦において，ヒトラーの潜水艦作戦が失敗した理由であると述べている（Gorshkov 1979: 120–1）。最終的に多くの人々が制海を維持している側による交易戦争のほうが，より効果的であると考えている。この効果に関する重要な事例として，第二次世界大戦中のアメリカによる対日潜水艦作戦の成功がある。これにより，制海を争うよりは利用しようとしていた小規模で劣勢な海軍にとっての交易戦争の魅力は減退した（Till 2013: 69–70）。

交易戦争のほかの形態は，ドイツの海軍思想家であるオットー・グロスにより提唱された「小戦争（*Kleinkrieg*）」である（Gross 1929）。第一次世界大戦（実際には第二次世界大戦も）におけるドイツ海軍の手法は，最終的には失敗したものの一定のモデルを形成した。ドイツ海軍は潜水艦と機雷を使用して海上での戦力を均衡させようとした。しかし，勢力バランスが有利になろうとする頃には，決定的な戦力となる主力戦闘部隊は減耗していた。また，この手法は第一次世界大戦中のバルチック海におけるロシア海軍の戦いにも特徴として見出せる。マハンは初期の著書において，大規模かつ集中的な兵力運用のみが海洋における決定力であるため，このような手法は失敗すると考えたと思われる。

ランドキストは交易戦争が論理的な問題を含んでいると主張している（Landquist 1935: 51–53）。すでに劣勢である戦力の一部を投入することで，果たして敵の優位性を切り崩すことができるであろうか。ランドキストによれば，この手法は優勢な海軍国の大艦隊が潜水艦や機雷に対して多少なりとも脆弱であり，かつそれらと戦うのが困難であるという仮定に基づいている。しかし，両大戦における海戦での軍事技術とドクトリンの発達は，たとえば大西洋及び北海での戦いに見られるように，これらの兵器に対する効果的な対策を発展させ，その脅威を減少させた（Friedman 2009）。

沿岸防衛理論

沿岸防衛理論（coastal defense theory）もしくは「要塞艦隊」と呼称される考えは，海上作戦にとって根本的に異なる視点から構成されており，純粋な防衛戦略としての役割を果たすものである。このような制海への抵抗方法は，小規模な海軍しか保有していない国家にとって魅力的である。19 世紀におけるアメリカの海軍戦略は，まさに沿岸防衛理論に基づくものである。具体的には，東海岸に沿って存在した大規模な要塞群であり，機雷及び小型艦艇による沿岸作戦に特化したものであった。さらに 1870 年以降にドイツ参謀本部の戦略家たちが，艦隊は陸軍の指揮及び原則のもとで主として沿岸防衛を目的とするという思想を発展させた。敵の近接に際しては沿岸部の見張りが警報を発し，それに合わせて海軍艦艇は基地から急速に出撃し，陸軍部隊は鉄道により当該地域に集結して対応するというものである（Till 2013: 71-2）。

沿岸防衛理論に関する完成度の高いドクトリンの出現は，1920 年代の終盤から 1930 年代初期にかけての時期にソ連における「新学派」がこの命題に対する考えを正式化するまで待たなければならなかった。彼らは，現代的な通信手段を用いた統合作戦や指揮を重視していた。海軍及び水陸両用戦部隊による攻撃から海岸線を保護する手段は，機雷，沿岸砲，航空機，潜水艦及び魚雷艇を統合したシステムである。ソ連新学派のドクトリンは，ティル（Till 2013: 71-3）によれば飛行機や潜水艦といった新兵器が従来的な海戦の様相を変化させ，戦艦や空母を脆弱にしたという前提に基づいている。一部の者は新兵器の発展により，制海という考えそのものが時代遅れになった，と主張した。これは，前述の青年学派による考えと同様のものであり，新たな要素として統合作戦や統合指揮が加えられたものである。

現代の沿岸防衛に関する議論においては，統合という概念が強調されている。たとえば，現代のノルウェーの学者であるヤコブ・ボレッセンは，海岸線が短い国家における海軍の役割は，通常，統合作戦や沿岸地形の効果をいかに最大限発揮するかという視点から考えられていると主張する（Børresen 2004: 252-55; Hughes 2000 も参照）。海岸線が短い小国における沿岸防衛型の艦隊は，敵対的大国の艦隊を破ろうとするのではない。むしろ，敵海軍に深刻な損失を引き起こすことにより，大規模な作戦を抑止することを目指す。したがって沿岸型の艦隊は，資源が許す限りバランスのとれたものでなければならず，また，地域の作戦環境に適したものでなければならない。制海に抵抗する方法は，制海を確立する方法にもなりうる。たとえば艦隊保全主義は，ビーチーヘッドの海戦前におけるトリントン卿の戦略に見られるように，艦隊決戦の機会をうかがう間の地域的または一時的な制海の確立方法としてよく使用されていた。交易戦争も同様に，長期的な制海の確立方法として広く使用されてきた。この意味で，沿岸防衛理論は際立っている。なぜならば，沿岸付近の海域を除いたシーコントロールの妥当性に多くの疑問を呈しているからである。

8　おわりに

シーパワーは，本章で論証してきたとおり，非常に複雑かつ曖昧な概念である。これはシーパワーの目的と手段が，その本来の領域外にある要因に依存しているからである。シーパワーは，より大きな全体の一部であり，軍事力を行使する上での重要要素である。誘導兵器，衛星による監視，ほぼリアルタイムの通信といった今日の技術進歩ですら，シーパワーを本質的に変化させてはいない。海洋は重要な原材料や加工品の輸送だけでなく，世界経済の繁栄にとって不可欠なものである。これらの物資を輸送する海上交通は今でも保護する必要性があり，海軍はこれらの保護を果たすための重要な手段である。海洋は軍事力に投射機会を与える場でもあり，海軍は重要な政治的手段としての役割を果たす。

シーパワーは，説明のための理論としては論理的整合性に問題を含んでいる。重要な因果関係は制海を中心としており，それは戦争の結果を説明するための独立変数として描かれている。しかし，問題はある。制海を生み出すと言われている要因や方法が，制海を持つことに依存していることが少なくないのである。このようにシーコントロールは，原因にも結果にもなるが，このことは論理的には不十分なものである。さらに制海の確立，運用，そしてそれらへの抵抗の各方法に焦点を当てる理論にも問題がある。この確立，運用，抵抗の3要素すべてに関わっている方法が多くあり，分析のためにこれらを分類することが困難となる。

シーパワーは規範的理論として，海戦に勝利するためのものから，海軍力を用いて戦争全体に勝利するためのものまで，幅広い考えを提供できる。どうすれば最もよく海上交通を保護できるか，またどうすれば交易戦争を最もよく行えるかといった古典的なシーパワーの理論の多くは，20世紀の戦争経験，とりわけ両大戦を通じた経験に基づいて挑戦を受けてきた。これらは反証されたわけではないが，シーパワーの理論を現代的文脈に置き換えて見直す必要があり，技術の発展は見直しを進める上で，これからも重要な変数となる。

Q 論点

1．時代の変化とともに，シーパワーの目的と手段はどの程度変化しているか。
2．戦争に勝つためには，制海だけで十分か。
3．海軍力は，陸上と航空における優勢をどの程度補うことができるか。
4．水陸両用作戦を実施，またはこの作戦から防衛する上での最大の課題は何か。
5．海軍を外交手段として使用することの利益と問題点は何か。
6．小国にとって制海の概念はどれほど妥当なのか。

第9章

航空作戦

●1 はじめに

エアパワーは，冷戦後の西側諸国が軍事力を行使する際に不可欠な要素となった。そのため，エアパワーとその限界に関する熱い議論が行われてきた。1991 年の湾岸戦争における，有志連合軍による地上攻撃開始後のイラク軍の急速な崩壊は，地上戦に先立って行われた1カ月間に及ぶ空爆によって説明することができる。さらに，連続した航空作戦（air campaign）はイラク軍の能力を無力化し，戦闘継続の意志を失わせた。このように，湾岸戦争における航空作戦はエアパワーと航空優勢が，現代戦争の結果に不可欠であるという概念を確立したと言っても過言ではない。1994 年から 1995 年のボスニア，1999 年のコソボ，2001 年のアフガニスタン，2003 年のイラク，そして 2012 年のリビアにおける航空作戦は，エアパワーが戦争を行うために比較的安価で効果的で政治的に実行可能な方法であるとの印象を強めた。とりわけコソボ紛争は，セルビアがエアパワーのみによって敗北したため，戦争の歴史における分岐点と見なされている（たとえば，Olsen 2003; Lambeth 2001）。

しかし，エアパワーだけで戦争に勝つことができるといった主張や，航空優勢の確保が戦争に勝つことと同義であるといった主張は，どの程度信用することができるのだろうか。ロシアが航空優勢を完全に獲得したとされるチェチェン紛争の研究は，エアパワーが勝利に深く関わっていることを明確に示している（de Haas 2004）。一方，1991 年の湾岸戦争に関する研究において，イラク軍の抗戦の意志と能力が最初の爆撃の影響をどの程度受けたかについては，議論の余地があることが示された（Press 2001）。いわゆる「アフガニスタンにおける戦争のやり方」の真価についても，疑問視されている（Biddle 2007）。同様に，セルビアのスロバダン・ミロシェビッチ首相がコソボから撤退し，ランブイエット協定の条件を満たす決定を下した理由として，NATO の空爆，ロシアからの支援の欠如，地上侵攻の脅威，コソボのアルバニア人ゲリラ，ハーグ国際刑事裁判所においてミロシェビッチを起訴する恐れがあったことなどに，どの程度起因するものであったかが疑問視されている（Hosmer 2001; Gow 2003; Byman & Waxman 2000）。

戦争や軍事危機の結果を説明する上でエアパワーを独立した原因とするかどうかは，エアパワーの理論的議論の中で横断的なテーマのひとつである。このことは，エアパワーが持つ相対的な効用が，ほかの領域における武力行使に対するのと同じ疑問にさらされていることを意味する。さらには，戦争におけるエアパワーと勝利との間には暗黙的に因果関係があることを意味している。戦争におけるエアパワーと勝利の関係に関する考えは，どのように発展してきたのだろうか。また，エアパワーの議論において軍事理論が持つ規範的及び説明的な目的は，どのように理解することが可能だろうか。

本章の目的は，現代におけるエアパワー理論とその中核となる前提を紹介することである。現代のエアパワーに関する議論に共通する中心的なテーマは，戦術的，作戦的及び戦略的効果を達成する上で，エアパワーがどのように効果的であるか，というものである。この議論は，エアパワーのみによって紛争中の敵を自分が望むようにさせることができると信じている人々と，エアパワーはより広範な戦略的文脈の中で理解しなければならないと信じる人々とに大別される。このように，エアパワーを独立した戦略的資源と見なすべきであると信じる人々と，主に地上軍及び海軍を支援するための作戦的及び戦術的目的のために使用すべきであると信じる人々との間で議論が行われている。後者の考え方は，すでに第6章の統合作戦で議論されているので，本章では単独の資源としてのエアパワーがどのようなもので，どのように軍事力に貢献すると考えられているかに焦点を当てる。エアパワーが両方の目的に使用されうるのは明白であるが，戦略は資源の不足によって制約されるため優先順位をつけなければならない。

アメリカ空軍大佐ピーター・フェイバーは，航空戦には攻勢作戦，空域管理，航空作戦支援及びロジスティクスが含まれるとした（Faber 1997a; Garden 2002も参照）。これらのうち，エアパワー理論の主な焦点は，物理的な空軍作戦である。ロジスティクス，偵察作戦，地上からのレーダーによる空域管理は，これまでのエアパワー理論ではあまり注目されてこなかった。同様に，時にはエアパワーのコンセプトに含まれてきた宇宙についても広範囲に渡る理論化はなされなかった（Gray 1996a; DeBlois 2004）。大国によって，あるいは大国のためにエアパワー理論が発展してきたという点は，指摘する価値がある。他方，このことは重要ではないと主張する意見もあるだろう。要するに，発電所に爆弾を投下するのがデンマーク空軍のF-16かアメリカ空軍のF-16であるかにかかわらず，攻撃目標選定と戦略的効果の論理的関係性については留意すべきということである。一方，エアパワーは資本集約的な高度技術の有無に左右されることから，通常，大国が持つ比較的大きな国防予算に関連している。したがって，エアパワー理論には交絡変数が存在すると言える。上記のF-16の例では，標的にされた対象国はアメリカがデンマークよりもはるかに潜在的な軍事力を保有しているという事実に気が付いているため，爆撃による戦略的効果が同様であるかどうかはまったく不明確である。大国がいわゆる事態をエスカレーションさせるかどうかをコントロールする権利を保有しているという事実（第3章参照）は，エアパワー理論が潜在的な偏見から逃れることのできない要因となっている。

● 2　エアパワー――概念と戦略的文脈

本章では，エアパワー理論に暗示される論理的な因果関係の話に移る前に，鍵となる概念の議論から始める。軍事作戦に関するほかの章と同様に，この概念的な議論は戦争に関する第2章と戦略に関する第3章と明確に関連している。エアパワーに関する概念的な議論はエアパワーの性質，優位性及びエアパワーが関係する戦略的な状況に関連している。

エアパワーとその特性

「エアパワー」とは何か。フィリップ・メイリンガーは，エアパワーを「空や宇宙から，戦略的，作戦的，または戦術的目的達成のためにパワーを行使する能力」と定義している（Meilinger 2003: 1）。この概念を理解するため，少なくとも2つの側面に着目する必要がある。第1に，エアパワーは以前の定義とは異なり宇宙を含む。現代の衛星システムは，エアパワーの使用において一体的かつ不可欠な手段となっている（Klein 2004を参照）。衛星によって監視と情報収集だけでなく，指揮統制も容易となる。たとえば，アメリカ空軍はすでに天候や目標に関する情報の入手や攻撃の有効性を評価するために衛星システムを使用しており，地上から有人または無人航空機に対する直接的な目標指定を行うことができる。第2に，エアパワーは「力の行使」を含んでいる。ところが，驚くべきことにエアパワー理論家の間で「パワー」の概念に関する分析が欠落している。通常，政治学や社会学のような隣接する学問分野では「パワー」は「本質的に争われる概念」と考えられている。政治学の分野において，パワーや自由といった概念は「〜するためのパワー」と「〜から守るためのパワー」，「〜のための自由」と「〜からの自由」に区分するのが一般的である。パワーの概念におけるこれら２つの側面は，「航空優勢」の概念に関する議論でも明らかなようにエアパワー理論とも関連している。メイリンガーの概念は戦争における両立不可能な利益と密接に関連しているため，エアパワーに関するメイリンガーの理解は，ダールによるパワーの概念に似ている。ダール（Dahl 1957; 1991）は彼の古典的な記述において，「Aは，（もしAがそうさせなければ）BがそうしていなかったことをBにさせることができる程度にAはBに対してパワーを持つ」とした。同様に，メイリンガーは，「パワー」の行使に少なくとも２つのアクターが含まれている限り，エアパワーはダールの概念に関係のある概念であると理解した。ダールによるパワーの理解は意図的かつ因果的でさえある。すなわち，武力行使は計画的であり，そのような意図的行為は効果をもたらす。要するに，パワーは目標を達成するために使用されるのだ。たとえば，1990年にイラクはクウェートに対してエアパワーを行使することができたが，同時にアメリカに対しては行使することはできなかった。したがって，エアパワーは客観的な資源ではなく，ほかのアクターとの関係の中で見なければならない。

エアパワー理論の発展におけるもうひとつの繰り返されるテーマは，エアパワーが本質的にどの程度攻撃的なものか，ということである。1920年代における初期のエアパワー理論家の多くは，エアパワーが本質的に攻撃的であると考えていた。空軍は，第一次世界大戦の西部戦線のような塹壕戦に陥ることはない，とされた。レーダーや長距離防空システムの機能が存在しなかったことにより，この主張はさらに強化された。エアパワーを本質的に攻撃的であると考える初期の理論家は，空軍は敵部隊を容易に包囲し戦闘空間を遮断することができるため，空軍を塹壕や地雷原によって妨げられることのない騎兵と考えた。エアパワー理論の初期の「先駆者」のひとりであるイタリアの将軍ジュリオ・ドゥーエ（Guilio Douhet, 1869-1930）は，エアパワーからの防御は不可能であると考えた。アメリカの将軍ウィリアム・ミッチェル（William Mitchell）とほかのアメリカにおける初期のエアパワー理論家も同様の立場をとった。1926年のアメリカ陸軍航空隊戦術学校（ACTS）の教範でも，「敵の航空作戦

ジュリオ・ドゥーエ

を阻止する試みは無駄だった……爆撃機がひとたび飛び立ったならば，爆撃機を阻止することは事実上不可能だった」と述べられている。イギリスではヒュー・トレンチャード（Hugh Trenchard）が，空軍は本質的に攻撃的であり，「自衛することが不可能な防御ほど悩ましいものはない」と強調した（Meilinger 2003: 46）。フェイバーによると，トレンチャード以降，空軍の本質的な攻撃性は，エアパワー理論家による防衛的なエアパワーの理論化を低迷させることになった（Faber 2002）。

エアパワーに対する防衛ができないという観念は，空軍は先制攻撃のために使用されるべきであるといった，ドゥーエのような初期の理論家による主張を引き起こした（Douhet 1999）。空からの攻撃に対して防衛することができず，空軍の力が戦争の結果を決定するならば，先に攻撃を開始することによって相手の攻撃を阻止することが合理的となる。要するに，エアパワーの出現は，先制攻撃を仕掛けた者が戦争で勝利することを示しているのだ。この一連の考え方は，後に 1950 年代にバーナード・ブロディによって詳述された。ブロディは，核兵器の登場が，先制攻撃に関するドゥーエの考えを現実の問題に直結させたと考えた（Brodie 1959: 402）。先制攻撃の意義を低下させることとなる強力な第二撃能力を冷戦時代の超大国が開発するより前に，ブロディがこのような考えを示したことは注目に値する。メイリンガーは，「空軍は先制攻撃のために使用されるべきである，と主張するドゥーエを，核兵器についてのみ関連付けて考えるのは全くの的外れである」と述べた（Meilinger 2001: 105）。なぜならば，1960 年代以降，超大国は相手を瞬時に打ち破ることはできず，壊滅的な第二撃を受けるというリスクをつねに負わなくてはならなかったからである。付け加えると，空軍が完全に攻撃的なものであると想定したのは，初期のエアパワー理論家だけではなかった。現代の影響力あるエアパワー理論家であるアメリカ空軍大佐ジョン・ワーデンは，航空戦では防衛より攻撃が有利であることを強調している（Warden 2000: 21-3）。また，ワーデンによると防衛的戦略は決して勝利を導くことはなく，戦争ではよくて「引き分け」の結果となる。ゆえに，エアパワー理論は依然として「攻撃至上主義者」によって特徴づけられるのである（Snyder 1984 を参照）。

エアパワー理論の歴史において，よりいっそう繰り返されるテーマは決戦の概念である。もちろん，このことは西洋社会の一般的な戦略思想とエアパワー理論との密接な関係に基づいている。少なくともクラウゼヴィッツ以来，西洋社会における軍事理論の一貫した考え方として，大規模戦闘における敵の打倒が戦争全体の雌雄を決することができるとされてきた。これは海上における決戦に関するマハンの議論（第8章参照）を表していると言えるだろう。決戦は，エアパワー理論で繰り返されるテーマでもある。ドゥーエによる一般市民に対する爆撃，システムの崩壊を企図した社会の結節点に対する爆撃に関するACTSの考え，ワーデンによる敵の指導者の斬首作戦，そして1990年代後半の「ショックと畏怖」といったそれぞれの思想は，一回の決定的な打撃によって戦争の雌雄を決するという理想を達成するための考え方であると言える。

また，エアパワー擁護者はエアパワーを他軍種から区別するようなエアパワーが持つ多くの特徴を強調する。イギリス空軍の将軍ティモシー・ガーデン（Garden 2002: 137-57）とメイリンガー（Meilinger 2003: 1-2）の両者は，エアパワーは本質的に長所と短所の両方を持っていると主張する。ガーデンとメイリンガーは，エアパワーは多種多様な任務に使用できるような柔軟性があるとする。また，エアパワーは遠距離においても軍事力を迅速に展開する方法であり，かつ損失のリスクが比較的低い。このエアパワーの特性は，民軍双方の意思決定者にとって魅力的である。また，空軍は必要に応じて，紛争からの迅速な撤退が可能である。さらに，精密誘導兵器の新たな開発により，政治レベルでは軍事作戦をよりいっそう慎重に管理することができるようになる。ゆえに，政治自体の攻撃目標選定プロセスへの参加が，従来よりも大幅に可能となった。エアパワーはあらゆる方向からの攻撃が可能であり，奇襲の可能性を増加させる。しかし，ガーデンとメイリンガーはエアパワーが資本集約的であること，また空軍がしばしば敵からの攻撃に脆弱な基地やロジスティクス・インフラに依存している点を指摘している。そのほか，エアパワーが有する本質的な限界は，滞空可能な時間が限られているという性質に由来する。空軍は空という彼らの領域を永続的に支配することはできず，そのような任務のために陸上または海上作戦に依存する。エアパワーは敵の機動能力や同じ領域の支配能力を著しく制限することができる。しかしながら，エアパワー自体は領域を管理することができないというもうひとつの制約的要因が存在する。

航空優勢とその意義

エアパワーの行使を最もよく象徴するのは，戦時における航空優勢の確保である。では，航空優勢はどのように理解されているのだろうか。ドゥーエは，「制空権とは，自身の飛行能力を保持しつつ，敵の飛行を妨害する立場に立つことを意味する」とした（Douhet 1999: 297）。ドゥーエの概念は，味方が上空で自由に行動すべきである一方，敵にはいっさいの自由な行動を行わせてはならない，という2つの厳しい要求を明らかにした。このように，ドゥーエは敵の行動からの自軍の自由な行動という，機動の自由という観点でエアパワーを解明した。そのことは，ドゥーエが制空権を，航空優勢を保持しているか否か，の二元論として理解していたことからも明白である。航空優勢が相対的な概念であり，時間と空間で区分することが可能であると示唆した者は，制空権とは局地的，短期的な優勢であると勘違いしているとの理由で，退けられたのである。ドゥーエ（Douhet 1999: 297）は，次のような主張までした（強調は原文）。

> 制空権の確保は，人間の想像を絶するほどの大きな攻撃力を行使しうる立場をとることを意味する。制空権の確保は敵陸軍及び海軍を敵の拠点から切り離し，戦争の勝機を失わせることを意味する。制空権の確保は，自国の完全なる防護と陸軍及び海軍の効率的な行動，そして，安心して暮らし，安全に働くことを意味するのである。要するに，制空権の確保とは勝利を意味する。他方，空の戦いで破れるということは，結果的に戦争に敗北し，自身を守る機会もなく敵の意のなすままになるということを意味するのである。

ドゥーエとは対照的に，ジョン・スレッサー（John Slessor）は，航空優勢は恒久的な状態ではなく，時間的限界があるため，より範囲の狭い戦域でのみ実現可能な状態であると主張する。スレッサーは勝敗の帰趨を決める決定的な瞬間は特定の時間と場所にしか訪れないという戦争の本質から，自身の主張の正しさを断言する（Meilinger 2003: 69）。一方，ワーデンは航空優勢の概念をさらに区分した。ワーデンによると，航空優勢とは「敵から大きな抵抗を受けることなく，敵に対する有人機または無人機による航空攻撃を実施するための十分な空域管理を行う一方，敵からの航空攻撃による重大な危険がない状態」であると解釈される（Warden 2000: 10）。ワーデンの主張は，ドゥーエの理論を引き継いでいると理解されている。ただし，いくつかの新規性がある。具体的には，ワーデンは「絶対的航空優勢」（ドゥーエのいう「制空権」と同じ）のようなサブカテゴリーを区別し，スレッサーが述べるように航空優勢は「地域的」（一定の戦闘空間への限定），「作戦的」（全体の「戦闘地域」への限定），さらには「中立的」（敵味方ともに大なる危険を伴っておらず，航空活動を十分にコントロールすることができていない」）になりうると主張する（Warden 2000: 10-11）。ゆえに，ドゥーエとは異なり，ワーデンにとって航空優勢とは相対的な用語なのである。

エアパワー理論における航空優勢に関する最も中心的な因果的主張は，航空優勢の確保が戦争における勝利をもたらす，というものである。この主張は，ドゥーエからイギリス空軍ドクトリン *AP 3000*（2009）といった現在の空軍ドクトリンに至るエアパワー思想の中で定着している。ドゥーエは，「制空権を確保することは，勝利を得ることである。制空権がなければ，ある局面で敗北を期し，勝者が喜々として課すいかなる要求をも受け入れることになる」（強調は原文）と主張する（Douhet 1999: 298; MacIsaac 1986: 627; Buckley 1999: 22-42）。最近のエアパワー理論家さえ，この航空優勢と勝利との因果関係を強調する。つまり，航空優勢を確保した側は，敵からの妨害を受けることなく攻撃作戦を実行することが可能である。このため，敵に対して自軍は態勢的に有利となるという，因果関係の筋書きである。航空優勢を持つ側が有利であるということは，敵が反撃できない間，意のままに敵に対して影響を及ぼすことができる。これは，航空優勢が戦争全体の帰結に影響を与える手段だとしても，航空優勢の確保自体が空軍にとっての目的であることを意味する。そのためワーデンは，航空優勢が達成された場合のみ，空軍は潜在能力を十分に発揮することができると主張する（Warden 2000: 13-20）。

しかし，航空優勢が戦争における勝利をもたらすという因果的主張にはいくつかの問題がある。第1に，フェイバーは航空優勢と戦争における勝利に関する理論の因果的描写とメカニズムが，あまりにも多くの隠喩に依存していることを指摘している（Faber 2002）。たとえ説得力があるとはいえ，隠喩によって事象の複雑さを完全に説明することは困難である。たとえば，敵の社会経済システムにおける主要な結節点を標的とする考えを示したACTSに続くかたちで，アメリカ空軍大将フランク・アンドリュース（Frank Andrews, 1884-1943）は，現代社会は「精密機器のごとく敏感」であるとした。腕時計の重要な部品を壊したら，時計は動かなくなるというわけだ（Faber 2002: 56-7）。もちろん，現代の社会や国家は腕時計と同じではない。ワーデンが同様に主張するように，頭部を切断された人体が機能を喪失するのは，間違いのない真実である。しかし，これらの例が必ずしも指導者を失った国に対して同様に当てはまるとは限らない。実際，国家は，人体が新たに頭部を生やすよりも簡単に，指導者を置き換えることができる。結局のところ，計画作成や攻撃目標選定の決定において隠喩に依存することは，国家の進むべき道を誤らせ，利用資源の欠乏や不必要な死と破壊をもたらす可能性すらあるのである。

第2に，戦争の中でひとつのツールとなる程度のパワーを，特定の原因としてその他のパワーと区別することは，ほとんど不可能である。たとえば，複数のエアパワー理論家が主張するように，多くの交絡変数が存在するため，航空優勢が戦争の勝利をもたらすということを証明することはきわめて困難である。多くの場合，航空優勢を確保している側は，陸上における優勢を確保している。このことは当然ながら，空軍が資本集約的であり，最も多くの国防費と最も大きな展開可能な軍隊を持つ側が，陸上と空の両方における優勢を獲得する可能性が高いという事実と関係している。さらに，航空作戦は陸上作戦の実施に影響を及ぼす。陸上における攻勢が航空優勢によって可能となる状況や，同じく陸上における攻勢が敵の航空作戦を妨害するといった状況を想像することは容易である。くわえて，当然のことながら戦争には少なくとも2つの側面，すなわち戦略レベルと戦術レベルの相互作用に関わる問題がある。たとえば，敵航空戦力を制圧するために行われる最初の空爆を考えてみよう。敵が航空戦力を防護するために分散や隠蔽といった戦略をとった場合，最初の空爆が終了した時点で味方の爆撃機編隊が被害を受ける可能性がある。一連の相互作用の中からエアパワーの効果のみを抽出することができないのであれば，航空優勢それ自体が戦争の結果に及ぼした作用を証明することは困難である。

戦略的文脈とエアパワー戦略

エアパワーの効用に関する理論は，戦略的文脈や敵に対する特別な理解といった暗黙の前提に基づいている。とくに，敵に関する明確な前提条件の不在は，エアパワー理論が変化に乏しく一面的であるとの批判を生んできた。このことは，戦争が2者以上の間の争いであり，その当事者は部分的にしか自分でアジェンダを設定できない，という点で問題となる。たとえば，産業資源が爆撃機による重爆撃を受ける可能性がある場合，攻撃を受ける側は，資源を再配分したり代替案を見つけることで，システムの崩壊を回避することができる。さらに，大部分のエアパワー理論は2者間の関係性の中で生じる現象としてエアパワーを理解するのではなく，むしろ，一方のアクターの観点に焦点を当てている。このことは，エアパワー理論をアクター間の相互作用を含む戦争の理論とするのではなく，主に技術的な潜在能力から演繹されるものとしたため，航空戦闘を歪曲していると考えられる。ほかの集団の行動を無視する軍事理論もまた，誤解を招く典型となる可能性がある（Byman & Waxman 2002: 18-21）。この具体例のひとつは，ナチス・ドイツをわずか6カ月で降伏させるためのアメリカの計画である。攻撃目標選定，爆撃，偵察は詳細に計画されたが失敗した。これはドイツの報復，残存，抵抗といった各種能力が過小評価されたためである。

多くのエアパワー理論における戦略的文脈の欠如は，とくにエアパワーの先駆者たち（たとえば，ドゥーエ，ミッチェル，トレンチャード）が共有した独立空軍のビジョンの結果でもあった。したがって，エアパワー理論は軍事力行使の最適な組み合わせに関する冷静かつ計算された客観的分析の結果というよりも，むしろ独立軍種として空軍を理知的に正当化しようとすることを意図している。ヨハンソンは，初期のエアパワー理論家が戦略目標を達成するために空軍が何をすべきかではなく，将来的に空軍が何をすることができるのかという点に等しく関心を持っていたと議論し，同様の観察を行っている（Johansson 1988: 286）。このように，初期のエアパワー理論家は空軍が独立した軍種でなければならない理由を正当化しようとしたのである。

大半のエアパワー理論家は，敵が国家であることを前提としている。その中で，ジョン・ワーデン（Warden 1995）は稀な例外である。ワーデンのエアパワーの効用に関する理論は，非国家主体を具体的に含んでいる。しかし，エアパワーは小規模戦争においてどの程度，戦略的または戦術的な目標を達成することができるのだろうか。その際，われわれはエアパワー理論が，いまだ発達途上なものであるということに気づくことになる（Corum & Johnson 2003 を参照）。しかし，エアパワーは通常の国家間戦争と比較して小規模戦争において，少なくとも2つの特有の課題を抱えていると結論づけられる。いずれの課題も，非対称な小規模戦争における敵が非国家グループであるという事実から生じている。従来の通常戦における敵とは異なり，ゲリラや反乱軍は大軍となる傾向にはない。したがって，彼らに対し空軍は大規模な爆撃作戦を行うことはほとんどない。また，ゲリラの小部隊戦術も持続的かつ大規模なロジスティクスのネットワークに依存していない。このため，エアパワーは小規模戦争でのターゲティングに苦労することになる。2001年のアフガニスタンにおけるエアパワーに関する最大の衝撃はタリバンの位置特定であり，つまり北部同盟軍と協力することになった点にある（Biddle 2007）。研究者の中には，反乱分子を標的にする代わりに，情報収集，心理戦，偵察，警戒監視，輸送のためにエアパワーを使用すべきであると提案する者もいる（Corum & Johnson 2003: 8）。

エアパワー理論家の中で，エアパワー理論の戦略的文脈を戦争の概念の中で捉えようとする者は少数である。ロバート・ペイプによると強制と抑止は密接に関連している（Pape 1996）。ペイプは，抑止とは相手の行動を変えさせないことであり，強制とは相手の行動を変えさせることであるとする。これらの戦争の方法は，基本的にはパワーに関するものである。このことは，ワックスマンとバイマン（Byman & Waxman 2000: 9）の強制に関する理論でも明らかである。ワックスマンとバイマンにとって強制とは，「もしそうしなければ相手がとらなかったであろう行動を相手にとるように強いるような，軍事力を行使されるという恐怖や限定的な軍事力の行使」という，ダールのパワー概念にきわめて類似している。エアパワーは第1章で概説した軍事力の4つの型のすべてにおいて使用することができる。エアパワーは，敵に対するビラの散布，放送妨害，通信中継によって本来流れることのない情報を提供できる。これにより，敵に対する説得工作のための情報戦を支援することができる。たとえば，2003年のイラク戦争において，有志連合空軍部隊は，約3200万枚の小冊子をイラク上空で散布した。もちろん，エアパワーは自国にとって都合が悪い政策オプションを，敵に選択させないように使用されもする。後に示すように，このことは冷戦期の核戦略の基本的な考え方のひとつであった。通常兵器によるエアパワーもまた，抑止や強制，純然たる武力としての使用が可能である。実際のところ，エアパワー理論は主に軍事力を行使するためのこれら3つの方法に焦点を当てている。

ペイプは「目標の破壊が，敵の行動変更をもたらす仕組み」を念頭に，エアパワー戦略を4つに区分し，明確な戦略的枠組みをエアパワー理論にもたらした（Pape 1996: 56）。すなわち，ペイプの概念は戦術的成功が戦略的結果にどのように変換されるのかというエアパワーにおける作戦術の論理を含んでいる。ペイプ（Pape 1996: 55-6）はエアパワー単独の文脈において，作戦術として懲罰（punishment），リスク（risk），拒否（denial），斬首（decapitation）の4つに区別することができると提案している。

1　第1のカテゴリーは，「懲罰作戦」である。これは，我にとって望ましくない敵の行動を罰することによって，敵がある行動方針を選択するコストを上げるという論理である。したがって，相手は懲罰を避けるためにどのような行動を選択すればよいかを徐々に学ぶことになる。この論理の事例は，空爆の歴史の中で多く見られた。空爆は，市民が政府に対してある行動をとるよう，圧力をかけることを期待して行われる。言わば市民に対する懲罰として理解され，実行されてきた。ドゥーエのエアパワー理論と第二次世界大戦中の連合国軍による空爆作戦の根底にある論理の多くは，この種の懲罰戦略ときわめて類似している。

2　第2のカテゴリーは，「リスク作戦」である。攻撃目標選定と，敵にとってある行動をとるコストを引き上げる論理についてはリスク作戦と懲罰作戦は本質的に類似する。しかし，典型的なリスク作戦においては，懲罰を最大化するというよりも，むしろ，爆撃の烈度を変化させることによって，我にとって望ましい行動をとるように敵にシグナルを送る。これにより，懲罰作戦よりも前の段階（つまり，よりコストの低い段階）において，相手には思考や行動を変更する余裕が生じる。この考えは，シェリングの「段階的エスカレーション」概念と密接に関連する（Schelling 1960）。北ヴェトナム政府との対話を意図して1965年から1968年にかけて断続的に行われた北ヴェトナムに対するローリング・サンダー作戦は，この種のエアパワー戦略の代表例である。

3　第3のカテゴリーは，「拒否作戦」である。この論理は，敵がある戦略を選択する機会を爆撃によって拒否することである。したがって，ある行動のコストを上げるというよりは，敵がある戦略オプションを利用することができないようにするものである。ここで重要なのは，敵による戦略の実行を阻止するために敵の軍事能力を打ち破ることである。つまり，爆撃の最重要目標は敵の軍隊となる。とりわけ，戦場（あるいは戦域全体）における軍隊の移動を阻止することにより，敵の前線と後方を分離することが想定される。これにより，敵の予備部隊の増強を拒否し，効果的なロジスティクス・チェーンの分断をもたらすこととなる。敵は自身の軍事的選択肢がなくなった場合，こちらが望む選択肢を選ぶ以外にない。このような作戦術の実例には，1972年に北ヴェトナムに対して行われたアメリカのラインバッカー作戦がある。

4　第4のカテゴリーは，「斬首作戦」である。ここでの考え方は，相手の部隊指揮官を隷下の兵隊から排除または分離することにより，戦略目標を達成することである。指揮官を失った兵隊は団結して作戦を遂行する能力を喪失する。このため，結果的として効果的にシステムを崩壊させ，前線部隊を無効化させる。すなわち，支配者層を自国にとって好意的な者に交代させ，敵に対して抵抗の停止を強いることにより自国の戦略目標は達成されることになる。2003年のイラク戦争の初期段階におけるアメリカ主導による有志連合軍の航空作戦が，斬首作戦の実例となる。この作戦期間中，イラクの支配者層を排除し，指揮統制の構造を攻撃しようとする有志連合軍によるいくつかの試みがあった。さらに，現在行われているアメリカによる中東での無人機を使用した作戦は，テロとの戦いにおける斬首作戦として理解することができる。間違いなく，このカテゴリーにおけるエアパワー理論の主な提唱者はジョン・ワーデンであり，彼の理論である「システムとしての敵」がそれを表している（Warden 1998）。

エアパワーのメカニズムに関するこれら4つのカテゴリーは，いずれも当事者間の力の均衡について明確に想定するものではない。しかし，能力に関するいくつかの潜在的前提がある。たとえば，斬首作戦と拒否作戦においては，精密誘導兵器が有効であることが前提となる（Warden 1998: 188-9; Pape 2004: 109-12）。たとえば，各個の指揮統制センターを破壊することができなければ，斬首作戦が効果を発揮することは難しい。さらに，戦場における前線と後方地域との間における移動を阻止することが効果的である場合，前線部隊や援軍を支援するために使用される個々の道路や車両を破壊することもある。一方，リスク作戦や懲罰作戦は目標の性質が異なることから，精密誘導兵器や無人機に過度に依存することはない。

● 3　エアパワーの効用

エアパワー及び航空戦の理論には，次の2つの立場がある。ひとつは，エアパワーが戦略的に自立した資源として最大の影響力を持っていると信じる立場である。もうひとつは，エアパワーは地上や海上における戦闘部隊を支援するためのいわゆる「空中砲台」として作戦レベルから戦術レベルで使用されるべきであると信じる立場である。エアパワーは戦争の勝利にどのように寄与することができるかという問いに対する答えの多くは，この2つの伝統的な立場のいずれかに当てはめられてきた。後者の考え方は，エアパワーが陸軍や海軍と最も効果的に連携するために，どのように使用されるかに関係している。これらの理論は，主に第6章の統合作戦で詳述した。本章の焦点は，むしろ前者の考え方の派生型に当てられている。独立空軍支持者の間には戦略爆撃によって戦争に勝利することができるという共通の理解がある一方，攻撃目標選定，因果関係の論理，標的の順序に関して少なからず相違点がある。これらの標的の選択と順序決定の背景にある論理は何か。理論家たちが全幅の信頼を寄せる，因果関係のメカニズムとは何だろうか。

図9.1は，一連の標的の選択とエアパワーの効用との間の仮説関係を示している。気球，飛行船及び初期の航空機の登場からエアパワーを行使し始めたころは，主に敵軍を直接破壊することに重点が置かれていた。戦間期には間接的なアプローチに関する考えが萌芽した。ここでは，軍事能力の直接的な破壊に焦点を当てるのではなく，むしろ抵抗を続けようとする敵の意志に対する攻撃に焦点が当てられた。戦略爆撃理論は，これら直接破壊と間接破壊の2つの道筋を辿ってきた。爆撃は，軍事能力を直接的に破壊するものとして概念化することもできるし，抵抗を続けようという民衆の意思、エリートの意思，あるいは軍人の意志を間接的に破壊するものとして表すこともできる。当然ながら，戦略爆撃理論は，意志と能力に密接に関連している。意志は技術と能力から影響を受ける一方で，能力は意志から影響を受けることがあるからである。分析的に意志と能力を切り離すことで，各理論の論理をよりよく考察することは可能である。衆目が認めるように，意思と能力のどちらか片方のみから単純に見ようとするエアパワー理論家は，ほとんどない。

先駆者たち

イタリアの将軍ジュリオ・ドゥーエは，しばしばエアパワー理論家の間で先駆者と見なされる。彼の理論はエアパワーの分野において，最も体系的かつよく分析されたものである（たとえば，Meilinger 1997: 1–40)。ドゥーエは，最も有名な著書である『制空（*Il Dominio dell' Aria*)』（1921年）において，「正しい割合」で火器やガス兵器を使って爆破することも含めて，都市に大規模な爆撃を行えば，速やかに勝利を得られる，と主張した。ドゥーエは市民を爆撃することにより，政権は政策の変更を要する市民による革命に怯えることになり，その結果戦争は終わることになるだろうと考えた。しかしながら，ドゥーエのアイデアは，不確かな前提に基づいている。

第1に，ドゥーエはエアパワーと空軍は，基本的に攻撃的な兵器であると考えた。陸軍とは異なり，空軍には速度，高度，距離などで固有の特性があり，

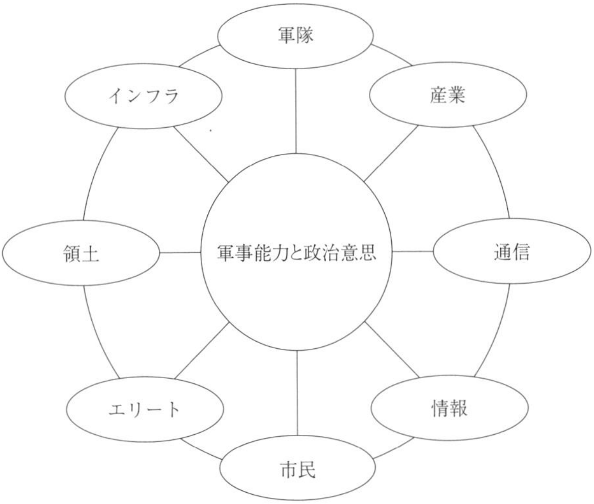

図 9.1　エアパワーの攻撃目標（Meilinger 2003: 174 より引用）

膠着状態に陥るのを防ぐために利用される可能性がある。ドゥーエは，エアパワー単独で戦争に勝つことができると考えていたわけではない。忘れられがちだが，その代わりにドゥーエは防衛的な陸上作戦と連携した戦略爆撃機が，戦争における成功の鍵であることを強調した（Douhet 1999: 289-93）。次に，この連携は航空作戦が本質的に攻撃的であり，陸上作戦が静的かつ防衛的であるという前提に基づいていた。ドゥーエによる主張の 20 年後にドイツの電撃作戦（*Britzkrieg*）を経験した人にとって，この前提は奇妙に思われたが，第一次世界大戦時の西部戦線における塹壕戦の膠着状態を経験したドゥーエと同時代の者の間では，この前提は擁護されたのみならず，多くの支持を得た。

第 2 に，ドゥーエ（Douhet 1999: 339-56）は，誰もひとりとして爆撃機から身を守ることができないと考えた。このためドゥーエは，大規模な爆撃機部隊の建設に集中することによってのみ，戦争における突破口を開くことが可能となるという考えに傾倒した。この立場に立つのは，ドゥーエだけではなかった。ほかのドゥーエと同時代の初期のエアパワー理論家も，防衛的な航空作戦は困難または不可能であると考えた。このことは，エアパワー理論の中に矛盾がある可能性を示唆している。多くの場合，エアパワーが技術開発に重点を置き，かつ依存しているにもかかわらず，技術が古いアイデアを陳腐化する可能性があることを無視するのは不適当である。たとえば，レーダーの発明により，航空戦が防衛的に遂行される状況が作り出されたのは明らかである。

第3に，ドゥーエの主張の中心は，市民の戦意は大量爆撃によって打ち砕かれるであろう，というものであった。第二次世界大戦中のドイツ空軍によるロンドン空襲のように，市民を標的とした空爆によって，戦闘を続ける意志は強化される可能性があることを，ドゥーエは予測しなかった。その代わりに，ドゥーエは爆弾の投下開始によって社会が急速に崩壊すると想像した。ドゥーエは，人口密集地に対する一連の爆撃は，軍隊に対する爆撃よりも人道的であるとさえ主張した。より耐久力があり防護された部隊に対する空爆が長引くよりも，市民に対する爆撃によって戦争はより短くなり，犠牲も少なくなると考えられたからである（Douhet 1999: 331–3, 336, 386–7）。だからといってドゥーエは，市民を標的とすることで，前線部隊に及ぼす影響を無視したわけではない。そうではなく，ドゥーエは軍人たちが留守の間に彼らの家や街が爆撃された場合，「実際には軍隊がひどい道徳的プレッシャーに苦しむ」ことを強調したのである（Johansson 1988: 279）。

航空優勢の重要性に関して，ドゥーエの理論にはさらに矛盾点がある。ドゥーエは，航空優勢の確立が重要であるとしながら，一方では爆撃機部隊から身を守ることは不可能であると主張した（Douhet 1999: 283, 293, 307）。爆撃機部隊が敵地に到達できるのであれば航空優勢は重要ではなくなるため，これら2つの主張を整合させることはできない。したがって，航空優勢は妥当ではなくなる。このことは，ドゥーエが彼の考えを理論化する際，別に暗黙の前提があることを示唆している。おそらくこの文脈で最も重要なことは，ドゥーエが都市の市民を爆撃することは副次的な重要性しかない，という考えを持っていたに違いないということである。したがって，最初の標的は敵の空軍でなければならなくなる。もし仮に，敵の空軍が破壊されたならば，もはや敵は脅威ではなくなる。この仮説の片鱗は，ドゥーエの先制攻撃の考え方にも見られる。この点に関して，ドゥーエは，爆撃機部隊を作ることによって攻撃する側が防衛する側よりもはるかに強くなり，先に攻撃をしかけた側が戦争に勝利するという結果をもたらすと（Douhet 1999: 303, 334）主張している。

ドゥーエの理論は，誰からも受け入れられたわけではなく，彼の母国であるイタリアにおいても批判された。たとえば，ドゥーエと同時代の理論家であるジャンニ・カプロニ（Gianni Caproni）とニーノ・サルヴァネスキ（Nino Salvaneschi）は，ドゥーエとは全く異なる論理に基づいて理論を立てている。彼らは大量爆撃が人口密集地に対して行われるのではなく，兵器やその他の軍需品を生産する工場に対して集中すべきであると主張した。兵器や軍需品に対する戦略爆撃は，彼我の陸軍部隊同士の間で我にとって好都合な非対称な関係を相手に強いることによって，勝利をもたらすことになる。市民の意志に焦点を当てたドゥーエの主張とは異なり，カプロニとサルヴァネスキは敵の部隊を打ち破ることによって勝利が達成される，と主張した（Faber 2002: 56）。爆撃機部隊を制止することは不可能であると考えるドゥーエのアイデアは，戦闘機や航空阻止を強調したメコッツィ（Mecozzi）からも批判された（第6章参照）。

一方でまた，エアパワーの理論化はアメリカとイギリスで進むことになる（Davies Biddle 2002; Meilinger 1997）。アメリカでは，ウィリアム・ミッチェル将軍（William Mitchell, 1879–1936）が，エアパワー理論及び独立した組織としての空軍の制度化における中心人物として登場した。ドゥーエと同じように，ミッチェルは第一次世界大戦で多くの幕僚経験を積んでいた。ミッチェルは，ドゥーエよりも独創的思想家ではないとみられることがある。一方でミッチェルは，ほかの人々にインスピレーションを与え，エアパワー理論の発展を主導したことによって，ドゥーエよりもはるかに成功した人物とされる（MacIsaac 1986: 631）。ミッチェルが，ドゥーエの影響を受けることなく彼のアイデアを生み出したのか，それともドゥーエの影響を受けていたのかについては不明であるが（Clodfelter 1997: 98; Meilinger 2001: 11–12を参照）。ドゥーエと同様にミッチェルは，戦略爆撃の重要性を強調した。しかしながら，ミッチェルはドゥーエとは異なる標的戦略や，エアパワーによって導かれる異なる勝利のメカニズムを提唱した。その結果，ミッチェルは航空優勢についてドゥーエとは異なる部分に力点を置いた。第一次世界大戦中の西部戦線における消耗戦は，ミッチェルにも影響を与えた。戦後間もなく，ミッチェルは戦線における突破を可能にするため，空軍による爆撃の多くは地上部隊を支援するために行われるべきだと提唱した。しかしながら，ミッチェルのアイデアは徐々に過激化し，『翼のある防衛――現代のエアパワーの発展と可能性：経済と軍事（*Winged Defense: The Development and Possibilities of Modern Air Power: Economic and Military*）』（1925年）において，彼は爆撃機部隊のより独立的かつ中心的役割を主張した。

要するに，ミッチェルは，敵の工業と経済の中枢を標的にすれば，戦略爆撃は戦争での勝利をもたらすと考えた。ミッチェルは，市民が最終的には政府に反抗し政策の変更を強要するというドゥーエと同じような仮説を立てた。ドゥーエの理論と同様，ミッチェルの理論のメカニズムとは，市民が空爆により直接的に死に苦しむのではなく，経済中枢を破壊されることによって，より間接的に苦しむということになるというものだった。他方，ドゥーエとは異なりミッチェルは，経済の中枢を標的にすることは，前線部隊からロジスティクス支援，輸送手段を奪い，長期的には軍隊の装備をも奪うことになる点を強調した。そうすることで，相手の軍隊は戦争を続ける手段を否定されるだろうと考えた。この意味で，ミッチェルは，戦争を続ける意志と戦争を行う手段の両方を破壊することによって戦争に勝利する方法を導出した（Clodfelter 1997: 96–7）。ドゥーエ同様，ミッチェルもまた先制攻撃が，戦争に勝つための論理的な方法だと信じていた。ミッチェルは，最も高速で最も効率的な空軍を持つ国は，「持続的かつ迅速に勝利する」と考えた（Mitchel 1999: 436）。ミッチェルの推論はドゥーエのそれとおおむね類似しており，ミッチェルの理論はドゥーエと同様の前提に基づいている。

1920年にアメリカで創設されたACTSのいわゆる「爆撃機マフィア」は，ミッチェルが事故後に上官を中傷したため空軍から追放された後，エアパワー理論の発展を継続させた。ACTSの理論家は，敵がシステムとして作用することを想定された，いわゆる「工業的ウェブ理論（industrial web theory）」を直ちに発表した。この理論は，工業力の脆弱点が攻撃されることによって，戦争遂行能力や士気，交戦意志は制限されるという考え方である。このアイデアは，戦略爆撃がシステムにおける経済的な「結節」に対して直接行われるというものだった。これらの結節を破壊することにより，社会や経済の崩壊が生じると仮定された。敵の戦争継続の意志は粉砕され，敗北は確定するとされた。ドゥーエやミッチェルとは異なり，ACTSの理論は敵がどのように敗北するかを単に予言するのではなく，敵の性質に関する明確な予測を立てた。ACTSの理論家は，ミッチェルのアイデアを実証するために，ミッチェルのアイデアを洗練させた。また，彼らはさまざまな方法でターゲティングを考える道筋を立てた。国家を経済的かつ社会的に依存しあう複雑なシステムとして理解することによって，システムとしての国家の崩壊を誘発する新しい方法を生み出すことが可能となった。鍵となる結節を破壊することによって，システム全体の中で異なる機能のあいだでコミュニケーションの問題が発生し，システム全体でこれに付随する連鎖反応が生起する。都市に対する爆撃を行っても，このような作用を生み出すことはできないだろう。その代わり，工場や通信，鉄道，発電所，流通といった工業を標的にすれば，システムを崩壊させ，市民の意志といった工業を標的にすれば，崩壊する可能性がある。 ACTSで活動していた人々のうち何人かは，後にナチス・ドイツと日本に対するアメリカの爆撃作戦を計画，実行した爆撃司令部にも登場した（Faber 1997b）。

一方，戦間期のイギリスでは，エアパワーに関する考えの発展は，他国と少し違う道を歩んだ 。ドゥーエやミッチェルのように，イギリス空軍の先駆者である空軍の将官たち，ヒュー・トレンチャード（Hugh Trenchard, 1873–1956），ジョン・スレッサー（John Slessor, 1897–1979），アーサー・「ボマー」・ハリス（Arthur “Bomber” Harris, 1892–1984）が戦略爆撃を支持した。アメリカやイタリアと同様に，イギリスの理論家もまた空軍を独立組織とすることを提唱した著名な士官たちであった。第一次世界大戦における航空機の戦術的な使用を通じ，イギリスは早くも 1918 年に独立した軍種として，イギリス空軍を創設させた。3 人の空軍将官はヨーロッパ大陸とアメリカと同様の考え方を示した。スレッサーは，敵の軍需工場及び生産ラインを標的にすることによって戦争を続ける意志と能力の弱体化を企図し，ACTS とミッチェルに似た爆撃戦略を提唱した。次に「ボマー」ハリスは，エリア爆撃による市民へのターゲティングに関する限り，ドゥーエと同様の考えを提唱した。ハリスの考えは，ハンブルクやドレスデンなどの人口密集地に対する火災爆撃を含む，第二次世界大戦中のナチス・ドイツに対するイギリスの空爆戦役《キャンペーン》に部分的に影響を及ぼした。しかしアメリカ人と違って，トレンチャードは戦略爆撃が敵の軍隊を全滅させることによって勝利をつかんだと主張した。道路や輸送だけでなく，敵の前線部隊を爆撃することによって，前線部隊は装備品や弾薬が欠乏すると考えられた。したがって，敵の継戦能力は徐々に低下し，作戦上の麻痺をもたらすことになるとされたのである（Meilinger 2003: 36–74）。

核戦略とエアパワー

冷戦期には，エアパワー理論の発展は大国間における核抑止の発展と密接に関連していた（たとえば，Freedman 2003, 2004）。ほかの多くの軍事理論とは異なり，核戦略はほぼ独占的に文民理論家の領域であった。バーナード・ブロディ（Bernard Brodie），ハーマン・カーン（Herman Kahn），アルバート・ウォルステッター（Albert Wohlstetter），トーマス・シェリング（Thomas Schelling）などの核戦略家は，戦略理論の発展に貢献したのと同様に，エアパワー理論の発展にも大きな貢献をした。多くの学会で核兵器は当初，ほかの兵器と同様に考えられていたが，原子爆弾の前例のない破壊力が，ゲームのルールを根本的に変えたと早くから主張する者もいた。ブロディは早くも 1946 年の『絶対兵器――原子力と世界秩序（*Absolute Weapon: Atomic Power and World Order*）』において，新兵器の巨大な影響によって戦争は紛争の解決策とはならなくなったと述べた。ブロディは，核兵器の唯一合理的な活用の意義は抑止であるとして，冷戦期の2世代にわたる戦略思想家のための議論の場を提供した。

核兵器は2つの方法によって戦略への古典的アプローチに挑戦した。第1に，戦争が大規模な核戦争にエスカレーションする可能性があるならば，支配的な勝利の概念は疑問にさらされる。この議論は，とくに1940年代から1950年代の時点ではそれほど明確ではなかった。核弾頭と破壊力という2つの点で大国の核保有量が大幅に限られていたためである。さらに，核兵器は当初，大規模通常戦力の維持に替わる費用対効果の高い代替手段であると理解されていた。しかし核保有量が増え，運搬手段と弾頭の性能は向上し，基地が強靭化されるにつれ，核兵器によって勝利を得るということは幻想であることが判明した。リデルハート（Liddell Hart）は，1960年に「核戦争に勝利しようなどと考えるのはただの狂気でしかなかった」と主張した（Baylis & Garnett 1991: 1）。冷戦時代の米ソ両国がいわゆる「第二撃能力」を獲得したとき，戦略と勝利に関する伝統的な理解はほとんど無意味なものとなった（Wohlstetter 1956: Rosecrance 1991）。敵による最初の奇襲を受けた後に残存した兵力を持って敵を破壊する能力は，それまで支配的であった先制攻撃の効用に関する議論を無意味なものにした。核兵器の使用は，抑止及び最終手段として利用される場合を除き，もはや合理的ではなくなった。

第2に，核兵器の出現は抑止の論理をも変化させた。冷戦で敵対する者同士による核兵器の使用は，潜在的に自己をも破壊させかねないものであることを関係国に気づかせることになった。このため，信頼性のある抑止のシグナルを相互に伝えることは非常に難しくなった。一方で，抑止力の一部として核兵器を使用しなければ，核兵器使用に関して優柔不断であるとのシグナルを送ることとなり，このため，抑止力を弱めることとなる。他方，核兵器の使用が米ソ両超大国に大打撃を与えることになるという共通理解は核抑止の信頼を低下させることとなった。冷戦期，核ドクトリンの開発によって明らかなように，鉄のカーテンの両側ではこれら2つの問題をどのようにマネジメントするかに多くの思考が費やされた。1950年代のアメリカの「大量報復（massive retaliation）」戦略は，信頼性に欠けるという理由から厳しい批判を受けた。批評家は，ソ連からの限定的な通常戦力による挑発に対抗するために，アメリカが核兵器を配備するとはにわかに信じがたいと考えた。もし，戦略が信頼に足るものでなければ，それはむしろソ連の積極的な行動を招くことになった。さらに，超大国である両者が徐々に大陸間弾道ミサイルや潜水艦発射型ミサイルを取得したという事実が，戦略を冗長かつ信頼性に欠けるものにした。要するに，もし相互確証破壊の状況が核兵器の生産過剰をもたらしたならば，その戦略はいかなる抑止の機能も果たさないであろう。結局，この戦略は支持されなくなり，アメリカはその戦略を1960年代にいわゆる「柔軟反応（flexible response)」戦略に変更した。ソ連のあらゆる挑発に対して全面的な核攻撃を行うよりも，柔軟反応はアメリカがソ連の侵略に段階的かつ比例的に対応することを意味した。したがって，通常兵器による攻撃は通常兵器によって対応することとなり，核攻撃は核報復を招くことになる。アメリカが必ずしも核兵器に頼ることなく，いかなる挑発にも対応できると認識されたため，柔軟反応戦略は核抑止の信頼性を高めた。段階的な反応は，コントロールされたエスカレーションと収束のパターンによって政治的意図がシグナリングされる場合があることを暗示している。このことは，武力行使において最も妥当な役割を，核兵器に与えた。核兵器は，まさにその存在によって強大な効果を持つ兵器なのである（Freedman 1986: 740-5, 757-9)。

ソ連製大陸間弾道ミサイル RT-20［U. S. Military or U. S. Department of Defense］

戦略家であり後にノーベル賞受賞者となるシェリングによると，核兵器とエアパワーは独特な特徴を共有しており，それは武力行使において長所や強みとなるのはその潜在的能力であるということである（Schelling 1966)。核兵器とエアパワーの効果は予測可能であったため，政治目的を実現するのに効果的であった。シェリングは，脅威の強さや市民に対する通常戦力による爆撃の強さを増減させる，いわゆる「段階的エスカレーションの理論（theory of gradual escalation)」により，アクターは自身の決意と選好を相手に明確に伝えることができるとした。シェリングの段階的エスカレーションの論理は，破壊の脅威にさらされた国家が烈度の変化や爆撃される特定の標的を正確に理解，解釈し，それに応じて態度を適応させることができることを暗示している。よりフォーマルで理論的な言い方をすれば，爆撃目標を変化させることによって，特定の政策に関する将来の費用便益計算に関する敵の予想を変える，ということである。敵が今以上の爆撃を回避するためにはどの政策を選択すべきかを理解したならば，段階的エスカレーションは意図的な効果を持つことになる。段階的エスカレーション戦略を支えるためのエアパワーの利用において鍵となる要素は，敵に対して対応または服従の機会を継続的に与えることであった。同様に，特定の標的を爆撃しないことは重要なシグナルを送ることであると理解された。シェリングは，エアパワーが意図や決意を伝えるために使用することが可能であることから，大規模戦争でさえ核戦争に発展しないことに期待した。両陣営とも核のエスカレーション回避を望んでいることを相手に伝えるためにエアパワーを使用することができるからである。

シェリングの論理は，合理主義理論の影響を強く受けている。戦争においてアクターは合理的かつ一元的であると想定することについては，すでに簡単な議論を行ったが，いくつかの基本的要素を振り返る必要がある。シェリングのアイデアは，陣営が互いに相手の行動を観察すること（または相手の行動の結果に苦しむこと）によってお互いの意図を理解することを前提としている。しかしながら，行動は共通言語のようなものではない。爆撃の烈度やターゲティングの順序のようなあいまいな変化を，明確なメッセージとして相手に伝えることはきわめて不確実なことなのである。段階的なエスカレーションが優柔不断なものと理解されうるリスクさえある。さらに，シェリングは東西両陣営が脅威レベルが変化したのと同じ方法で反応すると仮定している。これは，両者が原則として同じような選好構造を共有しているか，少なくとも相手がどのような選好構造を持っているかを確かめることが可能であることを前提としている。しかし，同じく不屈の合理主義の論理によると，多くの交渉の場面において，アクターは優先すべき政策の選択肢や目標に関する情報を操作，さらには隠蔽する動機を持つとされる。政治心理学者は，このような文脈においては，ミラーイメージングと認知のひずみが容易に固定化され，意思決定に影響を与えることを指摘している（たとえば，Vertzberger 1990; Jervis 1976）。さらに，相手がどれくらい一元的なアクターとして行動するかどうかについても，誇張されているかもしれない。とくに戦略爆撃にさらされている場合には，いかなる国家においても十中八九，明白な権力闘争や政策オプションに関する議論が行われている。相手の意思決定の主体が一元化されていると誤って信じた場合，段階的なエスカレーションは相手国に対し間違ったシグナルを送ることになるだろう。

核戦略の発展は，戦間期のエアパワー理論の影響を強く受けた。核戦略とエアパワー理論の間の緊密なつながりは，当初航空機が戦略的核兵器を運搬する唯一の手段であったという事実から生じた。1960年代初頭までに，超大国は大陸間弾道ミサイルや潜水艦発射型弾道ミサイルのような航空機に替わる信頼できる運搬手段を開発していた。その後においても，戦略爆撃機は超大国にとって信頼できる第二撃能力を獲得するための十分な柔軟性を維持するために依然として重要であった。したがって，アメリカ戦略空軍（Strategic Air Command）の有志たちが，米軍の核戦略に関する理論化を主導した（たとえば，Roman 1995）。このことから，フリードマン（Freedman 1986: 761）とミューラー（Mueller 1997: 290-3）は，核兵器に関する理論化がエアパワー理論の影響を強く受けていると指摘している。

核攻撃が戦争における勝利をもたらすという仮説がどのように提起されたのかという点について考えると，この点において，初期のエアパワー理論と核戦略は明らかに緊密な関係にあった。第1に，初期のエアパワー理論では，核兵器は本来的に攻撃的であるとともに，先制攻撃に適していると考えられた。第2に，初期のエアパワー理論における攻撃目標選定の論理は，核兵器の使用に関する理論化の中で繰り返し取り上げられた。一方では人口密集地に対する爆撃，いわゆる対都市戦略を主張する立場があり，他方では，敵の軍隊に対する攻撃，いわゆる対兵力戦略を支持する立場があった。第1の対都市戦略を主張する立場は，都市に対する核攻撃が戦いを引き起こしたくも続けたくもなくなるような壊滅的な打撃を，敵に対して与えるだろうと主張した。国家の社会構造や経済システムは，都市が破壊されれば簡単に停止するだろう。一方，第2の対兵力戦略を主張する立場は，核攻撃は敵の戦略核兵力に向けられるべきと主張した。ここで対兵力戦略の論理は，もし敵の地下核貯蔵施設を破壊することができれば，敵は我にとって好ましい政策に従わざるを得なくなるということを暗示していた。この考えは，いったん滑走路を離陸した飛行機を止めることはできないというドゥーエやミッチェルのエアパワーの前提条件を継承している。限定的な戦術核戦争の考えでさえ，それまでのエアパワー理論から知的な影響を受けていたのである。ここで，核攻撃の理論化は，核攻撃の可能性が作戦を妨害することを強調した戦間期のロシアとドイツのエアパワー理論に沿って進んだ。核攻撃が行われると，爆心地は部隊による縦深攻撃を容易にするための敵陣への突破口を開くために利用することができた。これら2つの考えは，敵の軍事能力に向けられた（Freedman 1986: 746-51）。

核戦略は，1980年代から1990年代における通常戦力によるエアパワー理論の革新の前身であると見ることができる。人類にとって幸いなことに，核兵器に関する多くの理論化は，実証実験することが不可能であった。理論と仮説の体系的な実証実験の不在は，初期のエアパワー理論家たちとのもうひとつの類似点である。したがって，核戦略は合理的行為者としてアクターを仮定する考え方や，技術的能力に依存する考え方からも強い影響を受けている。このことは，核戦略の論理を概説するために多くの努力が払われる，という知的な目的にとっては有益であった。おそらく，論理の概説に多くの努力が払われたことは核戦略の主要な貢献であった。くわえて，エアパワー理論だけでなく，軍事理論全体をより論理的に一貫したものにした。それはまた，1990年代のエアパワー理論家のための基盤を作った。彼らは，湾岸戦争やバルカン半島における戦争で行われた航空戦役に関する彼ら自身の分析の精緻化を可能にする一貫した理論的基盤を持っていた。ピーター・フェイバーは，核戦略とのつながりは，現代の通常戦力型のエアパワー理論を再活性化する上で不可欠であったと主張する（Faber 2002: 87）。核戦略とのつながりは，「エアパワーが鈍器というより総力戦における破壊を目的とした道具であるという認識の進化を象徴した。その代わり，エアパワーは他者を抑止し，強要し，強制する道具として機能する潜在能力を持っている」。冷戦は終結したが，核戦略の論理は依然として有効であり，かつきわめて重要であることを忘れるべきではない。超大国の弾薬庫にある核弾頭の数は減少したとしても，より多くの国家が核兵器を取得することで，実際には核戦略の論理は以前にも増して関連性を増すことになるだろう。

通常戦争における空軍の独立的役割の再発見

1980年代を通して，アメリカにおけるエアパワー理論の発展は停滞した。アメリカ戦略空軍や戦略爆撃支持者と，当時新たに発表された統合運用と陸軍との緊密な協力を規定したエアランド・バトルのドクトリン支持者との間で，エアパワー理論の見方は徐々に凝り固まっていった。その頃，ジョン・ワーデン（John Warden）は1986年に『航空戦役――戦闘のための計画（*The Air Campaign: Planning for Combat*）』という著書を出版した。ワーデンの著書は，アメリカにおける従来のエアパワー理論を一新し，議論の行き詰まりを打開するという絶大な効果をもたらした（Olsen 2007; van Creveld 2011: 241-2; Fadok 1997）。ワーデンは，広く普及しているエアパワー理論は知的袋小路状態にあり，現代戦における空軍の潜在的効果を抑制していると主張した。ワーデンは敵の重心に対する独立した通常兵器による戦略攻撃は，戦いにおける決め手となりうると主張した。つまり，ワーデンは敵の指導者（または少なくとも通信）を攻撃することは，その軍隊を麻痺させ，敵対する部隊を崩壊させることになるだろうと主張したのである。これは，明らかに斬首作戦に区分される。ワーデンは，軍隊に対する戦略爆撃にはとくに批判的であった（Warden 2000: x, 1995: 13-14)。ワーデンの理論と1930年代にACTSによって開発された「工業的ウェブ理論」の間には多くの類似点があった。たとえば，ワーデンとACTSは敵がシステムとして運用されるものと仮定した。両者は，いわゆるエアパワーの攻撃的性質を強調し，敵のインフラ破壊が成功の鍵であると理解した。しかし，両者には違いもあった。

ワーデンの理論には，主な前提条件が2つある。第1に，彼はジョン・ボイド（John Boyd）の意思決定サイクル理論は正しい，という前提に立っている。この前提がなければ，敵の指揮統制システムに対する攻撃が，敵システムの崩壊をもたらすことになると結論づける根拠がなくなる。つまり，第7章で議論したように，ボイドの意思決定サイクル理論によれば，新たな意思決定状況により良く対応することで，アクターは新たな意思決定サイクルの速度を上げることになり，相対的有利を獲得するだろう。最終的には，対応が遅いアクターは不意を突かれ，必要な決定を下すことができず，崩壊する可能性がある。ワーデンは敵の通信システムや指揮統制を標的とすることにより，敵は弱体化し，ついには対応できなくなると示唆した。しかし，抽象化のレベルにおいて，ボイドとワーデンにはいくつかの相違があった。ボイドの論ずるアクターは個人であり，それゆえに意思決定サイクル理論は認知心理学に由来すると仮定する一方，ワーデンは集団のアクターにこの論理が適用されると仮定した。

第2に，ワーデンは敵をシステムとして特徴づけることが可能であり，システムの中核を斬首することにより，システムの麻痺を引き起こすことが可能であると考えた。1995年にワーデンは自らの議論をさらに発展させ，「システムとしての敵」理論を精緻にした。ここで，ワーデンはすべての有機的組織は同じ5つの基本要素から構成されると述べている点で，明快である。(1) システムを指揮する指導者，(2) システムのある部分から別の部分にエネルギーを変換するためのシステムの本質的要素，(3) システムを維持するためのインフラ，(4) システム内の住民，(5) システムを外部の脅威から守る武力。ワーデンはこれらの基本要素は，モデルの中心部における指導者とその周辺における保護

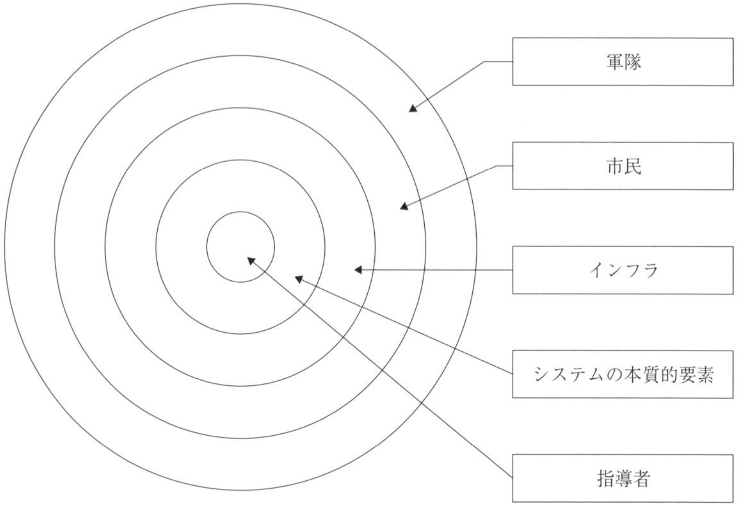

図 9.2　ワーデンの「システムとしての敵」モデル（Warden 1995）

力とを伴う５つの環として組織されると主張した。彼の主な理論的主張は，指導者や少なくとも指導者を支える通信と指揮統制が標的とされた場合，システムは崩壊するか指導者は孤立することとなり，外環は容易に破られるだろうというものであった。

現在に至るまで，ワーデンの理論は厳しい批判にさらされてきた。このモデルの論理が，大いに議論の余地がある隠喩に依存している点が指摘されたのである。たとえば，システムとしての敵の構成は，集合的なアクター（国家）が人間に似ているという前提に基づいている。この前提は，明らかに自明ではない。人間は新たな脳を育てることができない一方，国家は指導者の再生産や交換を可能とするオープンシステムである（Faber 2002: 56-7）。ワーデンの理論は，体系的な多数事例研究によって経験的に実証されたものではないという点を強調しておくことも重要である。多くのエアパワー理論家と同様にワーデンの理論は，航空作戦のすべてを表すものではなく，むしろ，彼の理論は技術的推論に基づいており，また，自分の理論に合うように選択された少数の事例の選択に基づいていると批判されている。この批判は，ワーデンの理論を反証するものではないが，ワーデンの理論が経験的に証明された理論ではなく，あくまで仮説にすぎないということを意味する。

ワーデンの批判者のひとりであるロバート・ペイプは，『勝利のための空爆——エアパワーと戦争における強制（*Bombing to Win: Air Power and Coercion in War*）』（1996年）の中で，斬首戦略が論理的かつ実践的な問題を抱えていると主張した。ペイプはさらに，現代の高度な精密誘導兵器でさえ敵の指導者の位置を特定し，うまく狙い定めることはきわめて困難であると主張した。その上，ペイプは敵を斬首することは逆効果であると述べた。ワーデンとペイプの両者が想定するように，戦争が政策の手段であるとするならば，戦争は敵に対してメッセージを送る手段となる。もし，敵の指導者を継続的に排除したならば，メッセージを受け取る者がいなくなる。その結果，敗北を自覚する指導者が存在する場合よりも戦争は長期化することになる。たしかに，戦争の最中に敵に新たな指導者を据えさせることはよい結果となる場合もあるが，裏目に出たという事例もある。理論的に言えば，新しい指導者の選好を評価することは困難である（Pape 1996: 79-86; Pape 2004: 116-30）。たとえば，キプロスでの大規模な暴動を恐れて，イギリス陸軍元帥ジョン・ハーディング（John Harding）は*Enosis*（1955年のギリシャ以外に住むギリシャ人によるギリシャへの移住活動）を目的としたキプロスのEOKA（イギリス支配に抵抗したギリシャ系キプロス人ゲリラ組織）活動の指導者と見なした者を投獄した。しかしながら，蓋を開けてみれば投獄されていたマカリオス大司教はEOKAの中道派に属し，これまで暴力を防止していた。ハーディングが試みた*Enosis*の斬首は，EOKAの手綱を強硬派のゲオルギオス・グリヴァスに与えることになり，結果的にキプロスでの暴力を誘発した。

ペイプは斬首よりも敵の軍隊を標的にしたほうが，より効果的であると主張した。その主張は，空軍のサークルの中で熱狂的な支持を得た（たとえば，Frankel 2001; Bratton 2003）。ペイプは，古典的なクラウゼヴィッツの手法を用いて敵から継戦手段を奪う限り，優位な立場で新たな平和の条件を決定することができると主張する。ペイプの主張とは，言い換えれば敵の軍隊を消耗させることで敵の政策オプションを遂行する機会を拒否することにより，最終的に敵は我にとって好ましい選択を行うことが保証されるというものである。ペイプによれば，このことは3つの主要な方法によって行うことができる（Pape 1996: 69-79）。第1に，エアパワーは地上部隊の前進を支援するために使われる。このことは，第6章の統合作戦で詳述してきた考えと同義である。エアパワーは，戦線の突破を促進する。第2に，エアパワーは戦略的阻止のために使用することができる。ここでは，敵の軍需品の製造ラインを攻撃することによって，将来的に戦場におけるより良い力のバランスを作り出すことができると考えられている。第3に，エアパワーは作戦レベルにおける阻止のために使用することができる。作戦レベルにおける阻止では，ロジスティクス支援や援軍が到着することを拒否することにより，前線部隊の能力を破壊することが想定されている。同様に作戦レベルにおける阻止は，より長期にわたる戦略的阻止よりも迅速な方法によって，より好ましい力のバランスを作り出す。

ペイプの理論は，「工業的ウェブ理論」の特徴や，及びジョン・スレッサーの敵軍隊を弱体化させる手段としての敵の阻止に関するアイデアのいくつかを共有している。多くのエアパワー理論とは異なり，ペイプの結論は経験的に実証されていることは強調すべきである（Horowitz & Reiter 2001）。ペイプの主張は，奇抜な技術的推論による多くのエアパワーとは全く異なる重要性を示している。しかしながら，ペイプの主張にはまだ問題がある。シェリングと同様に，ペイプは合理的アクターの前提に依存している。さらに，ペイプの事例研究の解釈では，第二次世界大戦中の連合国軍の一連の爆撃作戦によって，日本とドイツの意思決定が影響を受けた度合いについて，とくに批判されている（たとえば，Mueller 1998）。ペイプの理論は，大規模通常戦争においてエアパワーが果たす役割に関する説明にも非常に力を入れている。しかし，エアパワーはほかの文脈でも使用することができる。開戦にいたってない段階でエアパワーによる阻止が効率的な強制手段になるとは，とても思えない。

1990年代後半，エアパワー理論は発展を続けた。改良された精密誘導兵器と通信を伴う技術開発は，エアパワーがどのように戦争における勝利をもたらすかについての新たな思考のための道を開いた。2003年のイラク戦争まで実行はされなかったが，「効果に基づく作戦（effect-based operations: EBO）」，同時並行戦，急速な支配，「衝撃と畏怖」などの作戦概念はエアパワーの議論に大きな影響を与えた（たとえば，Deptula 2001; Davis 2001; Ullman & Wade 1996; Chisholm 2003）。これらの新しい思考のほとんどは，ワーデンの「システムとしての敵」理論から発展したものだが，技術進歩によってさらに洗練されていた。これらの仮説の中心となる主張は，ステルス技術や精密誘導兵器，より良い状況認識といったものが連続的な戦いの代わりに同時並行作戦を可能にした，というものであった。一度にひとつずつの標的を攻撃するために空軍を使用し，適切な攻撃順序の細部にこだわるよりも，新しいエアパワー理論家は同時並行攻撃を提唱した。同時交戦性は，ピンポイント攻撃によって可能となった。標的の破壊は，数十に及ぶ爆撃出撃数を必要としなかった。同時並行的に戦略的縦深を攻撃することによって，敵が損害から立ち直り重要インフラを修復する暇はなくなるだろうという仮説が立てられた。こうして，同時並行攻撃はシステムに衝撃波を作り出すだろう。現代のエアパワー理論は，攻撃目標選定の原則という点ではすばらしいが，想定される主体がアメリカであるという点で過度に偏っていると批判される恐れがある。説明力という点では，これは交絡変数を生み出す。勝利を説明するのは攻撃目標選定に関する仮説ではなく，比べ物にならないほどの総合的な軍事優越性を持つアメリカがアクターであるという事実なのかもしれない。アメリカ依存型のエアパワー理論は，これらの概念の実用性をも制約する。これらの概念を効果的に使用できるかどうかは，アメリカだけが使用することが可能な信頼に足る資本集約的なインフラ，衛星などを保有しているかどうかにかかっている。

デイヴィッド・デプチューラ（Deptula 1991: 3-13）によると，攻撃順序と，航空作戦に使用する航空機の一元的管理の問題に対する解決策は，いわゆる「効果を重視した理論化」ということになる。標的の集まりではなく効果の観点から考えることにより，焦点は破壊から戦争の目的に変化することが暗示される。それゆえ，個々の敵戦闘機を見つけて攻撃する方法を考える代わりに，防空システムを使用できないようにする方法を考えることに集中することが可能になる。攻撃目標順序を確立するために何百回もの警戒監視飛行を行う代わりに，敵の防空システムに電力を供給する発電所や変電所を標的にすることも可能になる。デプチューラは標的ではなく効果を考えることで，別の場面でも資源を自由かつより有効に利用することが可能になると主張する。この理論もまた，ステルス技術と精密誘導攻撃に依存している。変電所を攻撃するのに膨大な数の出撃と爆弾は必要ではないため，同時並行作戦は幻想というわけではないのである。精密誘導兵器の効果は軽く扱われるべきではない。たとえば，1991 年の湾岸戦争中に精密誘導爆弾を装備した攻撃機一機は，第二次世界大戦中に 9000 を超える爆弾を持った爆撃機 1000 機と同じ結果を達成したとされる。

軍事的文脈における効果を重視した理論化と EBO の本質は，敵の武器システムを破壊することではなく，動作を不能にすることで敵を攻略することにある。一方では，この考え方は努力の焦点を戦争目的に一致させることから，クラウゼヴィッツの理論に合致する。しかし他方では，効果を重視した理論や作戦は明らかにクラウゼヴィッツ的ではない。クラウゼヴィッツは敵の軍事能力の破壊と，和平を命じる立場に位置する必要性を強調しているからである。EBO はまた，敵のインフラ，輸送，指揮統制システムに関する卓越したインテリジェンスを必要とする。そのようなインテリジェンス能力を持つことができるかどうかは全く不確かである。さらに，EBOの論理は爆撃作戦による手軽で手っ取り早い見返りを約束している。しかし，針で刺すような精密攻撃がシステムの崩壊を引き起こすという考えには経験的に疑問がある（Echevarria 2001）。たとえば，アメリカの爆撃機は1953年に北朝鮮で，1968年には北ヴェトナムで発電所の90パーセントを破壊した。しかし，それらの国々の市民は反抗も降伏もしなかった。また，それらの軍隊も降伏しなかった。第二次世界大戦末期のドイツと日本では，連合国軍による爆撃の結果，人口の20パーセントが家を失ったが社会構造は崩壊しなかった（Pape 1996: 320）。最後に，戦争における合理主義理論やコストのかかるシグナルを考えると，ドローンやトマホーク・ミサイルによるピンポイント攻撃は，シグナルとして微妙すぎるかもしれない。実際，敵はこの限定攻撃を他愛もないものと解釈し，こちらが紛争に勝つ決心をしていないと結論づけるかもしれない。したがって，EBOの論理は一見効果的な強制の手段であるが，時には逆効果となる可能性もある。さらに，ピンポイント攻撃は戦争において予期せぬ出来事が起こる恐れを減少させる。軍事的手段における効率性の向上は，逆説的なことだが軍事力を行使するための能力を低下させる可能性がある。

●4 おわりに

ほかの軍事理論と同様に，エアパワー理論は規範的かつ説明的という２つの特性を有することが判明した。本章では，エアパワー理論を紹介し，さまざまな理論家がエアパワーと戦争における勝利との因果関係をどのように仮定しているのかを示した。エアパワー理論を戦略的な文脈に位置づけるために，戦争の目的は戦略爆撃軍の攻撃目標選定と爆撃順序のフローチャートにどのように変換されるべきかについて，これまでに多くの理論化がなされてきた。本章で論じた理論は唯一のものでもなければ，必ずしも最も支配的な理論でもなく，あるいは実際航空作戦を最も特徴づけるものではないことを強調しておきたい。空軍は主として陸軍を支援するものだと唱えている者が，その主張をドクトリンの中で制度化しているという点で最も成功しているということは，時に十分あり得ることだ。

説明的理論としてのエアパワー理論には，長所と短所の両方があることを本章は明らかにした。とくに，核兵器の出現以降，エアパワー理論は演繹的に妥

表 9.1　エアパワー理論における因果関係の概要（Faber 2002 より引用）

理論家	標的	メカニズム	効果
ドゥーエ	市民	市民の蜂起	政府転覆または政策変更
ミッチェル	経済の中心	市民の蜂起	政府転覆または政策変更
ACTS	産業の結節	社会経済の崩壊	政府転覆または政策変更
トレンチャード	軍事装備品，輸送，ロジスティクス	作戦の麻痺	政府転覆または政策変更
スレッサー	部隊，補給，生産	能力の減殺	軍の敗北
シェリング	市民	漸次エスカレーション	政策の変更
ワーデン	指導者	斬首	指導者の麻痺による軍の敗北
ペイプ	部隊	前線部隊能力の減殺	軍の敗北
デプチューラ	システムに影響のある結節	部隊と機能の使用不可	システムの崩壊

当であり，かつ一貫している。それゆえ，これまで実行されたものよりも広範囲に渡る実証的検証には価値があり，かつ実現可能だと示されるべきだ。とりわけ，エアパワー理論は因果連鎖の仮説を招く上で全く見事である。もちろん，規範理論としてのエアパワー理論にも弱みと強みがある。たとえば，本章ではエアパワー理論において敵や戦略的文脈に関するより綿密な分析が欠如している点が，いかに問題になるかを強調してきた。一般的には，攻撃目標選定や，どのように敵を発見し，敵味方を識別し，目標の破壊を行うかについてより多くの焦点が当てられてきた。しかしながら，これまでは特定の標的を破壊する理由に焦点が当てられることは少なかった。

表 9.1 は，エアパワー理論の多くを要約し，その中で提示されてきた因果連鎖を強調したものである。これまで指摘したように，これらの理論の多くは体系的な経験的研究においては実証されてはいない。むしろ，仮説の集合体として理解されるべきである。このことは時に，エアパワー理論家は社会科学者というよりむしろ，主として空想家や予言者であるという批評を生んだ（Holley Jr. 1997: 579-99）。しかしながら，因果関係を証明するための実証研究の欠如は，幅広く捉え考えなければならない。エアパワーの先駆者たちもそうあるが，とりわけ核戦略家は単に実証に必要な経験的データを持ち合わせていなかっただけなのである。1911 年にはすでにイタリア人がトルコの部隊に対する爆撃を試みたし，1917 年の夏にはドイツがロンドンを爆撃したものの，スペイン内戦やとりわけ第二次世界大戦までは大規模な戦略爆撃は行われなかった。

初期の経験的証拠の欠如は，技術が理論に追いついた時に初めてエアパワー理論が機能するという考え方を生み，その提唱者の意見を擁護する動きにつながった。したがって，ドゥーエとミッチェルによる戦間期の理論は，精密誘導兵器が登場する1990年代になって，ようやく実証されたという指摘さえ存在する（Meilinger 2003: 8）。経験的データの欠如は，実務家にとっても問題である。とくに，多くのEBO支持者が主張するように計画策定手順は，複数の因果関係で構成される因果連鎖を評価するのに必要だが，その作成には，非常に多くの時間がかかる。また，エアパワー理論は，潜在的効果を誇張しているようにも思われる。戦略的地域爆撃を提唱する者は爆撃による心理的効果を過大評価する一方で，ピンポイント爆撃によるシステムの崩壊を支持する者は，現代国家の回復力を過小評価する傾向がある。

Q 論点

1．エアパワーは，本質的に攻撃的なのか。
2．航空優勢はどの程度，現代戦争における勝利の前提条件となるのか。
3．エアパワー理論は小国，中級国，大国にどの程度妥当するのか。
4．エアパワーは，テロリストや非国家主体に対する勝利にどのように貢献するか。
5．エアパワー理論の主要原則を検証する経験的研究を，どのようにデザインすることができるか。
6．戦争の，どのレベルにおいてエアパワーは最も重要か。

第10章

戦争の力学──いくつかの結論

● 1　はじめに

本書は，戦争と戦闘の理論について探究してきた。本書では古典的または現代の軍事理論と，理論を構成する概念，そしてそれら概念の相互関係性に注目して，理論の紹介をしてきた。とりわけ，戦争の力学を学ぶ上での２つの鍵となる問題，すなわち戦争の本質と，いかにして戦争に勝利するかという問題に焦点を当ててきた。さらに，戦争と戦闘の理論に関する最も重要な議論についても概観し，そういった理論とその主張について継続的に批判し分析することを狙いとしてきた。戦争と戦争の力学を，いかに理解するか。それが，本書の一貫したテーマである。本書を締めくくるにあたり，軍事理論の一般的な主題における中心的な議論についてまとめておこう。そして，戦闘のレベルが戦争の遂行を理解する助けとなること，力の概念が戦争と戦闘を分析するにあたって有益となること，社会科学の方法論が戦争と戦闘のよりよい理解に貢献できること，戦争の理論と実践は相互互換性があることについて詳述する。最後に，戦争の力学を分析するための枠組みを概説することによって，本章を終えたい。

● 2　軍事理論と戦争のレベル

本書を貫く第１のテーマは，戦争のレベルという概念である。戦争を戦略，作戦，戦術の３つのレベルに分けることは，戦争の遂行をよりよく理解するための分析ツールとして，一般的に理解されている。しかしながら，戦争のレベルという概念は，複雑な現実を理解するための分析的な目的に役立つだけではなく，より直接的で実践的な目的を持っている。つまり戦争のレベルは，一般論として指揮のレベルを同時に考慮するため，いかに軍隊を組織し戦争を準備するかという点において決定的に重要な意味を持つ。このように戦争のレベルとは，戦争を分析・理解する方法であるだけでなく，戦争を計画・遂行するためのツールでもある。

戦争と戦闘を理解しようとするとき，戦争を3つまたは4つのレベルに分けて分析することは，複雑な問題をより簡単に理解するために有益である。各レベルとその相互の関係とを理解することで，戦争全体をよりよく把握できる。さらに，レベル別の分析は理論の精密さを増すとともに，学問的な議論を促進する。たとえば，勝利は戦略レベルと戦術レベルでは違った形で表れる。すなわち，戦争のレベルという概念を用いることで，戦略と戦術の区別を明確にし，勝利の持つ意味をより正確に概念化できる。

戦争のレベルは，つねに変化してきた。この変化は，それぞれのレベルの名称，内容，数のいずれにも関わってくる。近世の西洋社会における軍事思想は，ほとんど戦術レベルにしか関心がなかった。しかし，18世紀にかけて戦略レベルという概念が次第に認識されるようになってきた。戦略と戦術という二元性は，ジョミニとクラウゼヴィッツの論理的思考の中心であった。ジョミニは，戦略とは「地理における戦争の術《アート》」であり，戦術とは「戦場における戦争の術《アート》」であると区別した。一方，クラウゼヴィッツは，戦略は「戦闘を戦争の目的のために使う術《アート》」であり，戦術は「戦闘において軍隊を使う術《アート》」であると述べた。このように戦争を各レベルに分けて考えることは，軍事の理論的な議論をより精密なものとした。技術，工業，経済の発展に伴って，次第に3つまたは4つの戦争のレベルを含む理論的な議論は，一般的になっていった。たとえば，第4章で述べたように，アメリカはヴェトナム戦争での失敗から，軍事力，戦略目標，戦術的手段の調整を最適にするもの，すなわち戦略と戦術とをつなぐ作戦レベルの必要性を再認識することになる。

戦争のレベルがいかに増減するかについて，これまであまり解説されていなかった。例外のひとつが，クリストファー・バスフォード（Christopher Bassford）の議論である（Bassford 1997: 21）。バスフォードによると，戦争の中間レベルは「管理上の問題であり，紛争における戦術的な作戦と政治的な影響との間の距離を埋める唯一の組織的な対応」として理解されるのがベストである。要するに，戦争とそれに参加する軍隊が大規模になればなるほど，戦争のレベルという概念は政治指導者と指揮官たちによって取り入れられてきたのである。第二次世界大戦のような大規模な戦争において，政治的成果を達成するには，多くの戦術的な戦闘を必要とした。したがって，より多くの戦争のレベルが必要となる。他方で，より限定された小規模紛争においては政治的，戦略的な成果はもっと小規模な部隊，ときには個人によってさえ達成される。したがって，必要な戦争のレベルの数はより少なくなる。2001年9月11日の世界貿易センターとアメリカ国防総省に対するテロ攻撃は，わずか数人によって行われたものだった。しかし，9・11事件は，戦略的かつ政治的な問題をその後10年近くにわたりもたらすことに成功した。また，1914年6月のサラエボでのオーストリア皇太子フランツ・フェルディナント夫妻の暗殺も，ひとりあるいは数人によって行われたひとつの事案が，巨大な政治的衝撃をもたらした事例である。

このように，戦争のレベルの変化とその相対的な有用性は，戦争と戦闘の発展と密接に関連している。19世紀に軍隊の規模が大きくなるにつれ，戦争のレベルの数の増加が観察されたが，20世紀後半のミサイル，航空機，通信手段の技術的変化は，戦争のレベルの数をむしろ圧縮した。今日の政治指導者たちは，50年前には中隊もしくは小隊の指揮官が担当していたようなレベルの決断に，直接介入する機会がはるかに増えてきた。この技術の発展は，政治的リーダーシップの説明責任を増加させるために支持される一方で，政治指導者たちに軍隊の使用の増加を促す可能性がある（Betts 2012）。交戦国間の相互作用と，お互いを打ち負かそうと戦う戦争での内なる力学は，戦争の様相を変え続けるだろう。また，新たな戦闘の手段と技術発展の加速は，われわれの暴力を管理する方法に挑戦し続けるだろう。そして力の本質の変化とともに，軍事組織と戦争のレベルも変化していくであろう。

● 3　軍事理論と軍事力

軍事理論の第2の大きなテーマは，戦争とその遂行は，軍事力の行使として理解しうるということである。戦争を行うということは，力の行使のひとつの手法である。この観点からすれば，戦争の遂行はほかの社会的・政治的現象との相違点よりも，共通点のほうが多い。このように軍事理論は，政治学や社会学といった関連分野における力の研究の深い理解につながる。力の概念は政治学や社会学の分野で熱く議論されている。また，軍事関連研究をより豊かなものにしてくれる多くの概念と理論的アプローチが存在している。第1章では，ロバート・ダール（Robert Dahl）とトーマス・シェリング（Thomas Schelling）による力の理解が，強制，抑止，そしてあからさまな暴力（brute force）の概念にどうつながっているのかについて述べた。これは，軍事理論がより学術的に発展した分野の助けを借りることによって，いかに恩恵を受けるかという一例に過ぎない。たとえば，スティーヴン・ルークスが用いた力の3つの次元による区別に従い，同様の方法で軍事力について描くことができる（Lukes 1974）。

第1の次元は，自分が望むことをするように，他者に影響を与えることである。これはいわゆる「力（power）」という言葉とほぼ同義であり，最もよく研究されているものである。このように，力の第1の次元は，既存の軍事理論において最も明確に表現されているもののひとつである。政党政治を例にとると，多数派は投票を通じて少数派を制している。軍事力は，相手の軍隊を破壊し，降伏させようとするものである。さらには，それによって来るべき平和の条件を強制することができる。陸上や海上における決戦の概念は，このような力の明確な表現である。軍事力の第1の次元は，力の積極的な行使だけでなく，力の行使に対する脅威も含んでいる。それゆえに，強制と暴力に関する文献は，力の第1の次元を理論化する上でのさらなる具体例について述べている（たとえば，Schelling 1966; Freedman 1998）。

軍事力の第2の次元は，相手のアジェンダに影響力を及ぼし，決定を下させない力を含んでいる。これは，決めるべき問題をコントロールすることによって，直接的な影響を避けるような力の形態である。再び，政党政治を例にとってみよう。力の第2の次元は，たとえば政党が特定の政策を追求するよう追い込まれる敗北を避けるために，エリートが党大会の前には議論の余地のあるアジェンダを加えない，というようなことである。他者にその力を示す機会を拒否することによって，この場合のエリートは力の第2の次元を利用している。軍事においても，このような力はよく用いられる。おそらく最も顕著な例は，さまざまな形態の抑止である。相手が最適な戦略を選択できないようにすることで，効果的に相手のとりうる選択肢を減らすことができる。海軍における艦隊保全主義や海上封鎖はその一例である。このように軍事力の一貫性と精強性を維持することによって，相手の自由な選択を拒否するような脅威をつねに与えることができる。

力の第3の次元は，われわれの考え方に作用する力である。これは本質的に，力が行使されたことに気づかれることなく，相手に影響を与えるということである。相手の心理的なスキームや精神的な枠組みを形作ることによって，相手がどのように何を考えるのかを操作する。たとえばルーチンを作成することで，相手の意思決定に影響を与え，自分の望むある種の価値観やアイデンティティさえも作ったり，相手の心に抱かせたりすることもできる。このように，相手は実際には影響を受けているにもかかわらず，自らの自由意志に基づいて行動していると考えるかもしれない。力の第3の次元は，軍事的な思考と実践の双方においてみられるものである。戦略的ナラティブ，情報戦，そして規律によって部隊間の強い結束を作り上げることは，すべてこの次元の力に属している。情報を操ることで，相手の考え方を条件づけることができる。こういったことは，相手が戦場で因果関係をどのように考えているかを構築するという点で起こりうることであり，それは，可能な選択肢に対する相手の理解に影響を与えたり，究極的には相手が政治的な目的をどのように理解しているかを形成することによってなされる。さらに第3の次元の影響に関する研究の例として，戦略文化に関する研究（第3章）と戦争の力学の鍵となる模倣の論理が挙げられる（267頁を参照）。

● 4　軍事理論と方法論

軍事理論の第3の中心的テーマは，科学的方法論である。軍事理論の論拠とみなされるべきものは，何だろうか。方法論に関する仮説は，どのようにわれわれが学ぶことの実体を形作るのだろうか。われわれが何を知っているのかを，どのように知るのだろうか。ひとつの例は，どの程度攻撃目標選定のパターンから推論を引き出すことができるかである。複数の目的を頭に入れながら何かを爆撃するとすれば，攻撃目標の選定パターンの因果関係を検証することが難しくなり，これは明らかに問題である。

方法論は，理論化の精度を向上させるツールであるだけでない。方法論は，軍事理論全般の発展にも貢献するため，この分野においても重要である。これまでのところ，理論化の進展は戦争の遂行の変化に起因する，と本書では主に強調してきた。要するに，戦争の歴史における大きな変化は，理論がどのように発展するかを説明することができる。しかしながら，科学界にとっては知識の発達という「内的」原因もある（Kuhn 1996; Shapin 1995）。戦争の技術や技法の経験的な発達を通じて理論の変化を説明するのではなく，これは，隣接する分野の知識の発展も，戦争研究を通じた戦争の理論化に影響を及ぼしていることを示唆している。たとえば，1940年代と1950年代の経済学と数学におけるゲーム理論の発達は，軍事的な強制と抑止に関する画期的な理論へとトーマス・シェリングを導いた。同様に，ガットが示したように，18世紀後半の啓蒙主義の理想は，ジョミニとクラウゼヴィッツに関する議論の多くの部分を形作った（Gat 2001）。方法論的な問題を理解し，それにアプローチする方法によって，私たちが知識を得ることができると考えるものに対しても影響する。たとえば，カリヴァス（Kalyvas 2003）は，内戦という現象にどのようにアプローチするかによって，紛争が地方と全国のどちらの不満によって引き起こされているのか，すなわち地元の関心事や社会的関係のために個々人が反抗しているのか，それとも全国的な政綱が反政府勢力を動員させているか，その考え方が変わってくると述べている。

しかし，ほかの分野からアイデアを借りるということは，それほど単純なことではない。最も重要なのは，広く受け入れられている知識に挑戦し，軍事理論における正当な知識として何が重要かを問う作業である。この問いは，そのために戦闘経験が必要な要件か否か，つまり戦争について有効な知識の主張をするために戦争を「ただ学ぶ」ことができるか否かということで，しばしば行き詰まっている。この問題の重要性を，過小評価すべきではない。著名な軍事史家のジョン・キーガンは，数多くの評価の高い戦闘の研究を著している。その中で彼は，たとえ戦闘の経験がなくとも，戦闘について重要なことを探究できることを強調している（Keegan 1991: 15–78）。ローレンス・フリードマンでさえ，最近まで戦闘に関する民間アナリストが軍事部門から大きな疑念を抱かれていた，と述べている（Freedman 1985: 29）。一方では，戦闘の経験は，戦争を深く理解するために必要であるといえる。他方，個人の経験する範囲は狭すぎるし，戦場の厳しい経験を熟知しているがゆえに，かえって戦争の将来的な予測が制約され，先入観をもってしまう恐れもある。このため，第一次世界大戦中の西部戦線における塹壕戦の経験を持つリデルハートは，戦闘経験が必要であるという考えを否定している（Liddell Hart 1991）。

> 直接的な経験は，そもそも理論または応用の適切な基礎を作るには，あまりにも限定されたものである。よくても，それは思考の構造をドライで硬直したものにしてしまう。間接的経験の価値の高さは，その多様性と程度にある。「歴史は普遍的な経験である」。つまり，その経験は誰かひとりのものではなく，さまざまな人間が多様な条件のもとで経験したものだからである。
>
> （Liddell Hart 1991: 3–4）

戦争は複雑なものであり，戦争を術《アート》であると理解すべきだ，という議論もしばしば熱く語られる。そのために，社会科学の方法論が戦争と戦闘を理解するのにどれほど役立つのかという疑問も投げかけられている。この問題が引き続き重要であるということは，クラウゼヴィッツからフラーに至るまで，多くの軍事理論家たちが議論し続けているという事実が示している（Clausewitz 1993: 172-4）。フラーは，次のように自書で強調している（Fuller 1926: 36）。

> 戦争はほかのすべての人間活動と同様に，科学的に検討されており，まさに検討の真っ最中である。戦争とは何であるかではなく，戦争に関する実践的な知識が求められることは疑問の余地がない。というのは，あらゆる研究はそれが関係する事柄の性質によってではなく，その知識を追求する手法によって，科学として分類されるべきであることは，周知の事実であるからだ。

フラーは，科学的に研究できるかどうかを決定するのは研究対象の性質ではない，という近代的な議論を唱えている。しかしながら，この議論が有効か偏ったものかどうかを決定するのは，むしろ中立的な方法でデータを蓄積し，このデータを体系的に分析するプロセスである。

このように方法論は，私たちの知識と理論の質に影響を及ぼすため，きわめて重要である。この主張の重要性を説明するために，戦争の研究におけるいくつかの共通する方法論的な問題について，簡単に述べてみよう。第1に，理論的な主張を体系的に検証するのではなく，経験的な例を都合よく選んで証明したかのようにみせるのは，よくあることである。したがって，事例の選択が重要となる。ラッセル・ウェイグリーは，よく引用される自身のアメリカ流の戦争方法の分析のなかで，南北戦争，第一次世界大戦，第二次世界大戦，朝鮮戦争などのアメリカが関与した戦争の例を分析している（Weigley 1973）。ウェイグリーは，アメリカは技術と物量，そして圧倒的な火力によって戦争を遂行し，相手を完全に打倒することを目的としていると結論づけている。しかし，問題はウェイグリーの示した例が，アメリカの戦争方法を代表するものではない，ということである。マックス・ブートは，小規模戦争におけるアメリカの戦闘を事例として選ぶことで，アメリカが関与している戦争のほとんどは，さほど野心的なものではないとした（Boot 2002）。ブートによると，米軍は戦闘員ではなく，むしろ「ソーシャルワーカー」のように行動することが多いと強調する。第2に，理論化においては，一般化しようとする野心と歴史的還元主義のバランスをとる必要がある。これが示しているのは，理論化の野望は物事を一般化することであるが，それはきわめて慎重に行う必要があるということである。よくある問題は，私たちが歴史的事例を分析するときに現代の分類を過去に当てはめる傾向があることだ。冷戦時代，アテネとスパルタの間のペロポネソス戦争を，アメリカとソ連の2つの冷戦大国間の関係に類型化することが一般的であった（たとえば，Lebow & Strauss 1991 を参照)。第3に，歴史的な文章の解釈に固有の問題がある。われわれは現代の関心事と無関係に，歴史的な文章を解釈することができるだろうか。文脈に縛られてはいないだろうか。たとえば，われわれは孫子やウェゲティウスの住んでいた世界を知らずに，彼らの古典的な軍事理論を理解することができるだろうか。そして，これらの考えや言葉を現代語にどのように翻訳すればよいのだろうか。

● 5　理論と実践としての軍事理論

軍事理論の最後の中心的テーマは，一方では学術的な説明と主張を行い，他方では実務家に指針を与えるという，2つの目的に関連するものである。さまざまな理論に関する議論を通じ，本書では分析上の目的から，これら2つの目的は別個に考えられてきた。理論を実務上の手引きとすることへの批判については，第3章と第5章において，戦争は本質的に相互作用的かつダイナミックな現象であり，どの交戦国も単独で戦争をコントロールすることはできないと指摘した通りである。これは，特定の理論に隷従すれば相手に行動を予測されやすく，したがって敗北しやすい，ということに論理的に帰結する。また軍事理論は，論理的一貫性が欠如している点と，経験的に検証しがたいという点とをつねに批判されてきた。しかしながら，議論されるべき最後の疑問は，理論と実践を区別することは実りあるものなのか，そもそも可能なのか，ということである。説明的目的と規範的目的は，単にひとつのコインの表と裏なのだろうか。

分析的には，理論を実践から区別することは可能である。しかし，それは存在論的な意味では不可能である。このような観点から，学術的卓越性と理論的厳密性，及びその実用性の追求とを区別することは，現実的ではない。因果関係が決定できれば，実務家にとっても有益な知識となる。さらに，理論と実践との区別は実証的な事実ではなく，アイデアそのものである（たとえば，Smith et al. 1996: 1; Smith 2004)。したがって，軍隊が戦術的困難を解決する方法は，指揮官がとるべき解決策の反映にすぎない。このような観点からすれば，理論は解決策を可視化することによって，可能な行動をとれるようにする契機である。それは同時に，ほかの解決策を思いつくことを妨げてしまう知的な陥穽でもある。理論は，われわれが見たものをどう分類し知覚するかを左右する。したがって，実際の解決策はつねに「理論の積み重ね」である（Quine 1953; Carr 1964: 11; Waltz 1979: 1-17; Popper 1970: 52)。同時に，戦争を実行するという実践は，理論の発達にとって最も重要な源泉となる。これは，理論は「実践の積み重ね」であることを意味する。

このように，理論と実践とはひとつのコインの表裏であると表現できる。軍事理論は，実用的な有用性と説明上の有用性のどちらか，という二択ではない。軍事理論は，むしろ双方の目的を達成する手段である。同様に，ロバート・コヘインは，理論と実践とを区別することは不可能であると主張する。コヘインは，「残念なことだが，理論や，理論の代替となる暗黙の仮定や主張の助けを借りることなく，世界政治の複雑さに対処することはできない」ため，理論は不可欠であると示唆している（Keohane 1986: 5)。アーノルド・ウォルファーズもまた，次のように述べている（Wolfers 1962: xiii–xiv)。

> ドイツ人が*Fingerspitzengefühl*（指先の感覚）と呼んでいる直感的な感覚の役割を，過小評価することは愚かではないだろうか。理論的な主張なしにやっていけると信じるのは意思決定者の妄想である。もっと注意深く考察すれば，意思決定者の直感は知的真空から出てくるのではない。むしろ実際には，何らかの一般化に基づいているということがわかる。……したがって，ある選択は理論所在と理論無所在の間から生じるのではない。冷静な分析に基づく知的で洗練されかつ客観的な理論的主張と，粗削りで当たり外れのある「理論」との間から生まれる。

もし理論がなければ，政治と同様に戦争と戦闘は，単なる偏見や直感，未確認で無根拠かもしれない因果関係によってコントロールされる危険性がある。軍事理論は，ほかの社会科学理論と同様に，将来の戦争の発達を完璧に予測する輝かしい学問的実績ではない。しかし，少なくとも科学という本質的に重要な次元に信頼を置くことはできる。つまり，科学的なプロセスによってあまりにも広い結論が，戦争の研究において導き出されることを防ぐことが可能となる。

軍事理論は説明的かつ規範的なものであると仮定すれば，軍事理論の実用性をより正確に認めることができる。第１に，軍事理論は軍の指揮官教育に貢献し，指揮官の決定を部分的に左右する点で，理論は間接的な有用性を持つ。そのような推論の例は，クラウゼヴィッツの理論において見出すことができる。クラウゼヴィッツは次のように述べている（Clausewitz 1993: 163）。

> 理論の存在によって，人は材料を整えそれに取りかかるたびに一から作業を新たに始める必要がなくなる。つまり，人は作業を始める前に整然とした準備を整えることができる。これは将来の指揮官の心を教育すること，より正確にいえば，彼を戦場に連れていくのではなく，自学自習に導くことを意味する。

同様の議論は，コルベットとほかの多くの人々によって行われている（Corbett 1988: 3-4, 6）。たとえば，フランスの陸軍元帥フェルディナン・フォッシュは，次のように述べている。「歴史学は，具体的な戦争体験の準備，指揮技能の習得，そして最終的には，長い熟考なしに適切に行動する習慣を植え付ける可能性を生み出す」（Johanson 1988: 14）。19世紀のドイツ首相オットー・フォン・ビスマルクも，経験の重要性について同様の見方をしており，次のように述べている。「愚者は経験から学び，賢者は歴史に学ぶ」と。

第2に，一般的な科学としての軍事理論は，直接的な実用性を持ちうる。たとえばジョミニは，戦争の遂行において科学の重要性を認めていないという点で，クラウゼヴィッツを強く批判した（Johanson 1988: 51-2）。ジョミニは，科学は戦争の理解を深めるだけでなく，戦争の効率的な遂行にも貢献すると述べている。このような意見を述べているのは彼一人ではない。核戦略とエアパワー理論の双方で見てきたように，科学と技術はさまざまな標的方法を支える上で，重要な役割を果たしている。クラウゼヴィッツとジョミニの両者は，理論的知識に実用性があると当然とみなしている。つまり，一般化できる現実の特徴が存在し，実験に基づいた状況に対して理論を試すことができることを前提としている。しかし，歴史の流れは仮説を検証するための実験室と見なすことはできない。一方で，歴史は仮説を検証し，理論を生成するために用いることができるという現代の社会科学者もいる（たとえば，Rosecrance 1973: 25）。クインシー・ライトは，彼の記念碑的な著書である『戦争の研究（*A Study of War*）』において，適切な視点をとれるならば一般化は可能であると述べている（Wright 1941: 438-49）。紅葉し木から落ちる葉は，それ自身としては唯一の葉であるが，木にとっては唯一の葉であるわけではない。また一方では，厳密に同じ条件やアクターを制御された方法で再現することはできないため，歴史は社会科学の実験を再現することはできないとの主張もある（たとえば，Gaddis 1997）。

● 6 戦争の力学における 2 つの視点

ここまで軍事理論の主要なテーマを要約し，詳述してきた。結論として，戦争の力学に関する 2 つの競合する視点を概説できる。クラウゼヴィッツが主張し理論化したように，これらの 2 つの理論的枠組みの双方とも，特定の戦争の展開は，その戦争における相互作用によるところが大きい，という仮定において一致している。軍事的適応は，軍事組織の内部特性や戦略エリートの構成と意思決定手続きといった要因によって説明できるが（たとえば，Murray 2011; Horowitz 2010; Grissom 2006; Farrell et al. 2013），これら双方の枠組みは，いずれも相互作用の重要性を強調しているのである。

戦争におけるエスカレーションと適応

伝統的に，戦略と戦争の力学は，エスカレーションとその収束のサイクルを中心に置いている。この枠組みによれば，敵対しあう者たちは互いの行動に適応し，相手を克服しようとする。長い間西洋諸国は，相手よりも迅速かつ決定的に状況を段階的に拡大することによって，優位を獲得することに腐心してきた。政治的目標をどのように軍事目標に変換するかという戦略における中心的な課題は，敵の軍隊を打倒しようとすることによって解決されてきた。相手国の軍隊の敗北は，自国の思い通りに将来の平和の条件を指示することができることを意味した。もちろん，問題はどのくらいの力を，そしてどのような力を加えるべきかを事前に知ることは不可能ということである。さらに，もし自国が相手よりもはるかに弱く，しかしそれでも政治的な対立を余儀なくされた場合もある。その場合，相手国は軍事的な優位性ではなく，別の次元で状況を段階的に拡大することを選択するかもしれない。したがって，戦争におけるエスカレーションが異なる形で現れたとしても，アクターは相手の行動に応じて新しい戦いの方法に適応するというのが伝統的な学説である（たとえば，Schelling 1966; Smoke 1990; Posen 1984; Resende-Santos 2007; Buzan & Herring 1998）。

戦争のエスカレーションやそれに対する予測の結果として，戦争を遂行する新しい方法を導入すること自体は本質的に合理的な考えである。アクターは敵の行動に応じて，とるべき戦略を定める。本書で述べている理論の多くは，このような前提に従っている。たとえば，非国家主体が西洋諸国の比較優位を打ち消すためにゲリラ戦に転じたのは，西洋諸国の持つ軍事的優位性に対抗するためである。軍事的適応に関する文献は，軍事組織がいかに平時において計画と適応を行うかについてしばしば扱ってきた。このように軍事的適応を扱うことは，技術的な革新のみならず，鍵となる研究に革新をもたらした。しかし最近，戦時における適応の問題を研究する者もいる。戦時における適応という挑戦は多岐にわたっており，軍隊の内部組織と文化だけでなく，戦争の二面性という性質にも部分的に関係している。伝統的に，多くの軍隊は戦闘に勝利するには，兵士が上位者からの命令に厳密に従うことが重要であると考えてきた。しかしながら，命令に疑問なく従うという文化は，戦時における適応には向かない。なぜなら，適応とは臨機応変に行動を変えることを意味するからである（Murray & Millett 1996 を参照）。マーレーはこう述べている（Murray 2011: 1-2）。

> クラウゼヴィッツの言葉を借りれば，戦争は2人の対戦相手による複雑で相互作用的な決闘であり，競争である。戦争はその長さが不確実な現象であるがゆえに競争相手が敵の戦略や作戦，戦術的なアプローチに適応する機会がもたらされる。しかし，それは相互作用的であるがゆえに，戦術から戦略に至るまで，あらゆるレベルで争いの生じる可能性がある。したがって，戦場において生じる問題は一定ではない。 実際，そう頻繁ではないものの，争いの様相は驚くべき速さで変化する。

戦時における適応に関する一般的な説明は，この論理に厳密に従っている。従来の大規模な戦争における西洋諸国の軍事的優位性によって，非国家主体がその利点を無視できるような戦い方を追求しているという事実は，戦争のもつ相互作用の本質をよく示している。しかしながら，弱者の戦略の開発は，資源と軍事能力を考慮に入れなければ必ずしも意味をなさない。古典的な反乱と対反乱の理論は，反乱が強力な植民地支配力に対して相対的に弱いものであるという前提に基づいていた。最初は弱い存在が徐々に軍事力を蓄えていくことは，毛沢東や後のザップによる，国家解放に関する思想において不可欠なものであった。

しかしそれでも，適応の論理はお互いの力が非対称な状況のみに限定されるものではない。同程度に強いアクターが戦争において相互に作用し，相手の弱点につけこもうとし，相手を打ち負かすために互いに相手を凌ごうとする。冷戦の世代の戦略家たちが理解しているように，軍拡競争と抑止の双方においても，適応の論理を容易に見出すことができる。ソ連が新しいミサイル開発によって核兵器を刷新した後，アメリカとNATO諸国は，ソ連に適応し，対応しようとした。そして，適応のサイクルが再び始まったのである。

戦争における模倣と適応

戦争に関わる重要な力学であり，エスカレーションとまた別の概念として使用される戦略の変型が，「模倣（emulation）」である。戦略における模倣は，暴力や軍隊の規模を拡大して優位を得ることを試みるのではなく，当事者が戦争で互いに学び合い，お互いをコピーしあうことを指す。言い換えれば，戦争で起こっていることは，必ずしも政治的目標を達成する手段としての圧倒的な力の使用ではなく，政治的決着に至る道を拓くために，お互いが徐々に新しい共通の言語を開発し，話すことを学ぶような一種のコミュニケーションの形態である（近刊のHoningの *Winning Wars* を参照）。

この模倣に関する枠組みに関して，いくつかの点を強調しておく必要がある。第1に，脆弱な者だけが強者に対し戦略を適応させることを学ぶと考えることは誤解を招く。新しい言語は，当事者がお互い確かめながら，その相互作用の中で作っていくものである。このようにして，強者もまた同様に弱者から多くを学ぶであろう。さらに，もし力の使用を言語として考慮するならば，政治的に安定した戦後平和に至るためには，共通の言語が必要である。したがって，ブラニスラヴ・スランチェフ（Slantchev 2011）や一般的な交渉理論（たとえば，Reiter 2009; Blainey 1988）が述べている通り，両者はしだいに相互の選好について学び，確実にそれに従って行動を選択するようになる。したがって，模倣は，ある戦略的行動の共通の意味を見出すための鍵となる。段階的に学習し，相互の戦略を模倣することによって，両者は相互の規範を学び，力を政治的成果に結びつける方法を相手がどのように理解しているかを発見する。そして，両者が一定の規範に同意したならば，彼らは戦争の結果に力が影響を与える立場に立つだろう。このように，模倣は，敵対者同士をより強靭な平和に導くのである。

第2に，エスカレーションの論理とは対照的に，模倣の論理は本質的に構成主義的（コンストラクティヴィスト）である。アクターは，自らのアイデンティティを確認するために，戦争でお互いを模倣する。また模倣という行為と，そこから発生した相互作用を通じて，アクターはお互いを認識し，力がどう作用し，いかに紛争が平和的に解決できるかという共通の理解と共通の言語に到達するのである。構成主義者的な議論を用いた少数の文献のみが，大規模な軍事改革や全体としての軍事能力の獲得に焦点を当てている。たとえば，発展途上国における現代のハイテク戦闘機のような先進的兵器システムの普及である。これは，外部の脅威に対応するための計算された合理的な戦略的選択肢というよりは，現代国家としてのある種のアイデンティティを主張する行為として理解することができる，と指摘されている（Eyre & Suchman 1996; Ralston 1990; Angstrom & Honig 2012）。

第3に，模倣は互いの戦術，兵器，組織，戦略をコピーするものとして認識されているかもしれない。しかし，これらは戦略的規範の特定の部分の現れにすぎない。模倣を戦争の主要な力学として考える際に根底にある仮定は，アクターが戦争をどのように遂行するかは，アクターたちが戦略というものをどのように考えているかを反映している，ということである。また，どのように暴力を正統に使用するかや，自身についてどう考えているか，ということも反映している。ピーター・カッツェンスタインによれば，規範は規制的であるだけでなく構成的でもある（Katzenstein, 1996: 1–32）。この枠組みによれば，アイデアと規範によって，単なる戦争行為以外のものも決定される。むしろ，これらは，どんな行動が戦争を開始する行為と見なされるかに，影響を与える。マーチン・ファン・クレフェルトの言葉によれば，戦争は「それが何であるか，何でないか，そして何に関するものかを定めるルールがなくては，生起しない」ということである（van Creveld, 2008: 147）。規範の影響は，ある暴力に戦争や犯罪といった意味を与えるだけでなく，どのように軍事力が政治的目的に変換されるか，そしてどのように軍事力が創造されるか，といったことについて方向性を与える。規範が影響力を持つためには，規範を運用する者が必要である。戦略的規範についていえば，その役割を担うのは軍事組織である。たとえば，テオ・ファレル（Farrell 2005; Farrell & Teriff 2002; Farrell et al. 2013）は，安全保障問題を解決するために作られた組織に規範が組み込まれる，と主張している。同様に，エリザベス・キアー（Kier 1997）は，戦間期のヨーロッパにおける戦略的指導者たちが導き出した将来の戦争に関するさまざまに異なる結論が，当時それぞれの軍隊で支持されていた異なる規範に反映されているということを実証した。

軍事理論の理解

これら２つの枠組みの議論から，軍事理論をどのように理解すべきかについての観点を発展させることができる。まず，軍事理論は本質的に実用的なもの，つまり技能《クラフト》として理解することができる。ドクトリンのように，軍事理論は処方的，あるいは規範的でさえある。ドクトリンと軍事理論との違いは，単に前者が軍隊にとって重要であると組織から正式に認められている，という差にすぎない。軍事理論は，幕僚手続きや指揮の手続きを中心とした，内的な次元に焦点を当てるべきである。軍事理論は，現代社会科学の方法論の要件を満たすことではなく，特定の理論に従うことによって戦争で成功するかどうかが問われることになる。重要なのは軍事理論が説明力に富んでいるかどうかではなく，それらの理論を通じて軍事組織が成功するかどうかなのだ。

第２に，軍事理論は思想史として理解することができる。古典的な軍事理論が現代の科学理念に従うべきであると主張するのは合理的ではない。トーマス・ホッブズやジャン＝ジャック・ルソーの政治思想が，自然状態のようなものが存在していたことを経験的に実証できなかったからといって，われわれがそれらを放棄することはない。なぜ，ジョミニやクラウゼヴィッツにより高い基準を求めるのか。軍事の理論化は与えられた文脈の中で理解されるべきである。そして，この文脈が，私たちの探究する理論化とどのように相互作用するか，ということこそ興味深い研究対象である。したがって，軍事理論の適否は，思想の発達に伴って過去と現在について推論できるのかを問うことによって試される。さらに，軍事に関する理論化は，次世代の指揮官の教育に貢献しうるという事実のみによって，実用性を持つ。

第３に，軍事理論は社会科学の理論として理解することができる。したがって，それは経済学，政治学，社会学などのほかの社会科学と同じ尺度によって測られるべきである。理論は事象を説明し，予測することができなければならない。もし理論が，事象を説明したり予測できないのならば，より良い理論を追究し続けるべきである。軍事理論がエビデンスに基づいた実践を支持し，それを提供することができるのは，その説明力によるものである。

本書を通じ，戦争の２つの力学が，さまざまな領域，さまざまな戦争のレベル及びさまざまな種類の戦争でどのように展開しているかを描き出してきた。「理論」の概念に関する理解の差が，どのように軍事理論の実用性に関する結論の違いにつながるかということさえ見てきた。戦争や戦争行為を合理的かつ計算された現象として理解するのか，または戦争をルールによって制限されたアイデンティティに基づく現象として理解するのか。これらの間の緊張は，現代の軍事理論の多くに通底している。いずれの枠組みも，戦争がさまざまな形態や形状をとることだけを意味するのでない。戦争は実にさまざまな戦略や戦術が含まれていることをも意味している。これらの枠組み間の緊張と，規範的かつ説明的な軍事理論の二重の性質の緊張とが，軍事理論が今後も活発な研究分野であり続けるであろうことを保証している。軍事理論研究において，正統な知識の先端分野を継続的に議論すること，これを続けることこそが，軍事理論を引き続きエキサイティングで，価値があり，豊かなものにしていくことだろう。

Q 論点

1．軍事理論の将来の展望はどのようなものか。
2．ドクトリンは，どのように軍事理論に影響を及ぼすのか。また，その逆はどうだろうか。
3．文民も軍人も同様に軍事理論を研究することはなぜ重要か。
4．軍事理論は，何の歴史として最もよく理解されうるか。思想か，社会科学理論か，あるいは実務家の技術か。
5．理論化は，実践にどの程度依存しているのか，またその逆はどうだろうか。
6．戦争の力学はどのように理解するのが最も良いのだろうか，エスカレーションとして理解すべきか，それとも模倣として理解すべきか。

参考文献

Abrahamsson, Bengt (1972) *Military Professionalization* (London: SAGE).

Adamsky, Dima (2010) *The Culture of Military Innovation: The Impact of Cultural Factors in the Revolution of Military Affairs in Russia, the US and Israel* (Stanford, CA: Stanford University Press).

Afflerbach, Holger & Hew Strachan (eds.) (2012) *How Fighting Ends: A History of Surrender* (Oxford: Oxford University Press).

Agrell, Wilhelm (2002) *Svenska förintelsevapen: Utveckling av kemiska och nukleära stridsmedel 1928-1970* (Lund: Historiska Media).

Alexander, Joseph H. & Bartlett, Merrill L. (1995) *Sea Soldiers in the Cold War: Amphibious Warfare, 1945-1991* (Annapolis, MD: Naval Institute Press).

Alger, John I. (1982) *The Quest for Victory: The History of the Principles of War* (Westport, CT: Greenwood Press).

Allison, Graham T. (1971) *Essence of Decision: Explaining the Cuban Missile Crisis* (New York: Harper Collins).

Anderson, Benedict (1991) *Imagined Communities* (London: Verso).

Angstrom, Jan (2013) "The Changing Norms of Civil and Military and Civil-Military Relations Theory," *Small Wars & Insurgencies*, 24(2): 224-36.

Angstrom, Jan (2011) "Mapping the Competing Historical Analogies of the War on Terrorism: The Bush Presidency," *International Relations*, 25(2): 224-42.

Angstrom, Jan (2005) "Introduction: Debating the Nature of Modern War," in Jan Angstrom & Isabelle Duyvesteyn (eds.) *Rethinking the Nature of War* (London: Frank Cass).

Angstrom, Jan (2001) "Towards a Typology of Internal Armed Conflict: Synthesising a Decade of Conceptual Turmoil," *Civil Wars*, 4(3): 93-116.

Angstrom, Jan & Jan Willem Honig (2012) "Regaining Strategy: Small Powers, Strategic Culture, and Escalation in Afghanistan," *Journal of Strategic Studies*, 35(5): 663-87.

Angstrom, Jan & Isabelle Duyvesteyn (eds.) (2010) *Modern War and the Utility of Force: Challenges, Methods and Strategy* (London: Routledge).

Angstrom, Jan & Isabelle Duyvesteyn (eds.) (2007) *Understanding Victory and Defeat in Contemporary War* (London: Routledge).

Ardant du Picq, Charles (1987) "Battle Studies," in *Roots of Strategy*, vol. 2 (Mechanicsburg, PA: Stackpole Books).

Army Staff Field Manual (1962) *Heeresdienstvorschrift HDV 100/1 Truppenführung* (Bonn: The Federal Ministry of Defense).

Arntzen, Arent and Tor Olav Grotan (2011) "A New Chance for Network Centric Warfare in the Context of Modernity," in Karl Erik Haug & Ole Jorgen Maao (eds.) *Conceptualising Modern War* (New York: Columbia University Press).

Aron, Raymond (1985) *Clausewitz: Philosopher of War* (Englewood Cliffs, NJ: Prentice-Hall).

Arquilla, John & David Ronfeldt (2001) *Networks and Netwars: The Future of Terror, Crime and Militancy* (Santa Monica, CA: RAND).

Arreguin-Toft, Ivan (2007) "How to Lose a War on Terror: A Comparative Analysis of Counterinsurgency Success and Failure," in Jan Angstrom & Isabelle Duyvesteyn (eds.) *Understanding Victory and Defeat in Contemporary War* (London: Routledge).

Asprey, Robert (1975) *War in the Shadows: The Guerrilla in History*, vols. 1 and 2 (New York:

Doubleday).

Autesserre, Séverine (2010) *The Trouble with the Congo: Local Violence and the Failure of International Peacebuilding* (Cambridge: Cambridge University Press).

Avant, Deborah (2005) *The Market for Force: The Consequences for Privatizing Security* (Cambridge: Cambridge University Press).

Axelrod, Robert (1984) *The Evolution of Cooperation* (New York: Basic Books).

Baldwin, David A. (2002) "Power and International Relations," in Walter Carlsnaes, Thomas Risse, & Beth A. Simmons (eds.) *Handbook of International Relations* (London: Sage).

Ballentine, Karen & Jake Sherman (eds.) (2003) *The Political Economy of Armed Conflict* (Boulder, CO: Lynne Rienner).

Barany, Zoltan (2012) *The Soldier and the Changing State: Building Democratic Armies in Africa, Asia, Europe, and the Americas* (Princeton, NJ: Princeton University Press).

Barkawi, Tarak & Shane Brighton (2011) "Powers of War: Fighting, Knowledge, and Critique," *International Political Sociology*, 5(2): 126–43.

Bartlett, Merrill L. (ed.) (1983) *Assault from the Sea: Essays on the History of Amphibious Warfare* (Annapolis, MD: Naval Institute Press).

Bassford, Christopher (1997) "Policy, Politics, War and Military Strategy" (National War College), unpublished manuscript available online at www.clausewitz.com/strategybook/wholething.html (accessed April 7, 2014).

Baylis, John & John Garnett (eds.) (1991) *Makers of Nuclear Strategy* (London: Pinter).

Baylis, John, Wirtz, James, & Gray, Colin S. (eds.) (2010) *Strategy in the Contemporary World: An Introduction to Strategic Studies*, 3rd edn. (Oxford: Oxford University Press).

Beaufre, André (1963) *Modern strategi för fred och krig* (Stockholm: Prisma).

Beaumont, Roger A. (1993) *Joint Military Operations: A Short History* (Westport, CT: Greenwood Press, 1993).

Beckett, Ian F.W. (2001) *Modern Insurgencies and Counter-Insurgencies: Guerrillas and their Opponents since 1750* (London: Routledge).

Beevor, Anthony (2007) *Berlin: The Downfall 1945* (London: Penguin).

Beevor, Anthony (2009) *D-Day: The Battle for Normandy* (London: Penguin).

Bellamy, Christopher (1990) *The Evolution of Modern Land Warfare: Theory and Practice* (London: Routledge).

Bellamy, Christopher (1997) *Knights in White Armour: The New Art of War and Peace* (London: Pimlico).

Bennett, Huw (2013) *Fighting the Mau-Mau: The British Army and Counter-Insurgency in the Kenya Emergency* (Cambridge: Cambridge University Press).

Berkowitz, Bruce (2003) *The New Face of War: How War Will be Fought in the 21st Century* (New York: The Free Press).

Betts, Richard K. (2012) *American Force: Dangers, Delusions, and Dilemmas in National Security* (New York: Columbia University Press).

Betts, Richard (1997) "Should Strategic Studies Survive?" *World Politics*, 50(1): 7–33.

Betz, David (2012) "Cyberpower in Strategic Affairs: Neither Unthinkable nor Blessed," *Journal of Strategic Studies*, 35(5): 689–711.

Betz, David (2011) "The Mystique of 'Cyberwar' and the Strategic Latency of Networked Social Movements", *Strategic Insights*, 10(3): 85–105.

Biddle, Stephen (2007) "Toppling the Taliban in Afghanistan," in Jan Angstrom & Isabelle Duyvesteyn (eds.) *Understanding Victory and Defeat in Contemporary War* (London: Routledge).

Biddle, Stephen (2006) "Seeing Bagdad, Thinking Saigon," *Foreign Affairs*, 84(5): 87–104.

Biddle, Stephen (2004) *Military Power: Explaining Victory and Defeat in Modern Battle* (Princeton, NJ: Princeton University Press).

Biddle, Stephen (1998) "The Past as Prologue: Assessing Theories of Future Warfare," *Security Studies*, 8(1): 1-74.

Biddle, Stephen, Jeffrey Friedman, & Jacob Shapiro (2012) "Testing the Surge: Why did Violence Decline in Iraq in 2007?" *International Security*, 37(1): 7-40.

Blainey, Geoffrey (1988) *The Causes of War*, 3rd edn. (New York: Free Press).

Bobbitt, Philip (2008) *Terror and Consent: The Wars for the Twenty-First Century* (London: Penguin).

Boin, Arjen, Paul't Hart, Eric Stern, & Bengt Sundelius (2006) *The Politics of Crisis Management: Public Leadership under Pressure* (Cambridge: Cambridge University Press).

Bonaparte, Napolean (1985) "The Military Maxims of Napoleon,", in *Roots of Strategy*, vol. 1 (Mechanicsburg, PA: Stackpole Books).

Bond, Brian (1998) *The Pursuit of Victory: From Napoleon to Saddam Hussein* (Oxford: Oxford University Press).

Bond, Brian (1977) *Liddell Hart: A Study of his Military Thought* (London: Cassell).

Bond, Brian & Martin Alexander (1986) "Liddell Hart and De Gaulle: The Doctrines of Limited Liability and Mobile Defence," in Peter Paret (ed.), *Makers of Modern Strategy* (Princeton, NJ: Princeton University Press).

Boot, Max (2002) *The Savage Wars of Peace: Small Wars and the Rise of American Power* (New York: Basic Books, 2002).

Booth, Ken (1977) *Navies and Foreign Policy* (London: Croom Helm).

Børresen, Jacob (2004) "Coastal Power: The Seapower of the Coastal State and the Management of Maritime Resources,", in Rolf Hobson & Tom Kristiansen (eds.) *Navies in Northern Waters, 1721- 2000* (London: Frank Cass).

Bousquet, Antoine (2008) *The Scientific Way of Warfare: Order and Chaos on the Battlefields of Modernity* (London: Hurst).

Bratton, Patrick C. (2003) "A Coherent Strategy of Coercion? The Writings of Robert Pape," *Comparative Strategy*, 22(4): 355-72.

Brehmer, Berndt (2002) "Nätverkskrig för Sverige?" in Berndt Brehmer (ed.) *Krigsvetenskaplig årsbok 2002* (Stockholm: Swedish National Defence College).

Brigham, Robert K. (2006) *Is Iraq Another Vietnam?* (New York: Public Affairs).

Brodie, Bernard (1959) *Strategy in the Missile Age* (Princeton, NJ: Princeton University Press).

Brodie, Bernard (1949) "Strategy as a Science," *World Politics*, 1(4): 467-88.

Brodie, Bernard (1946) *The Absolute Weapon: Atomic Power and World Order* (San Diego: Harcourt).

Brodie, Bernard (1943) *A Layman's Guide to Naval Strategy*, 2nd edn. (Princeton, NJ: Princeton University Press).

Brooks, Risa A. (2008) *Shaping Strategy: The Civil-Military Politics of Strategic Assessment* (Princeton, NJ: Princeton University Press).

Brosché, Johan & Daniel Rothbart (2012) *Violent Conflict and Peacebuilding: The Continuing Crisis in Darfur* (London: Routledge).

Brown, Michael E. (1996) "Introduction," in Michael E. Brown (ed.) *The International Dimensions of Internal Conflict* (Cambridge, MA: MIT Press).

Brown, Michael E., Owen R. Coté Jr., Sean M. Lynn-Jones, & Steven A. Miller (eds.) (2011) *Do Democracies Win Their Wars* (Cambridge, MA: MIT Press).

Brown, Michael E., Owen R Coté Jr., Sean M. Lynn-Jones, & Steven A. Miller. (eds.) (2004) *Offense, Defense, and War* (Cambridge, MA: MIT Press).

Browning, Peter (2002) *The Changing Nature of Warfare: The Development of Land Warfare from 1792 to 1945* (Cambridge: Cambridge University Press).

Brownlee, Richard S. (1986) *Gray Ghosts of the Confederacy: Guerrilla Warfare in the West, 1861–*

1865 (Baton Rogue: Louisiana State University Press).

Buckley, John (1999) *Air Power in the Age of Total War* (London: UCL Press).

Buzan, Barry (1987) *An Introduction to Strategic Studies: Military Technology and International Relations* (London: Macmillan).

Buzan, Barry & Lene Hansen (2009) *The Evolution of International Security Studies* (Cambridge: Cambridge University Press).

Buzan, Barry & Eric Herring (1998) *The Arms Dynamic in World Politics* (Boulder, CO: Lynne Rienner).

Byman, Daniel (2005) *Deadly Connections: States that Sponsor Terrorism* (Cambridge: Cambridge University Press).

Byman, Daniel L. & Matthew C. Waxman (2002) *The Dynamics of Coercion: American Foreign Policy and the Limits of Military Might* (Cambridge: Cambridge University Press).

Byman, Daniel L. & Matthew C. Waxman (2000) "Kosovo and the Great Air Power Debate," *International Security*, 24(4): 5-38.

Cable, James (1994) *Gunboat Diplomacy 1919-1991 - Political Applications of Limited Naval Force*, 3rd edn. (New York: St. Martin's Press).

Callwell, Charles E. (1905/1996) *Military Operations and Maritime Preponderance: Their Relations and Interdependence* (Annapolis, MD: Naval Institute Press).

Callwell, Charles E. (1896/1996) *Small Wars: Their Principles and Practice*, 3rd edn. (London: Bison Books).

Carlyon, L. A. (2003) *Gallipoli* (London: Bantam Books).

Carr, E. H. (1964) *What is History?* (London: Penguin).

Castex, Raoul (1994) *Strategic Theories* (Annapolis. MD: Naval Institute Press).

Cebrowski, Arthur K., & John H. Garstka (1998) "Network-Centric Warfare: Its Origin and Future," *U. S. Naval Institute Proceedings*, 124(1): 28-35.

Cedergren, Anders (2005) "Doctrine, Expertise and Arms in Combination: A Reflection on the Iraq War," in Jan Hallenberg & Håkan Karlsson (eds.) *The Iraq War: European Perspectives on Politics, Strategy and Operations* (London: Routledge).

Chandler, David G. (2000) *The Art of Warfare on Land* (London: Penguin, 2000).

Chenoweth, Erica & Maria J. Stephan (2012) *Why Civil Resistance Works: The Strategic Logic of Non-Violent Conflict* (New York: Columbia University Press).

Childs, David J. (1999) *Peripheral Weapon? The Production and Employment of British Tanks in the First World War* (Westport, CT: Greenwood Press).

Chisholm, Donald (2003) "The Risk of Optimism in the Conduct of War," *Parameters*, 33(4):114-31.

Chwe, Michael Suk-Young (2013) *Jane Austen: Game Theorist* (Princeton, NJ: Princeton University Press).

Cimbala, Stephen J. (2001) *Clausewitz and Chaos: Friction in War and Military Policy* (Westport, CT: Praeger).

Citino, Robert M. (1999) *The Path to Blitzkrieg: Doctrine and Training in the German Army, 1920-1939* (Mechanicsburg, PA: Stackpole Books).

Citino, Robert M. (2004) *Blitzkrieg to Desert Storm: The Evolution of Operational Warfare* (Lawrence, KS: University Press of Kansas).

Clark, Ian (2005) *Legitimacy in International Society* (Oxford: Oxford University Press).

Clark, Robert M. (2004) *Intelligence Analysis: A Target-Centric Approach* (Washington DC: CQ Press).

von Clausewitz, Carl (1832/1993) *On War*, translation Michael Howard & Peter Paret (London: Everyman's Library).

von Clausewitz, Carl (1987) "Principles of War," in *Roots of Strategy*, vol. 2 (Mechanicsburg, PA: Stackpole Books).

Clodfelter, Mark (1997) "Molding Airpower Convictions: Development and Legacy of William Mitchell's Strategic Thought," in Phillip S. Meilinger (ed.) *The Paths of Heaven* (Maxwell, AL: Air University Press).

Cohen, Eliot A. (2002) *Supreme Command: Soldiers, Statesmen and Leadership in Wartime* (New York: The Free Press).

Coker, Christopher (2010) *Barbarous Philosophers: Reflections on the Nature of War from Heraclitusto Heisenberg* (New York: Columbia University Press).

Coker, Christopher (2002) "Asymmetrical Warfare: Ends or Means?" in John Andreas Olsen (ed.) *Asymmetrical Warfare* (Trondheim: Luftkrigskolen).

Coker, Christopher (2001) *Humane Warfare: The New Ethics of Postmodern War* (London: Routledge).

Coker, Christopher (1997) "How Wars End," *Millennium*, 26(3): 615-29.

Coleman, Katharina P. (2007) *International Organizations and Peace Enforcement: The Politics of International Legitimacy* (Cambridge: Cambridge University Press).

Collier, Paul Anke Hoeffler, & Dominic Rohner (2009) "Beyond Greed and Grievance: Feasibility and Civil War," *Oxford Economic Papers*, 61(1): 1-27.

Collins, John M. (2002) *Military Strategy: Principles, Practices, and Historical Perspectives* (Washington DC: Brassey's).

Colomb, Philip H. (1990) *Naval Warfare: Its Ruling Principles and Practice Historically Treated* (Annapolis, MD: Naval Institute Press).

Condell, Bruce & David Zabecki (eds.) (2001) *On the German Art of War: Truppenführung* (Boulder, CO: Lynne Rienner Publishers).

Coram, Robert (2002) *Boyd: The Fighter Pilot Who Changed the Art of War* (Boston: Little, Brown).

Corbett, Julian S. (1911/1988) *Some Principles of Maritime Strategy* (Annapolis, MD: Naval Institute Press).

Corum, James S. (2008) *Bad Strategies: How Major Powers Fail in Counterinsurgency* (Minneapolis: Zenith Press).

Corum, James S. (1997) "Airpower Thought in Continental Europe between the Wars," in Philip S. Meilinger (ed.) *The Paths of Heaven: The Evolution of Air Power Theory* (Maxwell, AL: Air University Press).

Corum, James S. (1992) *The Roots of Blitzkrieg: Hans von Seeckt and German Military Reform* (Lawrence, KS: University Press of Kansas).

Corum, James & Wray R. Johnson (2003) *Airpower in Small Wars: Fighting Insurgents and Terrorists* (Lawrence, KS: University Press of Kansas).

Corvisier, André (ed.) (1994) *A Dictionary of Military History*, translation Chris Turner (Oxford: Blackwell).

Coser, Lewis (1956) *The Functions of Social Conflict* (New York: The Free Press).

Craig, Gordon A. (1986) "Delbrück: The Military Historian," in Peter Paret (ed.), *Makers of Modern Strategy* (Princeton, NJ: Princeton University Press).

Cramer, Christopher (2006) *Civil War is not a Stupid Thing: Accounting for Violence in Developing Countries* (London: Hurst).

Crenshaw, Martha (1990) "The Logic of Terrorism: Terrorism as the Product of Strategic Choice," in Walter Reich (ed.) *Origins of Terrorism: Psychologies, Ideologies, Theologies, States of Mind* (Cambridge: Cambridge University Press).

van Creveld, Martin (2011) *The Age of Airpower* (New York: Public Affairs).

van Creveld, Martin (2008) *The Culture of War* (New York: Random House).

van Creveld, Martin (2002) *Men, Women and War: Do Women Belong in the Front Line?* (London: Cassell).

van Creveld, Martin (2001) *The Rise and Decline of the State* (Cambridge: Cambridge University Press).

van Creveld, Martin (2000) *The Art of War: War and Military Thought* (London: Cassell).

van Creveld, Martin (1997) "What is Wrong with Clausewitz?" in Gert de Nooy (ed.) *The Clausewitzian Dictum and the Future of Western Military Strategy* (Haag: Kluwer Law International).

van Creveld, Martin (1994) *Air Power and Maneuver Warfare* (Maxwell, AL: Air University Press).

van Creveld, Martin (1991) *The Transformation of War* (New York: The Free Press).

van Creveld, Martin (1989) *Technology and War: From 2000 B.C. to the Present* (New York: The Free Press).

van Creveld, Martin (1985) *Command in War* (Cambridge, MA: Harvard University Press).

van Creveld, Martin (1977) *Supplying War: Logistics from Wallenstein to Patton* (Cambridge: Cambridge University Press).

Crocker, Chester A., Fen Osler Hampson, & Pamela Aall (eds.) (1996) *Managing Global Chaos: Sources of and Responses to International Conflict* (Washington DC: United States Institute of Peace Press).

Dahl, Robert A. (1991) *Modern Political Analysis*, 5th edn. (Englewood Cliffs, NJ: Prentice-Hall).

Dahl, Robert A. (1957) "The Concept of Power," *Behavioral Science*, 2(3): 201-15.

Dalby, Simon, Paul Routledge, & Gerard Toal (eds.) (2006) *The Geopolitics Reader* (London: Routledge).

Danchev, Alex (1998) *Alchemist of War: The Life of Basil Liddell Hart* (London: Phoenix Giant).

Daniel, Donald C. F., Patricia Taft, & Sharon Wiharta (eds.) (2008) *Peace Operations: Trends, Progress, and Prospects* (Washington DC: Georgetown University Press).

Davies Biddle, Tami (2002) *Rhetoric and Reality in Air Warfare: The Evolution of British and American Ideas about Strategic Bombing, 1914-1945* (Princeton, NJ: Princeton University Press).

Davis, Diane E. & Anthony W. Pereira (eds.) (2003) *Irregular Armed Forces and their Role in Politics and State Formation* (Cambridge: Cambridge University Press).

Davis, Lance E. & Stanley L. Engerman (2006) *Naval Blockades in Peace and War: An Economic History since 1750* (Cambridge: Cambridge University Press).

Davis, Paul K. (2001) *Effects-Based Operations: A Grand Challenge for the Analytical Community* (Santa Monica, CA: RAND).

DeBlois, Bruce (2004) "Space Weapons: Crossing the US Rubicon," *International Security*, 29(2):50-84.

Department of the Navy (1994) *Forward...From the Sea* (Washington DC: Department of the Navy).

Deptula, David A. (2001) *Effects-Based Operations: Change in the Nature of Warfare* (Arlington, VA: Aerospace Education Foundation).

Der Derian, James (2001) *Virtuous War: Mapping the Military-Industrial-Media-Entertainment Network* (Boulder, CO: Westview Press).

Diehl, Paul F. & Daniel Druckman (2010) *Evaluating Peace Operations* (Boulder, CO: Lynne Rienner).

Dixit, Avinash K. & Barry J. Nalebuff (2008) *The Art of Strategy: A Game Theorist's Guide to Success in Business and Life* (New York: W. W Norton).

Dixon, Howard Lee (1989) "Low Intensity Conflict: Overview, Definitions, and Policy Concerns," *CLIC Papers* (Langley, VA: A-AF Center for Low Intensity Conflict).

Doughty, Robert A. (1994) "The Illusion of Security: France, 1919-1940," in Williamson Murray, MacGregor Knox, & Alvin Bernstein (eds.) *The Making of Strategy: Rulers, States, and War* (Cambridge: Cambridge University Press).

Douhet, Guilio (1999) "The Command of the Air," translation Dino Ferrari, in David Jablonsky (ed.) *Roots of Strategy*, vol. 4 (Mechanicsburg, PA: Stackpoole Books).
Downes, Alexander (2008) *Targeting Civilians in War* (Ithaca, NY: Cornell University Press).
Doyle, Michael W. (1997) *Ways of War and Peace: Realism, Liberalism, and Socialism* (New York: W.W. Norton).
Doyle, Michael W. & Nicholas Sambanis (2006) *Making War and Building Peace: UN Peace Operations* (Princeton, NJ: Princeton University Press).
Duffield, Mark (2007) *Development, Security and Unending War: Governing the World of Peoples* (Cambridge: Polity).
Duyvesteyn, Isabelle (2005) "The Concept of Conventional War and Armed Conflict in Collapsed States," in Jan Angstrom & Isabelle Duyvesteyn (eds.) *Rethinking the Nature of War* (London: Frank Cass).
Duyvesteyn, Isabelle (2004) *Clausewitz and African War: Politics and Strategy in Liberia and Somalia* (London: Frank Cass).
Eccles, Henry E. (1965) *Military Concepts and Philosophy* (New York: Rutgers University Press).
Echevarria, Antulio J. (2011a) "Beyond Generations: Breaking the Cycle," in Karl Erik Haug & Ole Jorgen Maao (eds.) *Conceptualizing Modern War* (New York: Columbia University Press).
Echevarria, Antulio J. (2011b) "American Operational Art, 1917-2008," in John Andreas Olsen & Martin van Creveld (eds.) *The Evolution of Operational Art: From Napoleon to the Present* (Oxford: Oxford University Press).
Echevarria, Antulio J. (2007) *Clausewitz and Contemporary War* (Oxford: Oxford University Press).
Echevarria, Antulio J. (2003a) "'Reining in' the Center of Gravity Concept," *Air & Space Power Journal*, 17(2): 87-96.
Echevarria, Antulio J. (2003b) "Clausewitz's Center of Gravity: It's Not What We Thought," *Naval War College Review*, 56(1): 108-23.
Echevarria, Antulio J. (2001) *Rapid Decisive Operations: An Assumptions-Based Critique* (Carlisle, PA: Strategic Studies Institute).
Eck, Kristine (2012) "In Data We Trust? A Comparison of UCDP GED and ACLED Conflict Events Datasets," *Cooperation and Conflict*, 47(1): 124-41.
Edstrom, Hakan, Janne Haaland Matlary, & Magnus Petersson (eds.) (2011) *NATO: The Power of Partnerships* (London: Palgrave Macmillan).
Egnell, Robert (2009) *Complex Peace Operations and Civil-Military Relations: Winning the Peace* (London: Routledge).
Egnell, Robert & David Ucko (2013) *Counterinsurgency in Crisis: Britain and the Challenges of Modern Warfare* (New York: Columbia University Press).
Eikmeier, Dale C. (2007) "A Logical Method for Center-of-Gravity Analysis," *Military Review*, 87(5): 62-6.
Ellis, Stephen (1999) *The Mask of Anarchy: The Destruction of Liberia and the Religious Dimension of an African Civil War* (London: Hurst).
Elman, Colin & Miliam Fendius Elman (eds.) (2001) *Bridges and Boundaries: Historians, Political Scientists, and the Study of International Relations* (Cambridge, MA: MIT Press).
Elshtain, Joan Bethke (1995) *Women and War* (Chicago, IL: University of Chicago Press).
Engelbrekt, Kjell, Marcus Mohlin & Charlotte Wagnsson (eds.) (2013) *The NATO Intervention: Lessons Learned from the Campaign* (London: Routledge).
English, John (1996) "The Operational Art: Developments in the Theories of War," in B. J. C. McKercher & Michael A. Hennessy (eds.) *The Operational Art - Developments in the Theories of War* (Westport, CT: Praeger).
Evans, Michael (2004) *The Continental School of Strategy: The Past, Present and Future of Land Power* (Duntroon, Australia: Land Warfare Studies Centre).

Evans, Michael H. H. (1990) *Amphibious Operations: The Projection of Sea Power Ashore* (London: Brassey's).

Eyre, Dana P. & Mark C. Suchman (1996) "Status, Norms, and the Proliferation of Conventional Weapons: An Institutional Theory Approach," in Peter J. Katzenstein (ed.), *The Culture of National Security: Norms and Identity in World Politics* (New York: Columbia University Press).

Faber, Peter R. (1997a) *Competing Visions of Aerospace Power: A Language for the 21st Century* (Newport, RI: Naval War College).

Faber, Peter R. (1997b) "Interwar US Army Aviation and the Air Corps Tactical School: Incubators of American Airpower," in Phillip S. Meilinger (ed.) *The Paths of Heaven* (Maxwell, AL: Air University Press).

Faber, Peter (2002) "The Evolution of Airpower in the United States: From WW1 to Warden's *The Air Campaign*," in John Andreas Olsen (ed.) *Asymmetric Warfare* (Trondheim: The Royal Norwegian Air Force Academy).

Fadok, David S. (1997) "John Boyd and John Warden: Airpower's Quest for Strategic Paralysis," in Phillip S. Meilinger (ed.) *The Paths of Heaven* (Maxwell, AL: Air University Press).

Fall, Bernard (1998/1965) "The Theory and Practice of Insurgency and Counterinsurgency," *Naval War College Review*, 51(1): 46–57.

Fallwell, Marshall L. (1955) "The Principles of War and the Solution of Military Problems," *Military Review*, 35(5): 48–62.

Farrell, Theo (2005) *Norms of War: Cultural Beliefs and Modern Conflict* (Boulder, CO: Lynne Rienner).

Farrell, Theo & Terry Teriff (2002) *The Sources of Military Change: Culture, Politics, and Technology* (Boulder, CO: Lynne Rienner).

Farrell, Theo, Frans Osinga, & James Russell (eds) (2013) *Military Adaptation in Afghanistan* (Stanford, CA: Stanford University Press).

Farrell, Theo, Sten Rynning, & Terry Teriff (2013) *Transforming Military Power since the Cold War: Britain, France, and the United States, 1991–2012* (Cambridge: Cambridge University Press).

Fast Scott, Harriet & William F. Scott (1982) "Introduction," in Harriet Fast Scott & William F. Scott (eds.) *The Soviet Art of War: Doctrine, Strategy, and Tactics* (Boulder, CO: Westview Press).

Fearon, James D. (1995) "A Rationalist Explanation of War," *International Organization*, 49(3): 379–414.

Fearon, James D. & David D. Laitin (2004) "Neotrusteeship and the Problem of Weak States," *International Security*, 28(4): 5–43.

Feaver, Peter (2003) *Armed Servants: Agency, Oversight, and Civil-Military Relations* (Cambridge, MA: Harvard University Press).

Ferrill, Arther (1985) *The Origins of War* (London: Thames and Hudson).

Fioravanzo, Guiseppe (1979) *A History of Naval Tactical Thought*, translation Arthur W. Holst (Annapolis, MD: Naval Institute Press).

Fishel, John T. (1995) "Little Wars, Small Wars, LIC, OOTW, the GAP, and Things that Go Bump in the Night," *Low Intensity Conflict & Law Enforcement*, 4(3): 372–98.

FM 100–5 *Operations* (1986) (Headquarters, Department of the Army: Washington DC).

Fortna, Virginia Page (2008) *Does Peacekeeping Work? Shaping Belligerents' Choices after Civil War* (Princeton, NJ: Princeton University Press).

Foxton, P. D. (1994) *Powering War: Modern Land Force Logistics* (London: Brassey's).

Frankel, Benjamin (ed.) (2001) *Precision and Purpose: Debating Robert A. Pape's Bombing to Win* (London: Frank Cass).

Freedman, Lawrence (2013) *Strategy: A History* (Oxford: Oxford University Press).

Freedman, Lawrence (2004) *Deterrence* (Cambridge: Polity Press).

Freedman, Lawrence (2003) *The Evolution of Nuclear Strategy*, 3rd edn. (London: Palgrave Macmillan).

Freedman, Lawrence (2002) "The Third World War?" *Survival*, 43(4): 61-88.

Freedman, Lawrence (1998) (ed.) *Strategic Coercion: Concepts and Cases* (Oxford: Oxford University Press).

Freedman, Lawrence (1986) "The First Two Generations of Nuclear Strategists," in Peter Paret (ed.) *Makers of Modern Strategy* (Princeton, NJ: Princeton University Press).

Freedman, Lawrence (1985) "Strategic Studies," in Steve Smith (ed.) *International Relations: British and American Perspectives* (Oxford: Blackwells), pp. 29-44.

Friedman, Norman (2009) *Network-Centric Warfare: How Navies Learned to Fight Smarter Through Three World Wars* (Annapolis, MD: Naval Institute Press).

Friedman, Norman (2001) *Seapower as Strategy: Navies and National Interest* (Annapolis, MD: Naval Institute Press).

Fuller, J. F. C. (1931) *Lectures on F.S.R. II* (London: Sifton Praed & Co.).

Fuller, J. F. C. (1926) *The Foundations of the Science of War* (London: Hutchinson).

Gaddis, John Lewis (2005) *Strategies of Containment: A Critical Appraisal of American National Security Policy during the Cold War*, rev. edn. (Oxford: Oxford University Press).

Gaddis, John Lewis (2002) *The Landscape of History: How Historians Map the Past* (Oxford: Oxford University Press).

Gaddis, John Lewis (1998) *We Now Know: Rethinking Cold War History* (Oxford: Oxford University Press).

Gaddis, John Lewis (1997) "History, Theory, and Common Ground," *International Security*, 22(1): 75-85.

Galtung, Johan (1985) *Det finns alternativ: Fyra vägar till fred och säkerhet* (Stockholm: Gidlund).

Galula, David (1965/2006) *Counter-Insurgency Warfare: Theory and Practice* (Westport, CT: Praeger).

Garden, Timothy (2002) "Air Power: Theory and Practice," in John Baylis, James J. Wirtz, & Colin S. Gray (eds.) *Strategy in a Contemporary World*, 3rd edn. (Oxford: Oxford University Press).

Gardner, Lloyd C. & Marilyn B. Young (eds.) (2007) *Iraq and the Lessons of Vietnam* (New York: New Press).

Gartner, Scott Sigmund (1997) *Strategic Assessment in War* (New Haven, CT: Yale University Press).

Gat, Azar (2013) "Is War Declining - and Why?" *Journal of Peace Research*, vol. 50(2): 149-57.

Gat, Azar (2006) *War in Human Civilization* (Oxford: Oxford University Press).

Gat, Azar (2001) *A History of Military Thought: From the Enlightenment to the Cold War* (Oxford: Oxford University Press).

George, Alexander L. & Richard Smoke (1974) *Deterrence in American Foreign Policy: Theory and Practice* (New York: Columbia University Press).

General Staff War Office (1920) *Field Service Regulations* (London: H. M. Stationery Office).

Giddens, Anthony (1985) *The Nation-State and Violence* (Cambridge: Polity Press).

Glantz, David M. (1996) "The Intellectual Dimension of Soviet (Russian) Operational Art," in B. J. C. McKercher & Michael A. Hennessy (eds.) *The Operational Art - Developments in the Theories of War* (Westport, CT: Praeger).

Glantz, David M. (1991a) *The Soviet Conduct of Tactical Maneuver: Spearhead of the Offensive* (London: Frank Cass).

Glantz, David M. (1991b) *Soviet Military Operational Art: In Pursuit of Deep Battle* (London: Frank Cass).

Glenn, Russell W. (1998) "No More Principles of War?" *Parameters*, 28(1): 48-66.

Glete, Jan (2000) *Warfare at Sea, 1500–1650: Maritime Conflicts and the Transformation of Europe* (London: Routledge).

Goldstein, Joshua (2011) *Winning the War on War: The Decline of Armed Conflict Worldwide* (New York: Penguin).

Goldstein, Joshua S. (2001) *War and Gender: How Gender Shapes the War System and Vice Versa* (Cambridge: Cambridge University Press).

Goldstein, Judith & Robert O. Keohane (eds.) (1993) *Ideas and Foreign Policy: Beliefs, Institutions, and Political Change* (Ithaca, NY: Cornell University Press).

Goodin, Robert E. & Hans-Dieter Klingemann (eds.) (1996) *A New Handbook of Political Science* (Oxford: Oxford University Press).

Gorshkov, S. G. (1979) *The Sea Power of the State* (Oxford: Pergamon Press).

Gow, James (2003) *The Serbian Project and Its Adversaries: A Strategy of War Crimes* (London: Hurst).

Gow, James (1997) *Triumph of the Lack of Will: International Diplomacy and the Yugoslav War* (London: Hurst).

de Graaff, Bob (2005) "The Wars in Former Yugoslavia in the 1990s: Bringing the State Back In," in Jan Angstrom & Isabelle Duyvesteyn (eds.) *Rethinking the Nature of War* (London: Frank Cass).

Gray, Colin S. (2011) *The Strategy Bridge: Theory for Practice* (Oxford: Oxford University Press).

Gray, Colin S. (2007) *War, Peace and International Relations* (London: Routledge).

Gray, Colin S. (2002) *Strategy for Chaos: Revolutions in Military Affairs and the Evidence of History* (London: Frank Cass).

Gray, Colin S. (1999) *Modern Strategy* (Oxford: Oxford University Press).

Gray, Colin S. (1996a) "The Influence of Space Power upon History," *Comparative Strategy*, 15(4): 293–308.

Gray, Colin S. (1996b) "Introduction," in Charles Callwell (1996) *Military Operations and Maritime Preponderance* (Annapolis, MD: Naval Institute Press).

Gray, Colin S. (1992) *The Leverage of Seapower: The Strategic Advantage of Navies in War* (New York: The Free Press).

Gray, Colin S. & Jeannie L. Johnson (2009) "The Practice of Strategy," in John Baylis, James Wirtz, & Colin Gray (eds.) *Strategy in the Contemporary World*, 3rd edn. (Oxford: Oxford University Press).

Grechko, A. A. (1975) *The Armed Forces of the Soviet State: A Soviet View* (Washington DC: U.S. Government Printing Office).

Grissom, Adam (2013) "In Our Image: Statebuilding Orthodoxy and the Afghan National Army," in Robert Egnell & Peter Haldén (eds.) *New Agendas in Statebuilding: Hybridity, Contingency, and History* (London: Routledge).

Grissom, Adam (2006) "The Future of Military Innovation Studies," *Journal of Strategic Studies*, 29 (5): 905–34.

Groos, Otto (1929) *Seekriegslehren im Lichte des Weltkriges* (Berlin: E. S. Mittler & Sohn).

Grove, Eric (1990) *The Future of Sea Power* (London: Routledge).

Gudmundsson, Bruce I. (1995) *Stormtroop Tactics: Innovation in the German Army 1914–1918* (Westport, CT: Praeger).

Guevara, Ernesto Che (1969) *Guerrilla Warfare* (London: Penguin, 1969 Guistozzi, Antonio (2009) *Empires of Mud: Wars and Warlords in Afghanistan* (New York: Columbia University Press).

Haarr, Geirr H. (2010) *The Battle for Norway 1940* (Annapolis, MD: Naval Institute Press).

de Haas, Marcel (2004) *Russian Security and Air Power, 1992–2002* (London: Frank Cass).

Hables Gray, Chris (1997) *Postmodern War: The New Politics of Conflict* (London: Routledge).

Hahlweg, Werner (1986) "Clausewitz and Guerrilla Warfare," in Michael I. Handel (ed.) *Clausewitz and Modern Strategy* (London: Frank Cass).

Hahlweg, Werner (1968) *Guerilla: Krieg ohne Fronten* [*Guerrilla - War without Fronts*] (Stuttgart: W. Kohlhammer GmbH).

Hall, John A. & G. John Ikenberry (1989) *The State* (Milton Keynes: Open University Press, 1989).

Hallett, Brien (1998) *The Lost Art of Declaring War* (Chicago, IL: University of Illinois Press).

Hammes, Thomas X. (2006) *The Sling and the Stone: On War in the Twenty-First Century* (St. Paul, MN. Zenith Press).

Hammond, Grant T. (2001) *The Mind of War: John Boyd and American Security* (Washington DC: Smithsonian Institute Press).

Handel, Michael I. (2001) *Masters of War: Classical Strategic Thought*, 3rd edn. (London: Frank Cass).

Handel, Michael I. (ed.) (1990) *Intelligence and Military Operations* (London: Routledge).

Harding, Richard (1999) *Seapower and Naval Warfare 1650-1830* (London: UCL Press).

Harkavy, Robert E. & Stephanie G. Neuman (2001) *Warfare and the Third World* (New York: Palgrave Macmillan).

Harrison, Richard W. (2001) *The Russian Way of War: Operational Art, 1904-1940* (Lawrence, KS: University Press of Kansas).

Heinl, Robert Debs (ed.) (1966) *Dictionary of Military and Naval Quotations* (Annapolis, MD: U. S. Naval Institute Press).

Hemleben, Sylvester John (1943) *Plans for World Peace through Six Centuries* (Chicago, IL: University of Illinois Press).

Herberg-Rothe, Andreas (2007) *Clausewitz's Puzzle: The Political Theory of War* (Oxford: Oxford University Press).

Herberg-Rothe, Andreas, Dan Moran, Jan Willem Honig (2011) (eds.) *Clausewitz: The State and War* (Hamburg: Franz Steiner).

Herman, Michael (1996) *Intelligence Power in Peace and War* (Cambridge: Cambridge University Press).

Heuser, Beatrice (2010) *The Evolution of Strategy* (Cambridge: Cambridge University Press).

Heuser, Beatrice (2002) *Reading Clausewitz* (London: Vintage).

Hezlet, Arthur (1970) *Aircraft and Sea Power* (London: Peter Davies).

Hicks, George (1997) *The Comfort Women: Japan's Brutal Regime of Enforced Prostitution in the Second World War* (New York: WW Norton).

Higate, Paul (ed.) (2003) *Militarized Masculinities* (London: Praeger).

Hobbs, Richard (1979) *The Myth of Victory: What is Victory in War?* (Boulder, CO: Westview Press).

Hobson, John M. (2000) *The State and International Relations* (Cambridge: Cambridge University Press).

Hoglund, Kristine & Magnus Oberg (2010) *Understanding Peace Research: Methods and Challenges* (London: Routledge).

Hoglund, Kristine and Mimmi Soderberg-Kovacs (2010) "Beyond the Absence of War: The Diversity of Peace in Post-Settlement Societies," *Review of International Studies*, 36(2): 367-90.

Hoiback, Harald (2013) *Understanding Military Doctrine: A Multidisciplinary Approach* (London: Routledge).

Holden Reid, Brian (1998) *Studies in British Military Thought: Debates with Fuller & Liddell Hart* (Lincoln: University of Nebraska Press).

Holden Reid, Brian (1987) *J.F.C. Fuller: Military Thinker* (London: Macmillan).

Holley, I. B., Jr. (1997) "Reflections on the Search for Airpower Theory," in Phillip S. Meilinger (ed.) *The Paths of Heaven* (Maxwell, AL: Air University Press).

Hollis, Martin & Steve Smith (1991) *Explaining and Understanding International Relations* (Oxford:

Clarendon).

Holmes, Richard (ed.) (2001) *The Oxford Companion to Military History* (Oxford: Oxford University Press).

Holmqvist, Caroline (2014) *Policing Wars: On Military Intervention in the Twenty-First Century* (London: Palgrave Macmillan).

Holsti, Kalevi J. (2004) *Taming the Sovereigns: Institutional Change in International Politics* (Cambridge: Cambridge University Press), pp. 275-99.

Holsti, Kalevi (1996) *The State, War, and the State of War* (Cambridge: Cambridge University Press).

Honig, Jan Willem (forthcoming) *Winning Wars* (Cambridge: Cambridge University Press).

Honig, Jan Willem (1997) "Strategy in a Post-Clausewitzian Setting," in Gert de Nooy (ed.), *The Clausewitzian Dictum and the Future of Western Military Strategy* (Haag: Kluwer Law International).

Hooker, Richard, Jr. (1993) *Maneuver Warfare: An Anthology* (Novato, CA: Presidio Press).

Horne Alistair (1977) *A Savage War of Peace: Algeria, 1954-62* (London: Macmillan).

Horowitz, Michael (2010) *The Diffusion of Military Power* (Princeton, NJ: Princeton University Press).

Horowitz, Michael & Dan Reiter (2001) "When Does Aerial Bombing Work? Quantitative Empirical Tests, 1917-1999," *Journal of Conflict Resolution*, 45(2): 147-73.

Hosmer, Stephen T. (2001) *The Conflict over Kosovo: Why Milosevic Decided to Settle when he Did* (St. Monica, CA: Rand).

Hough, Richard (1999) *Naval Battles of the Twentieth Century* (London: Constable).

House, Jonathan M. (2001) *Combined Arms Warfare in the Twentieth Century* (Lawrence, Kansas: University Press of Kansas).

House, Jonathan M. (1984) *Toward Combined Arms Warfare: A Survey of 20th-Century Tactics, Doctrine and Organization*, Research Survey No. 2 (Fort Leavenworth, Kansas: Combat Studies Institute).

Howard, Lise Morjé (2008) *UN Peacekeeping in Civil Wars* (Cambridge: Cambridge University Press).

Howard, Michael (2008) *War and the Liberal Conscience* (London: Hurst).

Howard, Michael (1983a) *Clausewitz* (Oxford: Oxford University Press).

Howard, Michael (1983b) *The Causes of Wars* (London: Unwin).

Hudson, Valerie (2012) *Sex and World Peace* (New York: Columbia University Press).

Hughes, Wayne P., Jr. (2000) *Fleet Tactics and Coastal Combat*, 2nd edn. (Annapolis, MD: Naval Institute Press).

Huntington, Samuel (1957) *The Soldier and the State: The Theory and Politics of Civil-Military Relations* (Cambridge, MA: Belknap Press).

Hurd, Ian (2007) *After Anarchy: Legitimacy and Power in the United Nations Security Council* (Princeton, NJ: Princeton University Press).

Ignatieff, Michael (2000) *Virtual War: Kosovo and Beyond* (Toronto: Viking Books).

Imlay, Talbot C. & Monica Duffy Toft (eds.) (2006) *The Fog of Peace and War Planning: Military and Strategic Planning under Uncertainty* (London: Routledge).

Janowitz, Morris (1960) *The Professional Soldier* (New York: The Free Press).

Jervis, Robert (1978) "Cooperation Under the Security Dilemma," *World Politics*, 30(2): 167-214.

Jervis, Robert (1976) *Perception and Misperception in International Politics* (Princeton, NJ: Princeton University Press).

Jervis, Robert, Richard Ned Lebow, & Janice Gross Stein (eds.) (1985) *Psychology and Deterrence* (Baltimore, MD: The Johns Hopkins University Press).

Johansson, Alf (1988) *Europas krig: Militärt tänkande, strategi och politik från Napoleon tiden tillandra världskrigets slut* (Stockholm: Tiden).

Johnsen, William (2004) *Redefining Land Power for the 21st Century* (Carlisle, PA: Strategic Studies Institute).

Johnson, Dominic & Dominic Tierney (2007) "In the Eye of the Beholder: Victory and Defeat in US Military Operations," in Jan Angstrom & Isabelle Duyvesteyn (eds.) *Understanding Victory and Defeat in Contemporary War* (London: Routledge).

Johnson, Dominic & Dominic Tierney (2006) *Failing to Win: Perceptions of Victory and Defeat in International Politics* (Cambridge, MA: Harvard University Press).

Johnson, Loch K. & James J. Wirtz (2010) *Intelligence: The Secret World of Spies*, 3rd edn. (Oxford: Oxford University Press).

Johnson, Robert (2012) *The Afghan Way of War: How and why they Fight* (Oxford: Oxford University Press).

Johnston, Alastair Iain (1995) "Thinking about Strategic Culture," *International Security*, 19(4): 32-64.

Johnston, Patrick B. (2012) "Does Decapitation Work? Assessing the Effectiveness of Leadership Targeting in Counterinsurgency Campaigns," *International Security*, 36(4): 47-79.

Joint Chiefs of Staff (2000) *Joint Vision 2020* (Washington DC: US Department of Defense).

Joint Chiefs of Staff (1996) *Joint Vision 2010* (Washington DC: US Department of Defense).

Jomini, Antoine Henri (1987) "Summary of the Art of War," in *Roots of Strategy*, vol. 2 (Mechanicsburg, PA: Stackpole Books).

Jones, Archer (1987) *The Art of War in the Western World* (Chicago: University of Illinois Press).

Jordan, David, James D. Kiras, David J. Lonsdale, Ian Speller, Christopher Tuck, & Dale C Walton (2008) *Understanding Modern Warfare* (Cambridge: Cambridge University Press).

Kagan, Donald (1997) *On the Origins of War* (London: Pimlico).

Kaldor, Mary (2006) *New and Old Wars: Organized Violence in a Global Area*, 2nd edn. (Cambridge: Polity Press).

Kalyvas, Stathis N. (2012) "The Changing Character of Civil Wars, 1800-2009," in Hew Strachan & Sibylle Scheipers (eds.) *The Changing Character of War* (Oxford: Oxford University Press).

Kalyvas, Stathis N. (2006) *The Logic of Violence in Civil Wars* (Cambridge: Cambridge University Press).

Kalyvas, Stathis N. (2005) "Warfare in Civil Wars," in Jan Angstrom & Isabelle Duyvesteyn (eds.) *Rethinking the Nature of War* (London: Frank Cass).

Kalyvas, Stathis N. (2003) "The Ontology of Political Violence: Action and Identity in Civil Wars," *Perspectives on Politics*, 1(3): 475-94.

Kalyvas, Stathis N. (2001) "New and Old Wars: A Valid Distinction?" *World Politics*, 54(1): 99-118.

Kane, Thomas M. (2001) *Military Logistics and Strategic Performance* (London: Routledge).

Kaplan, Robert D. (2000) *The Coming Anarchy: Shattering the Dreams of the Post Cold War* (New York: Random House).

Karlsson, Hakan (2002) *Bureaucratic Politics and Weapons Acquisition: The Case of the MX ICBM Program*, PhD Diss. (Stockholm: University of Stockholm).

Kassimeris, George & John Buckley (eds.) (2010) *The Ashgate Research Companion to Modern Warfare* (Farnham: Ashgate).

Katz, Paul (1987) "The Additional Principle of War," *Military Review*, 67(6): 36-45.

Katzenstein, Peter (1996) "Introduction: Alternative Perspectives on National Security," in Peter Katzenstein (ed.) *The Culture of National Security: Norms and Identity in World Politics* (New York: Columbia University Press).

Kaufmann, Chaim D. (1996a) "Interventions in Ethnic and Ideological Civil Wars: Why One Can Be Done but the Other Can't," *Security Studies*, 6(1): 62-103.

Kaufmann, Chaim D. (1996b) "Possible and Impossible Solutions to Ethnic Civil Wars," *International*

Security, 20(4): 136–75.

Kaufman, Robert G. (2001) "On the Uses and Abuses of History in IR Theory," *Security Studies*, 10 (4):179–211.

Keegan, John (2003) *Intelligence in War: Knowledge of the Enemy from Napoleon to Al-Qaeda* (New York: Alfred A. Knopf).

Keegan, John (1994) *A History of Warfare* (London: Pimlico).

Keegan, John (1991) *The Face of Battle* (London: Pimlico).

Keegan, John (1989) *The Price of Admiralty: The Evolution of Naval Warfare* (London: Penguin).

Keegan, John (1961) "On the Principles of War," *Military Review*, 41(12): 61–72.

Keen, David (2000) "Incentives and Disincentives for Violence," in Mats Berdal & David Malone (eds.) *Greed and Grievance: Economic Agendas in Civil Wars* (Boulder, CO: Lynne Rienner).

Kelly, Justin & Mike Brennan (2009) *Alien: How Operational Art Devoured Strategy* (Carlisle, PA: Strategic Studies Institute).

Kennan, George (1947) "The Sources of Soviet Conduct," *Foreign Affairs*, 25(4): 566–82.

Keohane, Robert O. (1986) "Realism, Neorealism, and the Study of World Politics," in Robert O. Keohane (ed.) *Neorealism and Its Critics* (New York: Columbia University Press).

Kesseli, Pasi (2001) *In Pursuit of Mobility: The Birth and Development of Israeli Operational Art, from Theory to Practice* (Helsinki: National Defence College of Finland).

Khong, Yuen Foong (1992) *Analogies at War: Korea, Munich, Dien Bien Phu, and the Vietnam Decisions of 1965* (Princeton, NJ: Princeton University Press).

Kier, Elisabeth (1997) *Imagining War: French and British Military Doctrine between the Wars* (Princeton, NJ: Princeton University Press).

Kilcullen, David (2009) *The Accidental Guerrilla: Fighting Small Wars in the Midst of a Big One* (Oxford: Oxford University Press).

King, Anthony (2011) *The Transformation of Europe's Armed Forces: From the Rhine to Afghanistan* (Cambridge: Cambridge University Press).

Kipp, Jacob W. (2011) "The Tsarist and Soviet Operational Art, 1853–1991," in John Andreas Olsen and & van Creveld (eds.) *The Evolution of Operational Art: From Napoleon to the Present* (Oxford: Oxford University Press).

Kipp, Jacob W. (1992) "Preface" in A. A. Svechin *Strategy*, translated Kent D. Lee (Minneapolis, MN: East View Information Service).

Kiras, James D. (2002) "Terrorism and Irregular Warfare," in John Baylis, James J. Wirtz, & Colin S. Gray (eds.) *Strategy in the Contemporary World: An Introduction to Strategic Studies* (Oxford: Oxford University Press).

Kitson, Frank (1971) *Low Intensity Operations: Subversion, Insurgency, and Peacekeeping* (London: Faber).

Klein, John J. (2004) "Corbett in Orbit," *Naval War College Review*, 57(1): 59–74.

Kokoshin, Andrei A. (1998) *Soviet Strategic Thought, 1917–91* (Cambridge, MA: MIT Press).

Kollock, Peter (1998) "Social Dilemmas: The Anatomy of Cooperation," *Annual Review of Sociology*, 24: 183–214.

Kozlov, S. N. (ed.) (1977), *The Officer's Handbook: A Soviet View* (Washington DC: U. S. Government Printing Office).

Kreps, Sarah (2011) *Coalitions of Convenience: United States Military Interventions after the Cold War* (Oxford: Oxford University Press).

Kreps, Sarah (2010) "Why Does Peacekeeping Succeed or Fail? Peacekeeping in the Democratic Republic of Congo and Sierra Leone," in Jan Angstrom & Isabelle Duyvesteyn (eds.) *Modern War and the Utility of Force* (London: Routledge).

Kress, Moshe (2002) *Operational Logistics: The Art and Science of Sustaining Military Operations* (Boston: Kluwer Academic Publishers).

Kuhn, Thomas (1996) *The Structure of Scientific Revolutions*, 3rd edn. (Chicago: University of Chicago Press).

Lakatos, Imre & Alan Musgrave (eds.) (1970) *Criticism and the Growth of Knowledge* (Cambridge: Cambridge University Press).

Lake, David (2009) *Hierarchy in International Relations* (Ithaca, NY: Cornell University Press).

Lambeth, Benjamin (2001) *Nato's Air War for Kosovo: A Strategic and Operational Assessment* (St Monica, CA: Rand).

Lambert, Andrew (2010) "Seapower" in George Kassimeris & John Buckley (eds.) *The Ashgate Research Companion to Modern Warfare* (Farnham: Ashgate).

Landquist, Daniel (1935) *Några av sjöstrategiens grunder* (Stockholm: Marinlitteraturföreningens förlag).

Laqueur, Walter (1985) *A World of Secrets: The Uses and Limits of Intelligence* (New York: Basic Books).

Larsdotter, Kersti (2011) *Military Interventions in Internal Wars: The Study of Peace or the Study of War?* PhD dissertation (Gothenburg University).

Laver, Harry S. & Jeffrey J. Matthews (2008) *The Art of Command: Military Leadership from George Washington to Colin Powell* (Lexington: University Press of Kentucky).

Lawrence, T. E. (1997/1922) *Seven Pillars of Wisdom* (Ware, Herts.: Wordsworth).

Lebow, Richard Ned (2010) *Why Nations Fight: The Past and Future of War* (Cambridge: Cambridge University Press).

Lebow, Richard Ned (2008) *A Cultural Theory of International Relations* (Cambridge: Cambridge University Press).

Lebow, Richard Ned (1981) *Between Peace and War: The Nature of International Crisis* (Baltimore, MD: The Johns Hopkins University Press).

Lebow, Richard Ned & Barry S. Strauss (eds.) (1991) *Hegemonic Rivalry: From Thucydides to the Nuclear Age* (Boulder, CO: Westview Press).

Leonhard, Robert (1998) *The Principles of War for the Information Age* (New York: Ballantine Books).

Leonhard, Robert (1994) *Fighting by Minutes: Time and the Art of War* (Westport, CT: Praeger).

Leonhard, Robert (1991) *The Art of Maneuver: Maneuver Warfare Theory and Air Land Battle* (New York: Ballantine Books).

Lewis, John David (2010) *Nothing less than Victory: Decisive Wars and the Lessons of History* (Princeton, NJ: Princeton University Press).

Liberman, Peter (1996) *Does Conquest Pay? The Exploitation of Occupied Industrial Societies* (Princeton, NJ: Princeton University Press).

Libicki, Martin (2012) "Cyberspace is Not a Warfighting Domain," *I/S: A Journal of Law and Policy for the Information Society*, 8(2): 325–40.

Libicki, Martin (2009) *Cyberdeterrence and Cyberwar* (Santa Monica, CA: RAND).

Libicki, Martin (2007) *Conquest in Cyberspace: National Security and Information Warfare* (Cambridge: Cambridge University Press).

Licklider, Roy (1993) "How Civil Wars End: Questions and Method," in Roy Licklider (ed.) *Stopping the Killing: How Civil Wars End* (New York: New York University Press).

Liddell Hart, Basil H. (1991) *Strategy*, 2nd edn. (New York: Meridian).

Liddell Hart, Basil H. (1932) *The British Way in Warfare* (London: Faber).

Liddell Hart, Basil H. (1929) *The Decisive Wars of History* (London: Bell).

Lider, Julian (1983) *Military Theory: Concept, Structure, Problems* (Aldershot: Gower).

Lider, Julian (1980) *Problems of the Classification of Wars* (Stockholm: Utrikespolitiska institutet).

Lind, William S. (1985) *Maneuver Warfare Handbook* (Boulder, CO: Westview Press).

Lindberg, Michael & Daniel Todd (2002) *Brown-, Green- and Blue-Water Fleets: The Influence of*

Geography on Naval Warfare, 1861 to the Present (Westport, CT: Praeger).
Lock-Pullan, Richard (2006) *US Intervention Policy and Army Innovation: From Vietnam to Iraq* (London: Routledge).
Lomov, N. A. (2002) *Scientific-Technological Progress and the Revolution in Military Affairs: ASoviet View* (Honolulu, Hawaii: University Press of the Pacific).
Lovering, Tristan (ed.) (2007) *Amphibious Assault: Maneuver from the Sea* (Suffolk: Seafarer Books).
Lowenthal, Mark M. (2011) *Intelligence: From Secrets to Policy*, 5th edn. (Washington DC: CQ Press).
Lukes, Steven (1974) *Power: A Radical View* (London: Macmillan).
Lunde, Henrik (2010) *Hitler's Pre-Emptive War: The Battle for Norway 1940* (Havertown, PA: Casemate Publishers).
Luttwak, Edward N. (1987) *Strategy: The Logic of War and Peace* (Cambridge, MA: Belknap Press).
Luttwak, Edward N. (1975) *The Political Uses of Seapower* (Baltimore, MD: John Hopkins University Press).
Lynn, John A. (2008) *Battle: A History of Combat and Culture* (New York: Basic Books).
Lynn, John A. (ed.) (1993) *Feeding Wars: Logistics in Western Warfare from the Middle Ages to the Present* (Boulder, CO: Westview Press).
Maao, Ole Jorgen (2011) "Mary Kaldor's New Wars: A Critique," in Karl Erik Haug & Ole Jorgen Maao (eds.) *Conceptualizing Modern War* (New York: Columbia University Press).
McInnes, Colin (2002) *Spectator Sport War: The West and Contemporary Conflict* (Boulder, CO: Lynne Rienner).
MacIsaac, David (1986) "Voices from the Central Blue: The Air Power Theorists," in Peter Paret (ed.) *Makers of Modern Strategy* (Princeton, NJ: Princeton University Press).
Mack, Andrew J. R. (1975) "Why Big Nations Lose Small Wars: The Politics of Asymmetric Conflict," *World Politics*, 27(2): 175–200.
Mackinlay, John (2010) *The Insurgent Archipelago* (New York: Columbia University Press).
Mahan, Alfred T. (1999) "The Influence of Sea Power upon History," in David Jablonsky (ed.), *Roots of Strategy*, vol. 4 (Mechanicsburg, PA: Stackpole Books).
Mahan, Alfred T. (1991) *Mahan on Naval Strategy: Selections from the Writings of Rear Admiral Alfred Thayer Mahan* (Annapolis, MD: Naval Institute Press).
Mahan, Alfred T. (1890) *The Influence of Seapower Upon History, 1660–1783* (Boston: Little, Brown and Company).
Mahnken, Thomas G. (2008) *Technology and the American Way of War since 1945* (New York: Columbia University Press).
Mahnken, Thomas G. (2003) "The Future of Strategic Studies," *Journal of Strategic Studies*, 26(1).
Mahnken, Thomas & Joseph A. Maiolo (eds.) (2008) *Strategic Studies – a Reader* (London: Routledge).
Mandel, Robert (2006) *The Meaning of Military Victory* (Boulder, CO: Lynne Rienner).
Mandel, Robert (2002) *Armies without States: The Privatization of Security* (Boulder, CO: Lynne Rienner).
Mansfield, Nick (2008) *Theorizing War: From Hobbes to Badiou* (London: Palgrave Macmillan).
Mansfield, Edward D. & Jack Snyder (2005) *Electing to Fight: Why Emerging Democracies Go to War* (Cambridge, MA: MIT Press).
Mao Tse-tung (1966) *Selected Military Writings* (Peking, China: Foreign Language Press).
Mao Tse-tung (1961) *On Guerrilla Warfare*, translation Samuel B. Griffiths (Chicago: University of Illinois Press).
Marolda, Edward J. & Robert J. Schneller Jr (2001) *Shield and Sword: The United States Navy and*

the Persian Gulf War (Annapolis, MD: Naval Institute Press).
Martel, William C. (2007) *Victory in War: Foundations of Modern Military Policy* (Cambridge: Cambridge University Press).
Martin, Laurence (1967) *The Sea in Modern Strategy* (London: Chatto & Windus).
Matheson, Craig (1987) "Weber and the Classification of Forms of Legitimacy," *The British Journal of Sociology*, 38(2): 199–215.
Mearsheimer, John (1983) *Conventional Deterrence* (Ithaca, NY: Cornell University Press).
Meilinger, Philip S. (2003) *Airwar: Theory and Practice* (London: Frank Cass).
Meilinger, Philip S. (2001) *Airmen and Air Theory: A Review of the Sources* (Maxwell, AL: Air University Press).
Meilinger, Philip S. (1997) "Guilio Douhet and the Origins of Airpower Theory," in Philip S. Meilinger (ed.) *The Paths of Heaven* (Maxwell, AL: Air University Press).
Melander, Erik (2005) "Gender Equality and Intrastate Armed Conflict," *International Studies Quarterly*, 49(4): 695–714.
Melander, Erik, Magnus Oberg, & Jonathan Hall (2009) "Are New Wars more Atrocious? Battle Severity, Civilians Killed and Forced Migration before and after the End of the Cold War," *European Journal of International Relations*, 15(3): 505–36.
Menning, Bruce W. (1997) "Operational Art's Origins," *Military Review*, 77(5): 32–47.
Merari, Ariel (1993) "Terrorism as a Strategy of Insurgency," *Terrorism and Political Violence*, 5(4): 213–51.
Mercer, Jonathan (1996) *Reputation and International Politics* (Ithaca, NY: Cornell University Press).
Merom, Gil (2003) *How Democracies Lose Small Wars* (Cambridge: Cambridge University Press).
Mitchell, C. R. (1981) *The Structure of International Conflict* (London: Macmillan).
Mitchell, William (1999) "Winged Defense: The Development and Possibilities of Modern Air Power: Economic and Military," in *Roots of Strategy*, vol. 4 (Mechanicsburg, PA: Stackpole Books).
Mockaitis, Thomas R. (1995) *British Counter-Insurgency in the Post-Imperial Era* (Manchester: Manchester University Press).
Mockaitis, Thomas R. (1990) *British Counter-Insurgency, 1919–1960* (London: Macmillan).
Moorehead, Alan (2007/1956) *Gallipoli* (London: Aurum Press).
Molloy, Ivan (2001) *Rolling Back Revolution: The Emergence of Low Intensity Conflict* (London: Pluto Press).
Moran, Daniel (2001) *Wars of National Liberation* (London: Cassell).
Moreman, Tim R. (1997) "Small Wars and Imperial Policing: The British Army and the Theory and Practice of Colonial Warfare in the British Empire," in Brian Holden Reid (ed.) *Military Power: Land Warfare in Theory and Practice* (London: Frank Cass).
Morgan, John G. & Anthony D. McIvor (2003) "Rethinking the Principles of War," *U.S. Naval Institute Proceedings*, 129(10): 34–8.
Morgan, Patrick (2003) *Deterrence Now* (Cambridge: Cambridge University Press).
Moskos, Charles C. (1976) *Peace Soldiers: The Sociology of a United Nations Military Force* (Chicago: University of Chicago Press).
Mueller, John (2004) *The Remnants of War* (Ithaca, NY: Cornell University Press).
Mueller, Karl P. (1998) "Strategies of Coercion: Denial, Punishment and the Future of Air Power," *Security Studies*, 7(3): 182–228.
Mueller, Karl P. (1997) "Strategic Airpower and Nuclear Strategy: New Theory for a Not-Quite-So-New Apocalypse," in Philip S. Meilinger (ed.) *The Paths of Heaven* (Maxwell, AL: Air University Press).
Mumford, Andrew (2011) *The Counter-Insurgency Myth: The British Experience of Irregular Warfare* (London: Routledge).

Münkler, Herfried (2005) *The New Wars* (London: Polity).

Murray, Williamson (2011) *Military Adaptation in War: With Fear of Change* (Cambridge: Cambridge University Press).

Murray, Williamson (2002) "The Evolution of Joint Warfare," *Joint Forces Quarterly*, 31(2): 30-7.

Murray, Williamson (1994) "The Collapse of Empire: British Strategy, 1919-1945" in Williamson Murray, MacGregor Knox, & Alvin Bernstein (eds.) *The Making of Strategy: Rulers, States, and War* (Cambridge: Cambridge University Press).

Murray, Williamson & Allan R. Millett (eds.) (1996) *Military Innovation in the Interwar Period* (Cambridge: Cambridge University Press).

Murray, Williamson & Mark Grimsley (1994) "Introduction: On strategy," in Williamson Murray, MacGregor Knox, & Alvin Bernstein (eds.), *The Making of Strategy: Rulers, States, and War* (Cambridge: Cambridge University Press).

Nagl, John (2002) *Counterinsurgency Lessons from Malaya and Vietnam: Learning to Eat Soup with a Knife* (New York: Praeger).

Nardulli, Bruce R. Walter L. Perry, & Bruce R. Pirnie (2002) *Disjointed War: Military Operations in Kosovo, 1999* (Santa Monica, CA: Rand).

Naveh, Shimon (1997) *In Pursuit of Military Excellence: Evolution of Operational Theory* (London: Taylor & Francis).

Neumann, Peter & M. L. R. Smith (2007) *The Strategy of Terrorism: How it Works and why it Fails* (London: Routledge).

Newell, Clayton R. (1991) *The Framework of Operational Warfare* (London: Routledge).

Nilsson, Desirée & Mimmi Söderberg Kovacs (2011) "Revisiting an Elusive Concept: A Review of the Debate on Spoilers in Peace Processes," *International Studies Review*, 13(4): 606-26.

Nye, Joseph S. (2004) *Soft Power: The Means to Success in World Politics* (New York: Public Affairs).

O'Hanlon, Michael (2000) *Technological Change and the Future of Warfare* (Washington DC: Brookings Institution Press).

O'Hara, Vincent (2011) *The German Fleet at War, 1939-1945* (Annapolis, MD: Naval Institute Press).

Olsen, John Andreas (2007) *John Warden and the Renaissance of American Air Power* (Washington DC: Potomac Books).

Olsen, John Andreas (2003) *Strategic Air Power in the Desert Storm* (London: Frank Cass).

Olsen, John Andreas & Martin van Creveld (eds.) (2011) *The Evolution of Operational Art: From Napoleon to the Present* (Oxford: Oxford University Press).

Osinga, Frans P. B. (2007) *Science, Strategy and War: The Strategic Theory of John Boyd* (London: Routledge).

Osinga, Frans P. B. (2002) "Asymmetric Warfare: Rediscovering the Essence of Strategy," in John A. Olsen (ed.) *Asymmetric Warfare* (Trondheim: Luftkrigskolen).

Ostrom, Elinor (1990) *Governing the Commons: The Evolution of Institutions for Collective Action* (Cambridge: Cambridge University Press).

Owens, William A. with Edward Offley (2001) *Lifting the Fog of War* (New York: Farrar, Straus and Giroux).

Oye, Kenneth (ed.) (1985) *Cooperation under Anarchy* (Princeton, NJ: Princeton University Press).

Quine, Willard V. O. (1953) *From a Logical Point of View* (Cambridge, MA: Harvard University Press).

Palmer, Michael A. (2005) *Command at Sea: Naval Command and Control since the Sixteenth Century* (Cambridge, MA: Harvard University Press).

Pape, Robert A. (2005) *Dying to Win: The Strategic Logic Suicide Terrorism* (New York: Random House).

Pape, Robert A. (2004) “The True Worth of Air Power,” *Foreign Affairs*, 83(2): 116–30.

Pape, Robert A. (1998) “The Limits of Precision-Guided Air Power,” *Security Studies*, 7(2): 93–114.

Pape, Robert A. (1996) *Bombing to Win: Air Power and Coercion in War* (Ithaca, NY: Cornell University Press).

Paret, Peter (ed.) (1986) *Makers of Modern Strategy: From Machiavelli to the Nuclear Age* (Princeton, NJ: Princeton University Press).

Paret, Peter (1976) *Clausewitz and the State* (Oxford: Clarendon Press).

Paris, Roland (2002) “Kosovo and the Metaphor War,” *Political Science Quarterly*, 117(3): 423–50.

Parsons, Anthony (1995) *From Cold War to Hot Peace: UN Interventions, 1947–1995* (London: Penguin).

Parsons, Talcott & Edward Shils (eds.) (1951) *Toward a General Theory of Action* (New York: Harper & Row).

Paschall, Rod (1990) *LIC 2010* (Washington DC: Brassey's).

Paul, T. V. (1994) *Asymmetric Conflicts: War Initiation by Weaker Powers* (Cambridge: Cambridge University Press).

Paul, T. V., Patrick Morgan, & James Wirtz (eds.) (2009) *Complex Deterrence: Strategy in a Global Age* (Chicago: Chicago University Press).

Payne, Keith B. (1986) *Strategic Defense: Star Wars in Perspective* (Washington DC: University Press of America).

Peralta, Amanda (1990) *Med andra medel: Från Clausewitz till Guevara – Krig, revolution och politiki marxistisk idétradition* (Göteborg: Daidalos).

Peters, Ralph (2004) “In Praise of Attrition,” *Parameters*, 34(2): 24–32.

Pillar, Paul (1983) *Negotiating Peace: War Termination as a Bargaining Process* (Princeton, NJ: Princeton University Press).

Pinker, Steven (2011) *The Better Angels of our Nature* (Cambridge, MA: Harvard University Press).

Popper, Karl R. (2002) *Conjectures and Refutations: The Growth of Scientific Knowledge*, 5th edn. (London: Routledge).

Popper, Karl R. (1970) “Normal Science and Its Dangers,” in Imre Lakatos Alan Musgrave (eds.) *Criticism and the Growth of Knowledge* (Cambridge: Cambridge University Press).

Porch, Douglas (1986) “Bugeaud, Galliéni, Lyautey: The Development of French Colonial Warfare,” in Peter Paret (ed.) *Makers of Modern Strategy* (Princeton, NJ: Princeton University Press).

Porter, Bruce D. (1994) *War and the Rise of the State: The Military Foundations of Modern Politics* (New York: The Free Press).

Posen, Barry (2003) “Command of the Commons: The Military Foundation of US Hegemony,” *International Security*, 28(1): 5–46.

Posen, Barry (1984) *The Sources of Military Doctrine* (Ithaca, NY: Cornell University Press).

Press, Daryl G. (2001) ‘The Myth of Air Power in the Persian Gulf War and the Future of Warfare,” *International Security*, 26(2): 5–44.

Price, Bryan C. (2012) “Targeting Top Terrorists: How Leadership Decapitation Contributes to Counterterrorism,” *International Security*, 36(4): 9–46.

Prunier, Gerard (2009) *Africa's World War: Congo, the Rwandan Genocide, and the Making of Continental Catastrophe* (New York: Oxford University Press).

Prunier, Gerard (2005) *The Rwandan Crisis: History of a Genocide* (New York: Columbia University Press).

Ralston, David B. (1990) *Importing the European Army* (Chicago, IL: University of Chicago Press).

Record, Jeffrey (2007) *Beating Goliath: Why Insurgencies Win* (Washington: Potomac).

Record, Jeffrey & Andrew W. Terrill (2004) *Iraq and Vietnam: Differences, Similarities, and Insights* (Carlisle, PA: Strategic Studies Institute).

Reiter, Dan (2009) *How Wars End* (Princeton, NJ: Princeton University Press).

Reiter, Dan (2003) "Exploring the Bargaining Model of War," *Perspectives on Politics*, 1(1): 27–43.

Reiter, Dan & Allan C. Stam (2002) *Democracies at War* (Princeton, NJ: Princeton University Press).

Reno, William (2011) *Warfare in Independent Africa* (Cambridge: Cambridge University Press).

Resende-Santos, Joao (2007) *Neorealism, States, and the Modern Mass Army* (Cambridge: Cambridge University Press).

Rice, Edward E. (1988) *Wars of the Third Kind: Conflict in Underdeveloped Countrie*s (Berkeley, CA: University of California Press).

Rich, Paul & Isabelle Duyvesteyn (eds.) (2012) *The Routledge Handbook of Insurgency and Counter-insurgency* (London: Routledge).

Rid, Thomas (2013) *Cyber War Will Not Take Place* (Oxford: Oxford University Press).

Ring, Stefan (2005) "Brute Force or Coercion: Two Perspectives of Conflict Management," in Jan Hallenberg & Hakan Karlsson (eds.) *The Iraq War: European Perspectives on Politics, Strategy, and Operations* (London: Routledge), pp. 143–66.

Ringmar, Erik (1996) *Identity, Interest, and Action: A Cultural Explanation of Sweden's Intervention the Thirty Years War* (Cambridge: Cambridge University Press).

Ritzer, George (2008) *Sociological Theory* (New York: McGraw-Hill).

Robinson, S. S. (1942) *A History of Naval Tactics from 1530 to 1930: The Evolution of Tactical Maxims* (Annapolis, MD: Naval Institute Press).

Rodgers, W. L. (1967) *Naval Warfare under Oars* 4th *to* 16th *Centuries: A Study of Strategy, Tactics and Ship Design* (Annapolis, MD: Naval Institute Press).

Röksund, Arne (2007) *The Jeune École: The Strategy of the Weak* (Leiden and Boston, MA: Brill).

Roman, Peter J. (1995) "Strategic Bombers over the Missile Horizon," in John Gooch (ed.) *Airpower: Theory and Practice* (London: Frank Cass).

Rosecrance, Richard (1991) "Albert Wohlstetter," in John Baylis and John Garnett (eds.) *Makers of Nuclear Strategy* (London: Pinter).

Rosecrance, Richard (1973) *International Relations* (New York: McGraw-Hill).

Rosing, Hans (1994) *Vetenskapens logiska grunder*, 9th edn. (Hangö, Finland: Schildts).

Rothenberg, Gunther E. (1985) "Maurice of Nassau, Gustavus Adolphus, Raimondo Montecuccoli, and the 'Military Revolution' of the Seventeenth Century," in Peter Paret (ed.), *Makers of Modern Strategy* (Princeton, NJ: Princeton University Press).

Rueschhoff, Jan L. & Jonathan P. Dunne (2011) "Centers of Gravity from the 'Inside Out'," *Joint Forces Quarterly*, 60(1): 120–5.

Russett, Bruce (1994) *Grasping the Democratic Peace: Principles for a Post-Cold War World* (Princeton, NJ: Princeton University Press).

Samaddar, Ranabir (2004) *Peace Studies* (London: Sage).

Sambanis, Nicholas (2001) "Do Ethnic and Non-Ethnic Civil Wars Have the Same Causes: A Theoretical and Empirical Inquiry, Part 1," *Journal of Conflict Resolution*, 45(3): 259–82.

Sambanis, Nicholas (2004) "What is a Civil War? Conceptual and Empirical Complexities of an Operational Definition," *Journal of Conflict Resolution*, 48(6): 81–58.

Samuels, Martin (1995) *Command or Control? Command, Training and Tactics in the British and German Armies, 1888–1918* (London: Frank Cass).

Schelling, Thomas C. (1966) *Arms and Influence* (New Haven: Yale University Press).

Schelling, Thomas C. (1960) *The Strategy of Conflict* (Cambridge, MA: Harvard University Press).

Schmidt, Brian C. (1994) "The Historiography of Academic International Relations," *Review of International Studies*, 20(4): 349–67.

Schneider, James J. & Lawrence L. Izzo (1987) "Clausewitz's Elusive Center of Gravity," *Parameters*, 17(3): 46–57.

Schurman, Donald M. (1981) *Julian S. Corbett, 1854–1922: Historian of British Maritime Policy from Drake to Jellicoe* (London: Royal Historical Society).

Shamir, Eitan (2011) *Transforming Command: The Pursuit of Mission Command in the U.S., British, and Israeli Armies* (Palo Alto, CA: Stanford University Press).

Shapin, Steven (1995) "Here and Everywhere: Sociology of Scientific Knowledge," *Annual Review of Sociology*, vol. 21: 289–321.

Shapiro, Jacob & David Siegel (2012) "Moral Hazard, Discipline, and the Management of Terrorist Organizations," *World Politics*, 64(1): 39–78.

Shaw, Martin (2003) *War and Genocide: Organized Killing in Modern Society* (Cambridge: Polity Press).

Shearer, David (1998) *Private Armies and Military Intervention*, Adelphi Paper no. 316 (London: IISS).

Shulsky, Abram N. & Gary J. Schmitt (2002) *Silent Warfare: Understanding the World of Intelligence*, 3rd edn. (Washington DC: Brassey's).

Shy, John (1986) "Jomini" in Peter Paret (ed.) *Makers of Modern Strategy from Machiavelli to the Nuclear Age* (Princeton, NJ: Princeton University Press).

Shy, John & Thomas W. Collier (1986) "Revolutionary War," in Peter Paret (ed.) *Makers of Modern Strategy* (Princeton, NJ: Princeton University Press).

Simpkin, Richard E. (1985) *Race to the Swift: Thoughts on Twenty-First Century Warfare* (Oxford: Brassey's).

Simpson, Emile (2012) *War From the Ground Up: Twenty-First Century Combat as Politics* (Oxford: Oxford University Press).

Sinclair, Joseph (1992) *Arteries of War: A History of Military Transportation* (Shrewsbury: Airlife Publishing).

Singer, Peter W. (2004) *Corporate Warriors: The Rise of the Privatized Military Industry* (Ithaca, NY: Cornell University Press).

Sinno, Abdulkader H. (2008) *Organizations at War in Afghanistan and Beyond* (Ithaca, NY: Cornell University Press).

Sjoberg, Laura (2013) *Gendering Global Conflict: Towards a Feminist Theory of War* (New York: Columbia University Press).

Slantchev, Branislav (2012) "Borrowed Power: Debt Finance and the Resort to Arms," *American Political Science Review*, 106(4): 787–809.

Slantchev, Branislav (2011) *Military Threats: The Costs of Coercion and the Prize of Peace* (Cambridge: Cambridge University Press).

Sloan, Elinor C. (2012) *Modern Military Strategy: An Introduction* (London: Routledge).

Smedberg, Marco (2001) *Militär ledning: Från Napoleonkrigen till Bosnienkrisen* (Lund: Historiska Media).

Smedberg, Marco (1998) *Om Luftkriget: Från luftballonger till systemflygplan* (Stockholm: Page One).

Smith, Alastair & Allan C. Stam (2004) "Bargaining and the Nature of War," *Journal of Conflict Resolution*, 48(6): 783–813.

Smith, Mike (2005) "Strategy in the Age of 'Low Intensity' Conflict: Why Clausewitz is Still More Relevant than his Critics", in Jan Angstrom & Isabelle Duyvesteyn (eds.) *Rethinking the Nature of War* (London: Frank Cass).

Smith, Rupert (2005) *The Utility of Force: The Art of War in the Modern World* (London: Allen Lane).

Smith, Steve (2004) "Singing our World into Existence: International Relations Theory and September11," *International Studies Quarterly*, 48(3): 499–515.

Smith, Steve, Ken Booth, & Marysia Zalewski (1996) "Introduction", in Steve Smith, Ken Booth,

Marysia Zalewski (eds.) *International Theory: Positivism and Beyond* (Cambridge: Cambridge University Press).

Smoke, Richard (1990) *War: Controlling Escalation* (Cambridge, MA: Harvard University Press).

Snyder, Glenn (2007) *Alliance Politics* (Ithaca, NY: Cornell University Press).

Snyder, Glenn (1984) "The Security Dilemma in Alliance Politics," *World Politics*, 36(4): 461–95.

Snyder, Jack (2000) *From Voting to Violence: Democratization and National Conflict* (New York: W.W. Norton).

Snyder, Jack (1984) *The Ideology of the Offensive: Military Decision Making and the Disasters of 1914* (Ithaca, NY: Cornell University Press).

Soeters, Joseph, Patricia Shields, & Bas Rietjens (eds.) (2014) *Routledge Handbook of Research Methods in Military Studies* (London: Routledge).

Sondhaus, Lawrence (2006) *Strategic Culture and Ways of War* (London: Routledge).

Sondhaus, Lawrence (2001) *Naval Warfare 1815–1914* (London: Routledge).

Speller, Ian (2008) "Naval Warfare," in David Jordan, James D. Kiras, David J. Lonsdale, Ian Speller, Christopher Tuck, & C. Dale Walton (eds.), *Understanding Modern Warfare* (Cambridge: Cambridge University Press, 2008), pp. 122–77.

Spykman, Nicholas J. (1942) *America's Strategy in World Politics* (New York: Harcourt, Brace).

Starry, Donn A. (1981) "Extending the Battlefield," *Military Review*, 61(3): 31–50.

Stavridis, James & Willam P. Mack (eds.) (1999) *Command at Sea*, 5th edn. (Annapolis, MD: Naval Institute Press).

Steadman, Stephen J. (1997) "Spoiler Problems in Peace Processes," *International Security*, 22(2): 5–53.

Stern, Maria & Maria Eriksson Baaz (2013) *Sexual Violence as a Weapon of War? Perceptions, Prescriptions, and Problems in the Congo and Beyond* (London: Zed Books).

Stern, Maria & Marysia Zalewski (2009) "Feminist Fatigue (s): Reflections on Feminism and Familiar Fables of Militarism," *Review of International Studies*, 35(3): 611–30.

Stockwell, Richard E. (1956) *Soviet Air Power* (New York: Pageant Press).

Stoecker, Sally (1998) *Forging Stalin's Army: Marshal Tukhachevsky and the Politics of Military Innovation* (Boulder, CO: Westview Press).

Stone, John (2013) "Cyber War Will Take Place!" *Journal of Strategic Studies*, 36(1): 101–8.

Stone, John (2011) *Military Strategy: The Politics and Technique of War* (New York: Continuum).

Strachan, Hew (2011) "Operational Art and Britain, 1909–2009," in John Andreas Olsen & Martin van Creveld (eds.) *The Evolution of Operational Art: From Napoleon to the Present* (Oxford: Oxford University Press).

Strachan, Hew (2007) *Clausewitz's On War: A Biography* (New York: Atlantic Monthly Press).

Strachan, Hew (2003) *The First World War: Volume 1: To Arms* (Oxford: Oxford University Press).

Strachan, Hew (2001) "Manoeuvre and Attrition: A Historical Perspective," in John Andreas Olsen (ed.) *From Manoeuvre Warfare to Kosovo?* Militaerteoretisk skriftserie, no. 2 (The Royal Norwegian Air Force Academy).

Strachan, Hew & Sibylle Scheippers (eds.) (2011) *The Changing Character of War* (Oxford: Oxford University Press).

Strachan, Hew & Andreas Herberg-Rothe (eds.) (2007) *Clausewitz in the Twenty-First Century* (Oxford: Oxford University Press).

Strange, Joe & Richard Iron (2005) *Understanding Centers of Gravity and Critical Vulnerabilities* (Stockholm: Swedish National Defence College).

Sumida, Jon Tetsuro (2008) *Decoding Clausewitz: A New Approach to On War* (Lawrence, Kansas: University Press of Kansas).

Summers, Harry G., Jr (1982) *On Strategy: A Critical Analysis of the Vietnam War* (Novato, CA:

Presidio Press).
Sun Tzu (1994) *The Art of War*, translation Ralph D. Sawyer (Boulder, CO: Westview Press).
Swain, Richard M. (1996) "Filling the Void: the Operational Art and the U.S. Army," in B. J. C. McKercher & Michael A. Hennessy (eds.) *The Operational Art: Developments in the Theories of War* (Westport, CT: Praeger).
Taber, Robert (2002) *War of the Flea: The Classic Study of Guerrilla Warfare* (Washington DC: Brassey's).
Tangredi, Sam J. (2002) "Sea Power: Theory and Practice," in John Baylis, James J. Wirtz, & Colin S. Gray (eds.) *Strategy in the Contemporary World: An Introduction to Strategic Studies* (Oxford: Oxford University Press).
Thackrah, John Richard (2004) *Dictionary of Terrorism*, 2nd edn. (London: Routledge).
Themnér, Lotta & Peter Wallensteen (2011) "Armed Conflict, 1946-2010," *Journal of Peace Research*, 48(4): 525-36.
Thompson, Robert (1966) *Defeating Communist Insurgency: Experiences from Malaya and Vietnam* (London: Chatto & Windus).
Thomson, Julian (1991) *Lifeblood of War: Logistics in Armed Conflict* (London: Brassey's).
Thornton, Rod (2007) *Asymmetrical Warfare: Threat and Response in the Twenty-First Century* (Cambridge: Polity Press).
Tickner, J. Ann (2001) *Gendering World Politics* (New York: Columbia University Press).
Till, Geoffrey (2013) *Seapower: A Guide for the Twenty-First Century*, 3rd edn. (London: Routledge).
Tilly, Charles (2003) *The Politics of Collective Violence* (Cambridge: Cambridge University Press).
Tilly, Charles (1992) *Coercion, Capital and European States, AD 990-1992* (Oxford: Blackwells).
Toffler, Alvin & Heidi Toffler (1993) *War and Anti-War: Making Sense of Today's Global Chaos* (New York: Warner Books).
van Tol, Jan, Mark Guzinger, Andrew Krepinevich, & Jim Thomas (2010) *AirSea Battle: A Point-of-Departure Operational Concept* (Washington DC: CSBA).
Triandafillov, V. K. (1994) *The Nature of the Operations of Modern Armies*, translation Jacob W. Kipp (London: Frank Cass).
Trinquier, Roger (1964) *Modern Warfare: The French View of Counterinsurgency* (London: PallMall).
Tuck, Christopher (2008) "Land Warfare," in David Jordan, James D. Kiras, David J. Lonsdale, Ian Speller, Christopher Tuck, & C. Dale Walton (eds.) *Understanding Modern Warfare* (Cambridge: Cambridge University Press).
Ucko, David (2009) *The New Counterinsurgency Era: Transforming the US Military for Modern Wars* (Washington DC: Georgetown University Press).
Ullman, Harlan K. & James P. Wade (1996) *Shock and Awe: Achieving Rapid Dominance* (Washington DC: National Defence University).
Vasquez, John A. (ed.) (2012) *What Do We Know about War?* 2nd edn. (Lanham, MD: Rowman & Littlefield).
Vasquez, John A. (1993) *The War Puzzle* (Cambridge: Cambridge University Press).
Väyrynen, Raimo (ed.) (2006) *The Waning of Major War: Theories and Debates* (London: Routledge).
Vego, Milan (2009) *Joint Operational Warfare: Theory and Practice* (Washington DC: Naval War College Press).
Vego, Milan (2003a) *Naval Strategy and Operations in Narrow Seas*, 2nd edn. (London: Frank Cass).
Vego, Milan (2003b) "Net-Centric is not Decisive," *U.S. Naval Institute Proceedings*, 129(1): 52-7.
Vego, Milan (2000) "Center of Gravity," *Military Review*, 80(2): 23-9.
Vego, Milan (1992) *Soviet Naval Tactics* (Annapolis, MD: Naval Institute Press).

Vennesson, Pascal (1995) "Institution and Airpower: The Making of the French Air Force," in John Gooch (ed.) *Airpower: Theory and Practice* (London: Frank Cass).

Vertzberger, Yacoov (1990) *The World in Their Minds: Information Processing, Cognition and Perception in Foreign Policy Decisionmaking* (Stanford, CA: Stanford University Press).

Vigor, P. H. (1975) *The Soviet View of War, Peace and Neutrality* (London: Routledge).

Vo Nguyen Giap (1970) *The Military Art of People's War: Selected Writings of Vo Nguyen Giap* (New York: Monthly Review Press).

Vo Nguyen Giap (1962) *People's War, People's Army: The Viet Cong Insurrection Manual for Underdeveloped Countries* (New York: Praeger).

Wagner, Robert Harrison (2000) "Bargaining and War," *American Journal of Political Science*, 44 (3): 469–84.

Wagner-Pacifici, Robin (2005) *The Art of Surrender: Decomposing Sovereignty at Conflict's End* (Chicago, IL: University of Chicago Press).

Waldman, Thomas (2013) *War, Clausewitz, and the Trinity* (Aldershot: Ashgate).

Wallensteen, Peter (2011) *Understanding Conflict Resolution: War, Peace and the Global System*, 3rd edn. (London: Sage).

Waltz, Kenneth N. (1979) *Theory of International Politics* (New York: McGraw-Hill).

Warden III, John A. (2000) *The Air Campaign: Planning for Combat*, 2nd edn. (New York: ToExcel).

Warden III, John A. (1998) "Success in Modern War: A Response to Robert Pape's *Bombing to Win*," *Security Studies*, 7(2): 172–90.

Warden III, John A. (1995) "The Enemy as a System," *Airpower Journal*, 9(1): 40–55.

Wedin, Lars (2007) *Marianne och Athena: Franskt militärt tänkande från 1700-talet till idag* (Stockholm: Swedish Defence College).

Weigley, Russell F. (1973) *The American Way of War: A History of United States Military Strategy and Policy* (Bloomington, IN: Indiana University Press).

Weinstein, Jeremy (2007) *Inside Rebellion: The Politics of Insurgent Violence* (Cambridge: Cambridge University Press).

Wenger, Andreas & Alex Wilner (2012) *Deterring Terrorism: Theory and Practice* (Stanford, CA: Stanford University Press).

West, Scott D. (1999) *Warden and the Air Corps Tactical School: Déjà Vu?* (Maxwell, AL: Air University Press).

Westad, Odd Arne (ed.) (2000) *Reviewing the Cold War: Approaches, Interpretations, Theory* (London: Frank Cass).

Widen, J. J. (2012) *Theorist of Maritime Strategy: Sir Julian Corbett and his Contribution to Military and Naval Thought* (Farnham: Ashgate).

Widen, J. J. (2011) "Naval Diplomacy: A Theoretical Approach," *Diplomacy & Statecraft*, 22(4): 715–33.

Wight, Martin (1966) "Why is there no International Theory?" in Herbert Butterfield & Martin Wight (eds.) *Diplomatic Investigations: Essays in the Theory of International Politics* (London: Allen & Unwin).

Wilcox, Lauren (2009) "Gendering the Cult of Offense," *Security Studies*, 18(2): 214–40.

Williams, Malcolm & Tim May (1996) *Introduction to the Philosophy of Social Research* (London: UCL Press).

Williams, Phil (1991) "Thomas Schelling," in John Baylis & John Garnett (eds.), *Makers of Nuclear Strategy* (London: Pinter).

Williamson, Murray & Mark Grimsley "Introduction: On Strategy," in Williamson Murray, MacGregor Knox, & Alvin Bernstein (eds.), *The Making of Strategy: Rulers, States, and War* (Cambridge: Cambridge University Press).

Wise, James (2011) *Women at War: Iraq, Afghanistan, and other Conflicts* (Annapolis, MD: Naval Institute Press).
Wohlstetter, Albert (1956) *Protecting US Power to Strike Back in the 1950s and 1960s* (Santa Monica, CA: RAND).
Wolfers, Arnold (1962) *Discord and Collaboration: Essays on International Politics* (Baltimore, MD: The Johns Hopkins Press).
Wood, Jason D. (2008) "Clausewitz in the Caliphate: Center of Gravity in the Post-9/11 Security Environment," *Comparative Strategy*, 27(1): 44–56.
Wright, Quincy (1941) *A Study of War* (Chicago: University of Illinois Press).
Zetterling, Niklas and Michael Tamelander (2009) *Tirpitz: The Life and Death of Germany's Last Super Battleship* (Havertown, PA: Casemate).
Zuehlke, Mark (2012) *Tragedy at Dieppe: Operation Jubilee, August 19, 1942* (Vancouver: D & M Publishers).

事項索引

サ　行

タ　行

ナ　行

ハ　行

マ　行

ヤ　行

ラ　行

ワ　行

人名索引

ア　行

カ　行

サ　行

タ　行

ナ　行

ハ　行

マ　行

ラ　行

ワ　行

●著者紹介

ヤン・オングストローム（Jan Angstrom）
スウェーデン国防大学教授。専門は戦略思想や近代戦争の発展など。
ロンドン・キングスカレッジ戦争研究学部でPh.D.を取得。著書に*Modern War and the Utility of Force: Challenges, Methods and Strategy*（Routledge, 2010, 共編），*Understanding Victory and Defeat in Contemporary War*（Routledge, 2008, 共編），*Rethinking the Nature of War*（Routledge, 2004, 共編）などがある。

J. J. ワイデン（J. J. Widen）
スウェーデン国防大学准教授。専門は海洋戦略や戦略思想など。
フィンランド・オーボアカデミー大学でPh.D.（歴史学）を取得。著書に*Theorist of Maritime Strategy: Sir Julian Corbett and His Contribution to Military and Naval Thought*（Ashgate, 2012）などがある。

●訳者紹介

北川 敬三（きたがわ けいぞう）〔監訳，前書きと謝辞担当〕
1等海佐，海上自衛隊第2護衛隊司令。
1968年生まれ。1993年に米国海軍兵学校政治学科卒業後，海上自衛隊入隊。2007年に防衛大学校総合安全保障研究科前期課程を修了。2015年に慶應義塾大学大学院政策・メディア研究科博士課程単位取得退学，2018年に同大学より博士（政策・メディア）を取得。著書に『軍事組織の知的イノベーション——ドクトリンと作戦術の創造力』（勁草書房，2020年），『「技術」が変える戦争と平和』（芙蓉書房出版，2018年，共著），*Strategy and the Sea: Essays in Honour of John B. Hattendorf*（Boydell Press, 2016, 共著），『海洋国家としてのアメリカ——パクス・アメリカーナへの道』（千倉書房，2013年，共著）がある。

柏倉 翔二郎（かしわくら しょうじろう）〔第1章担当〕
3等海佐，防衛省海上幕僚監部防衛部運用支援課勤務。
1982年生まれ。2006年に青山学院大学文学部英米文学科卒業後，海上自衛隊入隊。

小萩沢 知恵（こはぎざわ ちえ）〔第2章担当〕
2等海佐，防衛省海上幕僚監部防衛部装備体系課勤務。
1982年生まれ。2006年に防衛大学校人文社会科学群人間文化学科卒業後，海上自衛隊入隊。

松江 奈海（まつえ なみ）〔第3章担当〕
3等海佐，防衛省統合幕僚監部運用部運用第1課勤務。
1982年生まれ。2004年に防衛大学校理工学部応用化学科卒業後，海上自衛隊入隊。2017年に神戸大学大学院海事学研究科海事科学専攻修士課程修了。

村上 摩利与（むらかみ まりよ）〔第 4 章担当〕
2 等海佐，防衛省海上幕僚監部防衛部装備体系課勤務。
1982 年生まれ。2005 年に防衛大学校人文社会科学群国際関係学科卒業後，海上自衛隊入隊。

長谷川 惇（はせがわ じゅん）〔第 5 章担当〕
3 等海佐，海上自衛隊幹部学校防衛戦略教育研究部戦略研究室勤務。
1983 年生まれ。2006 年に東北大学法学部法学科卒業後，海上自衛隊入隊。2020 年に政策研究大学院大学政策研究科修士課程修了。

小松 大祐（こまつ だいすけ）〔第 6 章担当〕
2 等海佐，防衛省海上幕僚監部人事教育部補任課勤務。
1983 年生まれ。2006 年に防衛大学校理工学部情報工学科卒業後，海上自衛隊入隊。

西谷 尚起（にしたに なおき）〔第 7 章担当〕
3 等海佐，防衛省海上幕僚監部装備計画部艦船・武器課勤務。
1982 年生まれ。2006 年に防衛大学校人文社会科学群国際関係学科卒業後，海上自衛隊入隊。

水沼 正明（みずぬま まさあき）〔第 8 章担当〕
3 等海佐，防衛省海上幕僚監部指揮通信情報部指揮通信課勤務。
1980 年生まれ。2004 年に防衛大学校人文社会学群公共政策学科卒業後，海上自衛隊入隊。

藤本 維佐武（ふじもと いさむ）〔第 9 章担当〕
3 等空佐，米国空軍士官学校勤務。
1983 年生まれ。2007 年に九州大学文学部人文学科卒業後，航空自衛隊入隊。2015 年に防衛大学校総合安全保障研究科前期課程修了。

野並 飛高（のなみ ひだか）〔第 10 章担当〕
2 等海佐，防衛省海上幕僚監部防衛部防衛課勤務。
1981 年生まれ。2005 年に慶應義塾大学文学部図書館・情報学科卒業。2006 年に海上自衛隊入隊。

軍事理論の教科書　戦争のダイナミクスを学ぶ

2021年1月10日　第1版第1刷発行
2021年6月20日　第1版第3刷発行

著　者　ヤン・オングストローム
　　　　J．J．ワイデン

監訳者　北《きた》　川《がわ》　敬《けい》　三《ぞう》

発行者　井　村　寿　人

発行所　株式会社　勁《けい》　草《そう》　書　房

112-0005　東京都文京区水道2-1-1　振替　00150-2-175253
（編集）電話　03-3815-5277／FAX　03-3814-6968
（営業）電話　03-3814-6861／FAX　03-3814-6854
本文組版 プログレス・日本フィニッシュ・中永製本

ISBN978-4-326-30296-3　Printed in Japan

https://www.keisoshobo.co.jp